Photoshop 图像处理与设计

郭磊 王欣 朱风玲 主编

清華大學出版社
北 京

内 容 简 介

本书是初学者快速学习 Photoshop 的实战教材，内容构建围绕“能学、辅教”的功能定位，力求与平面设计职业岗位能力要求相符合。本书提取企业典型案例，按照“项目导向、任务驱动”的课程开发思路，重构教学流程，再造课程结构。本书分为 9 大图像设计核心能力模块、62 个经典实战案例和 150 多个 Photoshop 理论知识点解析，其中既有图层、选区、蒙版、通道、修图、调色、抠图、文字、路径、滤镜和动画等 Photoshop 功能学习型案例，也有海报、包装、创意图像合成、淘宝女装详情页设计和宣传册设计等综合实战型案例。通过这些螺旋式能力渐进的实践项目，读者可以轻松地掌握 Photoshop 软件的使用技巧，并能逐步提高自身的设计能力。

本书适合作为各类院校图像处理与设计相关课程的教材，也适合作为广大 Photoshop 爱好者，以及广告设计、平面创意、包装设计、UI 设计和影视后期的从业者的参考书和培训用书。

图书在版编目（CIP）数据

Photoshop 图像处理与设计 / 郭磊，王欣，朱风玲主编 . -- 北京 : 清华大学出版社 , 2024. 8. -- ISBN 978-7-302-67035-3

Ⅰ . TP391.413

中国国家版本馆 CIP 数据核字第 2024VJ8720 号

责任编辑：聂军来
封面设计：常雪影
责任校对：李　梅
责任印制：丛怀宇

出版发行：清华大学出版社
网　　址：https://www.tup.com.cn，https://www.wqxuetang.com
地　　址：北京清华大学学研大厦 A 座　　**邮　　编：**100084
社 总 机：010-83470000　　**邮　　购：**010-62786544
投稿与读者服务：010-62776969, c-service@tup.tsinghua.edu.cn
质量反馈：010-62772015, zhiliang@tup.tsinghua.edu.cn
课件下载：https://www.tup.com.cn,010-83470410
印 装 者：北京博海升彩色印刷有限公司
经　　销：全国新华书店
开　　本：185mm×260mm　　**印　　张：**17.5　　**字　　数：**420 千字
版　　次：2024 年 9 月第 1 版　　**印　　次：**2024 年 9 月第 1 次印刷
定　　价：89.00 元

产品编号：099896-01

前　　言

你是否曾为朋友的一张张惊艳照片而欣喜？是否被一幅幅绝妙精彩的广告设计所吸引？我们的生活无处不存在创意与创新，“设计”在我们的生活中扮演着举足轻重的角色。可以说，我们的生活“时时见品味，处处皆设计”。

作为设计领域的主力军，Photoshop 软件越来越被人熟知，它是目前广受大众喜爱的图像处理软件，有广泛的应用领域。Photoshop 不仅仅是软件，更是灵感的画布、创意的工厂，它让每一张图片都成为艺术画作；Photoshop 是设计领域的魔法棒，在这里，色彩、光影、质感交织成千变万化的视觉盛宴；Photoshop 是创意的舞台，视觉的魔法师，从修复旧照片到制作令人震撼的海报，从艺术绘画到特效合成，一切尽在指尖；Photoshop 让设计触手可及，让创意成为现实，让你的作品独一无二。

本书对接平面设计产业，适应多平台化、个性化和体验式的产业发展新趋势，基于平面设计师职业能力，聚焦图像处理与设计核心技术，在分析企业经典实战案例的基础上，整合、优化教学资源，重新构建课程框架，将所有的核心知识点交叉融入具体的案例和工作情境中，并确定了岗位技能与职业精神并举、艺术表达与社会责任协同、专业学习与思政育人共融的教学目标。知识目标要求学生精图像处理、懂软件操作；能力目标要求学生有创意思维、能精准设计；素质目标要求学生重社会责任、诚实守信。课程思政主线是艺术表达与社会责任，将中国优秀传统文化、设计师职业素养、北京冬奥精神、工匠精神、中国梦和核心价值观等内容有机融入案例中，旨在培养学生美学鉴赏与表达能力、创新思维和社会责任，引导学生深刻理解设计师的使命担当、职业操守和社会责任——讲好中国故事、传播好中国形象。

本书以图像处理与设计为主线，以 Photoshop 软件应用为基础，共包含 9 个图像设计核心能力模块，分别为设计基础、构成设计、版面设计、合成设计、图片后期、图像处理、字体设计、特效制作和平面设计；包含 62 个螺旋式能力渐进的经典实战案例，其中软件基础操作案例 15 个，图像处理与设计核心应用案例 40 个，技能拔高案例 7 个（重点讲解高级图像合成与平面设计进阶的应用技巧，难度较大），其内容分布合理、难易适度；包含 150 多个 Photoshop 知识点解析和设计理论介绍。读者可以逐步深入了解 Photoshop 软件功能，通过实践掌握其在平面设计领域的应用。相信通过本书的学习，大家能够爱上 Photoshop，领略其各种强大的功能。

此外，本书提供立体化的教学资源，书中所有的案例均提供原始素材、完成效果图和源文件，并配套教学视频和教学课件等。对于操作性较强的知识和实践案例，读者可以通过观看视频强化学习效果。

由于编者水平有限，书中难免有疏漏和不足之处。如有建议或在学习过程中遇到问题，可通过清华大学出版社与我们联系。

2024 年 3 月

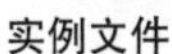
实例文件

课件 PPT

案例效果

Photoshop 图形图像处理
省级精品在线课程

目　　录

模块 1　设计基础：初识 Photoshop

模块概述：揭开 Photoshop 的神秘面纱

本模块主要介绍 Photoshop 设计的基础知识。通过学习本模块，读者可以了解 Photoshop 的发展史，理解数字化图像的基础知识，熟悉软件的工作界面，学会在 Photoshop 中打开、修改、保存文件等基本操作。

◆ 知识目标——精图像处理，懂软件操作

1. 了解 Photoshop 的发展史；
2. 了解数字图像类型：位图和矢量图；
3. 记忆像素和分辨率的概念，理解图像的颜色模式及分类；
4. 熟悉并记忆 Photoshop 主页屏幕和工作界面；
5. 会使用缩放工具、抓手工具进行图像全局或特定部分的浏览与细节观察；
6. 会应用“历史记录”面板或快捷键 Ctrl+Z 对图像进行撤销操作。

◆ 能力目标——有创意思维、能精准设计

1. 具备使用不同的方法对图片去色的能力，以体现图像不一样的美；
2. 具备打开、修改、保存图片的能力；
3. 具有熟练使用 Photoshop 中各主要工具、各主要菜单的能力。

◆ 素质目标——重社会责任、诚实守信

具有艺术创新和版权意识、美学鉴赏和表达能力、精益求精和批判精神、民族自信和文化传承的职业素养。

1.1 先利其器：Photoshop 介绍及安装

学习目标： 了解 Photoshop 的发展史，会安装和调试 Photoshop 软件。

1.1 先利其器：Photoshop 介绍及安装 .mp4

Adobe Photoshop，简称 PS，由 Adobe Systems 开发和发行，是 Adobe 公司旗下最为出名的图像处理软件之一。它主要处理以像素构成的数字图像，使用其众多的编修与绘图工具，有效地进行图片编辑工作，不仅用于摄影，还用于图像处理与合成、平面设计、插画制作、UI 设计、网页设计和 GIF 动画等。从此，这世界成了“有图也不一定有真相”的世界。

Photoshop 最初是从一个叫作 Display（程序名）的程序改进而来的。1987 年秋，美国密歇根大学博士研究生托马斯·洛尔（Thomes Knoll）编写了该程序，用来在黑白位图显示器上显示灰阶图像。他的哥哥约翰·洛尔（John Knoll）让其编写一个处理数字图像的程序，于是托马斯·洛尔重新修改了 Display 的代码，并将其改名为 Photoshop。后来 Adobe 公司买下了 Photoshop 的发行权，Photoshop 便正式成为 Adobe 软件大家族的一员。

Photoshop 第一个版本在 1990 年 2 月正式推出，到现在已有 30 多年，版本在不断地更新换代，图 1-1 是 Photoshop 第一个版本的启动界面，而图 1-2 是 Photoshop 2024 的启动界面。软件的 LOGO 图标也在不断变化，如图 1-3 所示，从像素风到拟物再到现在的最熟悉的扁平化，完全诠释了这些年来的视觉风格变化。2020 年，Photoshop 的 LOGO 变圆了，原来的方形被打磨成圆角矩形，里面的 PS 字样也由蓝色改为白色，不再采用“软

图 1-1

图 1-2

图 1-3

件名+年代号”的命名方式，而是直接称为 Adobe Photoshop 2020。2021—2024 年，Photoshop 的 LOGO 再次升级，但软件版本的命名沿用 2020 年采用的命名方式。

Adobe Photoshop 软件需要通过 Creative Cloud 平台安装，具体安装方法请扫描本节二维码观看学习。

1.2　理论先行：数字化图像基础知识

学习目标：了解位图和矢量图的特点，掌握像素和分辨率的概念，了解图像的颜色模式及其表示方法。

1.2 理论先行：数字化图像基础知识 .mp4

1.2.1　数字图像类型

使用各种软件创建不同类型的复合图像和图稿时，会遇到两种基本的数字图像类型——位图和矢量图。

◆ 位图

简介：位图（又称为栅格图）由称为像素的图片元素的矩形网格组成。每个像素都分配有特定的位置和颜色值。处理位图时所编辑的是像素，而不是对象或形状，如图 1-4 所示。

图　1-4

常见用例：位图是连续色调图像（如照片或数字绘画）最常用的电子媒介，因为它们可以有效地表现阴影和颜色的细微层次，也比较容易在各种软件之间交换。

常用软件和文件类型：大多数专业人士使用 Photoshop 处理位图。从 Photoshop 中导出的常见位图文件类型有 JPEG、GIF、PNG 和 TIFF 等。

分辨率和文件大小：位图与分辨率相关，即包含固定数量的像素。调整图像大小时，位图会丢失或增加像素，从而降低图像品质。位图文件通常较大，因为其中存储了像素信息。

◆ 矢量图

简介：矢量图（又称为矢量图像、矢量图形）由几何（点、线或曲线）、有机或自由形状组成，这些形状由数学方式根据其特征定义的。

常见用例：矢量图像是创作技术插图、信笺抬头、字体、LOGO 或徽标等图稿的最佳选择，这些图稿可用于各种大小和各种输出媒体。矢量图形还适用于专业标牌印制、CAD 和 3D 图形。

常用文件类型和软件：可以使用 Adobe Illustrator、CorelDRAW 等软件创建矢量图形。一些常见的矢量图形文件格式包括 AI、EPS、SVG、CDR 和 PDF 等。

分辨率和文件大小：可以任意移动或修改矢量图形，而不会丢失细节或影响清晰度。

因为矢量图形与分辨率无关，即当调整矢量图形的大小、将矢量图形打印到 PostScript 打印机、在 PDF 文件中存储矢量图形或将矢量图形导入基于矢量的图形应用程序时，矢量图形都能保持清晰的边缘，如图 1-5 所示。

图 1-5

1.2.2 像素和分辨率

◆ 像素

像素是构成位图图像的最小单位，是位图中的一个小方格，如图 1-6 所示。像素是组成位图图像最基本的元素，每个像素在图像中都有自己的位置，并且包含了一定的颜色信息。单位面积上的像素越多，颜色信息越丰富，图像效果就越好，文件也会越大。像素的单位用 px 表示，英文为 pixel。

◆ 分辨率

分辨率是指单位长度上的像素数量，单位通常为“像素 / 英寸”（ppi）和“像素 / 厘米”（1 英寸 =2.54 厘米）。分辨率的高低直接影响图像的效果，单位面积上的像素越多，分辨率越高，图像就越清晰，但所需的存储空间也就越大。一般来说，图像的分辨率越高，其印刷图像的质量就越好。如图 1-7 所示，两幅相同的图像，分辨率分别为 72ppi（左图）和 300ppi（右图），套印缩放比率为 200%。在 Photoshop 中，可以执行“图像”→“图像大小”命令查看图像大小和分辨率之间的关系。

图 1-6

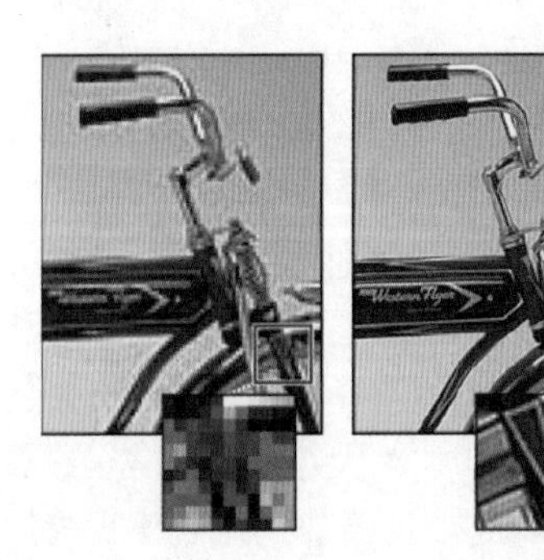

图 1-7

Tip 两个关于分辨率的常见单位 ppi 和 dpi，其中，ppi（pixels per inch）是图像分辨率的单位，即每英寸像素数，图像 ppi 值越高，画面的细节就越丰富；dpi（dot per inch）是打印机的分辨率，即每英寸点数，代表打印机在每英寸所能打印的点数即打印精度，这是衡量打印质量的一个重要标准。

1.2.3 颜色模式

颜色模式决定了如何基于颜色模式中的通道数量来组合颜色。不同的颜色模式会导致不同级别的颜色细节和不同的文件大小。例如，为了在保持颜色完整性的同时缩小文件大小，可针对全彩色打印小册子中的图像使用 CMYK 颜色模式，并对 Web 或电子邮件中的图像使用 RGB 颜色模式。在 Photoshop 中，如果想查看或转换图像的颜色模式，可以执行“图像”→“模式”命令查看或选择。

图像的不同颜色模式对比如图 1-8 所示：①为 RGB 颜色模式（数百万种颜色）；②为 CMYK 颜色模式（四种印刷色）；③为索引颜色模式（256 种颜色）；④为灰度模式（256 级灰度）；⑤为位图模式（两种颜色）。

图　1-8

◆　RGB 颜色模式

Photoshop 中 RGB 颜色模式使用 RGB 模型，并为每个像素分配一个强度值。在 8 位 / 通道图像中，彩色图像中的每个 RGB（红色 red、绿色 green、蓝色 blue）分量的强度值为 0（黑色）~255（白色）。RGB 图像使用三种颜色或通道在屏幕上重现颜色。

◆　CMYK 颜色模式

在 CMYK 颜色模式下，可以为每个像素的每种印刷油墨指定一个百分比值。为最亮（高光）颜色指定的印刷油墨颜色百分比值较低；而为较暗（阴影）颜色指定的百分比值较高。例如，亮红色可能包含 2% 青色（cyan）、93% 洋红（magenta）、90% 黄色（yellow）和 0% 黑色（black）。在 CMYK 颜色模式图像中，当 4 种分量的值均为 0% 时，会产生纯白色。在制作要用印刷色打印的图像时，应使用 CMYK 颜色模式。

◆　索引颜色模式

索引颜色模式可生成最多 256 种颜色的 8 位 / 通道图像文件。当转换为索引颜色模式时，Photoshop 将构建一个颜色查找表（color look up table，CLUT），用以存放并索引图像中的颜色。如果原图像中的某种颜色没有出现在该表中，则程序将选取最接近的一种，或使用仿色来模拟现有颜色。

◆　灰度模式

灰度模式是指在图像中使用不同的灰度级。在 8 位 / 通道图像中，最多有 256 级灰度。灰度图像中的每个像素都有一个 0（黑色）~255（白色）的亮度值。在 16 位 / 通道和

32 位 / 通道图像中，其图像的级数比 8 位 / 通道图像的级数要大得多。

◆ 位图模式

位图模式使用两种颜色值（黑色或白色）之一表示图像中的像素。位图模式下的图像被称为位映射 1 位图像，因为其位深度为 1。

◆ 双色调模式

该模式通过 1~4 种自定油墨创建单色调、双色调（两种颜色）、三色调（三种颜色）和四色调（四种颜色）的灰度图像。

◆ Lab 颜色模式

Lab 颜色模式基于人对颜色的感觉。Lab 中的颜色数值用以描述正常视力的人能够看到的所有颜色。因为 Lab 描述的是颜色的显示方式，而不是设备（如显示器）生成颜色所需的特定色料的数量，所以 Lab 被视为与设备无关的颜色模式。色彩管理系统使用 Lab 作为色标，将颜色从一个色彩空间转换到另一个色彩空间。

◆ 多通道模式

多通道模式图像在每个通道中都包含 256 个灰阶，对于特殊打印很有用。多通道模式图像可以存储为 Photoshop、大型文档格式（PSB）、Photoshop 2.0、Photoshop Raw（仅限拼合图像）或 Photoshop DCS 2.0 格式。

1.2.4 文件格式

各种图形文件格式的不同之处在于表示图像数据的方式（作为像素还是矢量），并且它们支持不同的压缩方法和 Photoshop 功能。要保留所有 Photoshop 功能（图层、效果、蒙版等），需要以 Photoshop 格式（PSD）存储图像的备份。

与大多数文件格式一样，PSD 只能支持最大 2GB 的文件。对于大于 2GB 的文件，应以大型文档格式（PSB）、Photoshop Raw、TIFF（最大为 4 GB）或 DICOM 格式存储。

◆ Photoshop 格式 (PSD)

Photoshop 格式（PSD）是默认的文件格式，而且是除大型文档格式（PSB）之外支持所有 Photoshop 功能的唯一格式。由于 Adobe 公司各产品之间是紧密集成的，因此其他 Adobe 产品（如 Adobe Illustrator、Adobe InDesign、Adobe Premiere、Adobe After Effects 和 Adobe GoLive）可以直接导入 PSD 文件并保留许多 Photoshop 功能。

存储 PSD 文件时，可以设置首选项以最大限度地提高文件的兼容性。这样将会在文件中存储一个带图层图像的复合版本，其他应用程序也能够读取该文件，Photoshop 可存储的文件格式如图 1-9 所示。

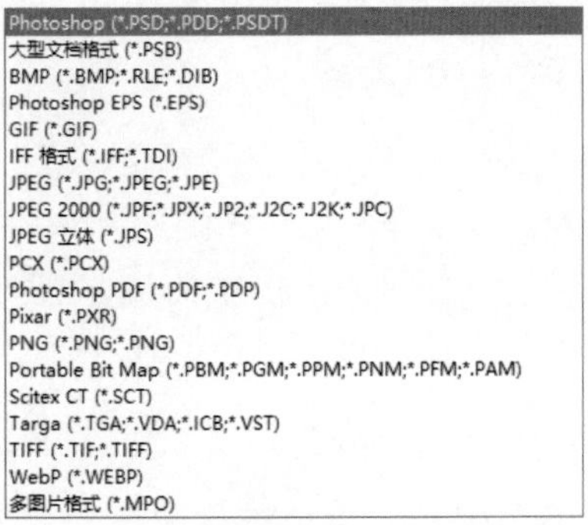

Photoshop (*.PSD;*.PDD;*.PSDT)
大型文档格式 (*.PSB)
BMP (*.BMP;*.RLE;*.DIB)
Photoshop EPS (*.EPS)
GIF (*.GIF)
IFF 格式 (*.IFF;*.TDI)
JPEG (*.JPG;*.JPEG;*.JPE)
JPEG 2000 (*.JPF;*.JPX;*.JP2;*.J2C;*.J2K;*.JPC)
JPEG 立体 (*.JPS)
PCX (*.PCX)
Photoshop PDF (*.PDF;*.PDP)
Pixar (*.PXR)
PNG (*.PNG;*.PNG)
Portable Bit Map (*.PBM;*.PGM;*.PPM;*.PNM;*.PFM;*.PAM)
Scitex CT (*.SCT)
Targa (*.TGA;*.VDA;*.ICB;*.VST)
TIFF (*.TIF;*.TIFF)
WebP (*.WEBP)
多图片格式 (*.MPO)

图 1-9

Tip　要存储对文档所做的更改并以当前格式存储，执行“文件”→“存储”命令。如果看不到所需的格式（如 JPEG 或 PNG），可对所有格式使用“存储副本”命令，并创建文档的保留版本。

◆ BMP 格式

BMP 是标准的 Windows 图像格式。BMP 格式支持 RGB、索引颜色、灰度和位图颜色模式。对于使用 Windows 格式的 4 位和 8 位图像，还可以指定 RLE（游程编码，一种编码方式）压缩。

◆ GIF 格式

图形交换格式 (GIF) 是指通常用于显示 HTML 文档中的索引颜色图形和图像的文件格式。GIF 是一种用 LZW（串表压缩算法）压缩的格式，目的在于使文件大小和传输时间最小化。GIF 格式保留索引颜色图像中的透明度，但不支持 Alpha 通道。

◆ JPEG 格式

联合图像专家组格式（JPEG）通常用于显示 HTML 文档中的图像和其他连续色调图像。JPEG 格式支持 CMYK、RGB 和灰度颜色模式，但不支持透明度。与 GIF 格式不同，JPEG 保留 RGB 图像中的所有颜色信息，但会通过有选择地“扔掉”数据来压缩文件。

JPEG 图像在打开时自动解压缩。压缩级别越高，得到的图像品质越低；压缩级别越低，得到的图像品质越高。在大多数情况下，“最佳”品质选项产生的结果与原图像几乎无分别。

◆ PDF 格式

便携文档格式 (PDF) 是一种灵活的、跨平台、跨应用程序的文件格式。基于 PostScript 成像模型，PDF 文件精确地显示并保留字体、页面版式以及矢量和位图图像。另外，PDF 文件可以包含电子文档搜索和导航功能（如电子链接）。PDF 支持 16 位 / 通道的图像。

◆ PNG 格式

便携网络图形格式（PNG）作为 GIF 的无专利替代品而开发，用于无损压缩和在 Web 上显示图像。与 GIF 不同，PNG 支持 24 位图像并产生无锯齿状边缘的背景透明度。但是，某些 Web 浏览器不支持 PNG 图像。PNG 格式支持无 Alpha 通道的 RGB、索引颜色、灰度和位图模式的图像。PNG 图像保留灰度和 RGB 图像中的透明度。

◆ TIFF 格式

标记图像文件格式（TIFF 和 TIF）用于在应用程序和计算机之间交换文件。TIFF 是一种灵活的位图图像格式，受几乎所有绘画、图像编辑和页面排版应用程序的支持。而且，几乎所有的桌面扫描仪都可以生成 TIFF 图像。TIFF 图像的最大文件可达 4GB。

TIFF 格式支持具有 Alpha 通道的 CMYK、RGB、Lab、索引颜色和灰度图像，以及没有 Alpha 通道的位图模式图像。Photoshop 可以在 TIFF 文件中存储图层。但是，如果在另一个应用程序中打开该文件，则只有拼合图像是可见的。Photoshop 也能够以 TIFF 格式存储注释、透明度和多分辨率金字塔数据。TIFF 图像文件的位深度为 8 位、16 位或 32 位 / 通道。可以将 HDR 图像存储为 32 位 / 通道 TIFF 文件。

1.3 始于初见：Photoshop 工作界面

学习目标： 认识和了解 Photoshop 软件的主页屏幕及工作界面，会调整界面布局和更改配色。

1.3 始于初见：Photoshop 工作界面 .mp4

1.3.1 主页屏幕

启动 Photoshop 后可显示主页屏幕，会显示快速学习和理解概念、工作流程、技巧和窍门的教程，以及有关新功能的信息、最近使用的文档等。Photoshop 2023 的主页屏幕会显示以下选项卡和按钮，如图 1-10 所示。

（1）新文件：单击此按钮可新建一个文档，还可以通过选择模板和预设来创建新文档。

（2）打开：单击此按钮可打开计算机中现有的 Photoshop 文档。

（3）主页：单击此选项卡可打开主页屏幕。

（4）学习：单击此选项卡可在 Photoshop 中打开基础和高级教程列表，通过这些教程可以了解该软件的入门知识。

（5）最近使用项：显示和访问最近的文档，共享的云文档也将显示在主页屏幕中。

（6）新增功能：查看 Photoshop 最新版本的新增功能介绍。

图 1-10

Tip 要在处理 Photoshop 文档期间随时访问主页屏幕，单击工具选项栏中的“主页”选项卡。要退出主页屏幕，只需按 Esc 键即可。

1.3.2　工作界面

Photoshop（如无特殊说明，后续章节均以 Photoshop 2023 为例进行讲解）的工作界面中包含菜单栏、标题栏、工具栏（工具箱）、工具选项栏（工具属性栏）、面板组、图像窗口及状态栏等组件，如图 1-11 所示。

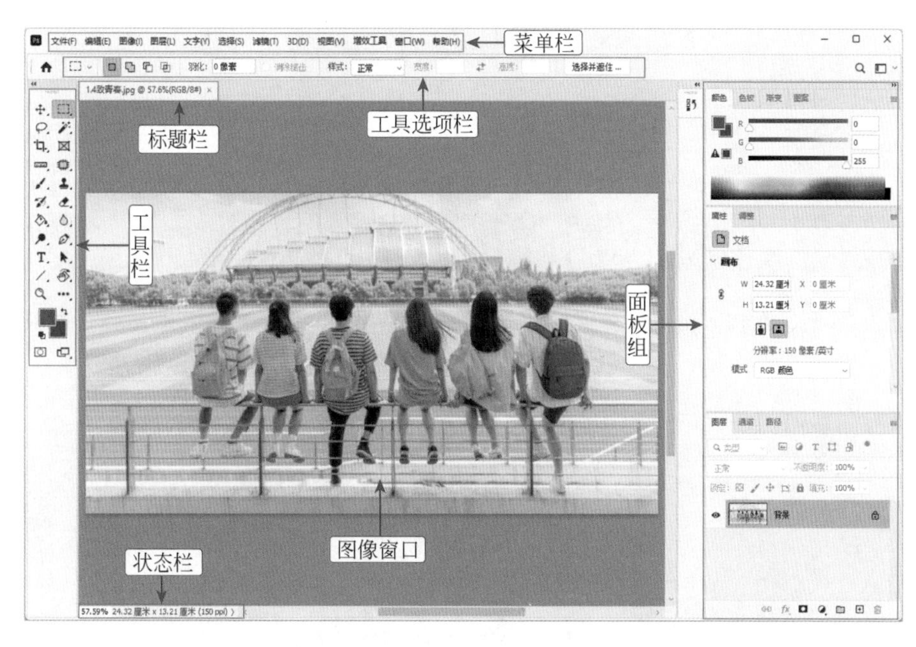

图　1-11

（1）菜单栏：包含“文件”“编辑”“图像”及其他菜单，可以访问各种指令、进行各种调整和访问各种面板。

（2）标题栏：包含缩放级别、排列文档、屏幕模式等信息，可进行最小化、最大化 / 恢复、关闭操作。

（3）工具栏（工具箱）：包含用于编辑图像和创建图稿的工具。相似的工具集中在一起，可以通过单击并按住面板中的工具访问相关的其他工具。

（4）工具选项栏（工具属性栏）：显示当前所用工具的对应选项，默认位于菜单栏的下方。

（5）面板组：包括“颜色”“图层”“属性”及其他面板，其中包含各种用于处理图像的控件。可以在“窗口”菜单下找到完整列表。

（6）图像窗口：是对图像进行浏览和编辑的主要场所，所有的图像处理操作都是在图像窗口中进行。多个打开的图像在图像窗口中以选项卡形式显示。

（7）状态栏：其最左端显示当前图像窗口的显示比例，在其中输入数值并按 Enter 键可改变图像的显示比例，其中间显示当前图像文件的尺寸。

如果 Photoshop 的工作界面发生变动，想要恢复默认工作界面，执行“窗口”→“工作区”→“复位基本功能”命令即可，如图 1-12 所示。

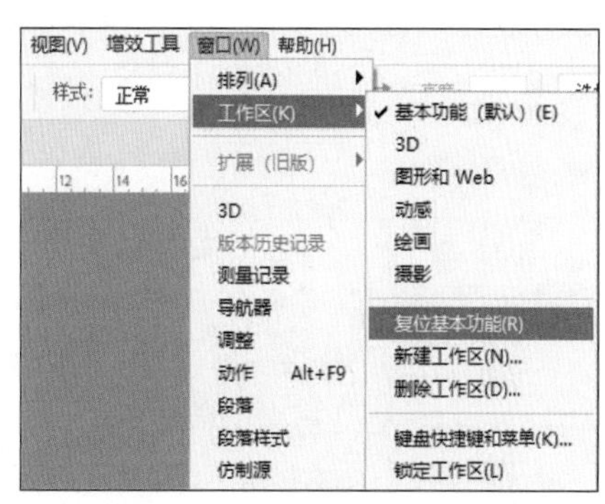

图　1-12

Tip 如果希望自定义界面，可选择下列颜色方案（图 1-13）之一：黑色、深灰、中灰和浅灰。执行以下步骤："编辑"→"首选项"→"界面"命令，选择所需的颜色方案。

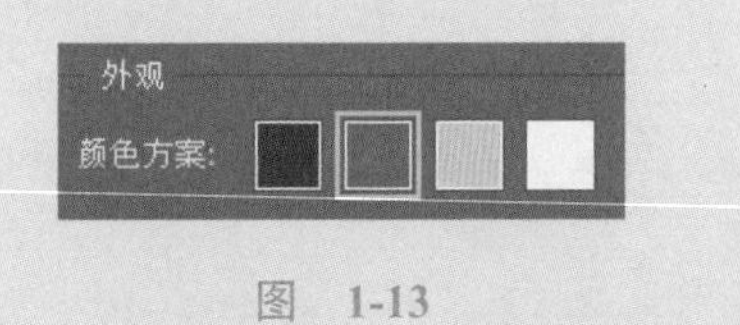

图 1-13

1.4 基础案例：编辑第一张图片

学习目标： 掌握使用 Photoshop 打开和保存图像、缩放图像、撤消错误操作、转化黑白照片等基本操作。

实例位置： 实例文件→第 1 章→1.4 致青春。

完成效果： 如图 1-14 所示。

图 1-14

1.4 基础案例：编辑第一张图片 .mp4

◆ 案例概述

本案例通过制作一张黑白图片，帮助读者快速地认识和使用 Photoshop 打开、修改和保存图像，了解其工作界面并掌握如何缩放和平移图像，会使用"历史记录"面板撤销单个或多个步骤，能够将彩色图像转换为黑白效果图像，体现图像不一样的美。

◆ 案例制作

01 打开文件。在菜单栏执行"文件"→"打开"命令（快捷键 Ctrl+O），打开本案例"1.4 致青春"素材。

02 放大缩小图像。使用"缩放工具"（快捷键 Z），在图像上按住鼠标左键不放并拖动，可以放大和缩小图像的视图，图 1-15 和图 1-16 分别为放大后和缩小后的图像。

03 平移图像。使用"抓手工具"（快捷键 H）或在任意工具下按住空格键不放临时启用"抓手工具"，可在图像窗口内移动图像，如图 1-17 和图 1-18。

图　1-15

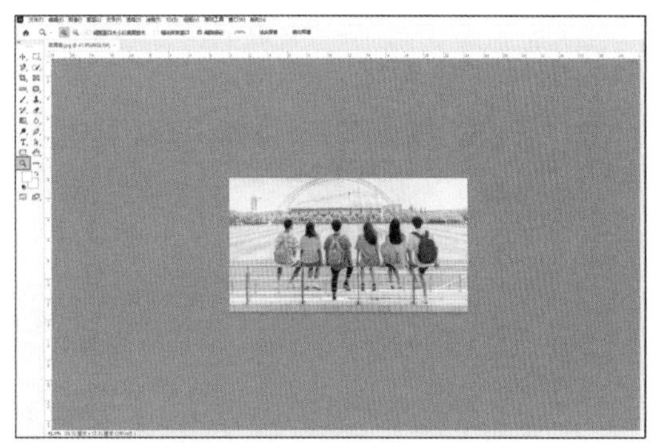

图　1-16

图　1-17

图　1-18

04 转换为黑白效果。执行“图像”→“调整”→“去色”命令（快捷键 Ctrl+Shift+U），如图 1-19 所示，将彩色图像转为黑白图像，效果如图 1-20 所示。

图　1-19

图　1-20

05 撤销。要撤销上一个“去色”操作，可在“历史记录”面板中选择一个步骤或按快捷键 Ctrl+Z 撤销，如图 1-21 所示。要重做上一个操作，可重新单击“历史记录”面板中“去色”或按快捷键 Ctrl+Shift+Z 重做，如图 1-22 所示。

图　1-21

图　1-22

Tip　“历史记录”面板默认只能保存 50 步操作，若执行了许多步相同的操作，则没有办法保留前面的操作，此时可通过增加历史记录保存数量的方法来解决该问题。执行“编辑”→“首选项”→“性能”命令，打开“首选项”对话框，在“历史记录状态”中修改即可（最多可保存 1000 步），如图 1-23。

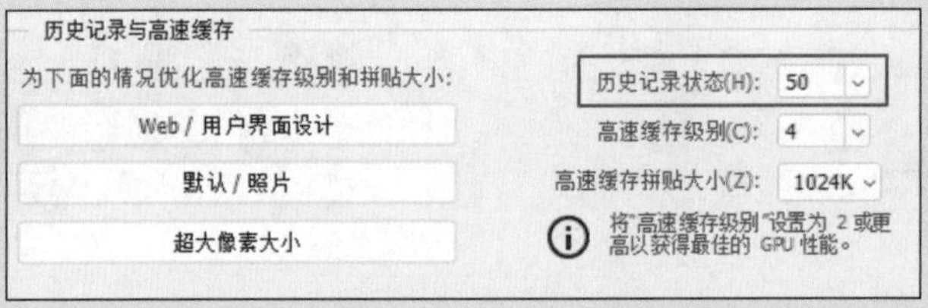

历史记录与高速缓存
为下面的情况优化高速缓存级别和拼贴大小:
Web / 用户界面设计
默认 / 照片
超大像素大小
历史记录状态(H): 50
高速缓存级别(C): 4
高速缓存拼贴大小(Z): 1024K
将"高速缓存级别"设置为 2 或更高以获得最佳的 GPU 性能。

图　1-23

06 保存作品。执行“文件”→“存储为”命令（快捷键 Shift+Ctrl+S），将去色后的图片保存为 PSD 格式，如图 1-24 所示；执行“文件”→“存储副本”命令（快捷键 Alt+Ctrl+ S），将去色后的图片保存为 JPG 格式，如图 1-25 所示。

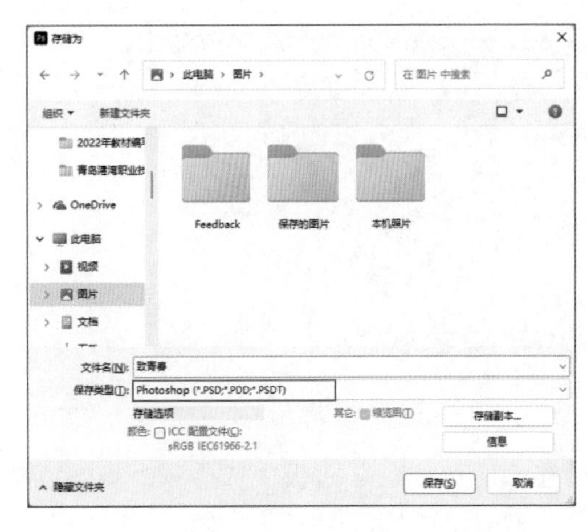

图　1-24

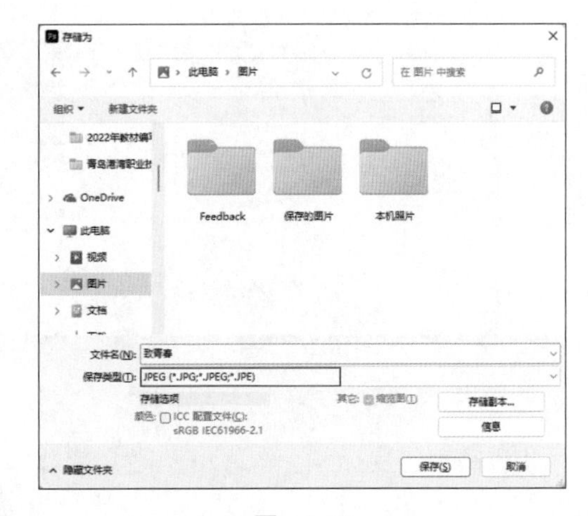

图　1-25

Tip　以 Photoshop 格式 (.psd) 保存图像将可以保留图层、类型及其他可编辑的 Photoshop 属性。如果仍然需要对图像进行处理，最好以 PSD 格式保存。

以 JPEG（.jpg）或 PNG（.png）格式保存会将图像保存为标准的图像文件，便于分享，也可以使用其他程序打开并在线发布。完成编辑后，还应当多保存其中一种格式的副本。

拓展练习

读者可利用本节讲解的图片去色方法，为“愿以梦为马、不负韶华”海报去色，效果如图 1-26。

原图　　效果图

图　1-26

复习思考题

1. Photoshop 中为图片去色的方法很多，请查阅资料，寻找其他的图片去色方法。试述对图片去色后，应如何恢复。

2. 请简述矢量图和位图的特点及主要用途。

3. 请简述适用于手机、电视和计算机屏幕的颜色模式。何种颜色模式适用于印刷？

模块 2　构成设计：图像基础操作

模块概述：看我七十二变

本模块主要介绍 Photoshop 文档编辑、颜色设置与填充、渐变绘制和图像变换与变形等基础操作。通过学习本模块，读者可以了解选框、渐变、油漆桶、画笔和魔棒等工具的使用技巧和方法，体验使用 Photoshop 进行构成设计。

◆ 知识目标——精图像处理，懂软件操作

1. 会应用前景色与背景色，会使用拾色器、颜色面板及油漆桶工具；
2. 会移动、拷贝和删除图像中选定的像素；
3. 记忆并使用快捷键填充前景色和背景色的方法；
4. 理解“三面五调”的概念，会使用渐变和羽化工具；
5. 记忆定界框、参考点和控制点，会使用选框工具进行选择、移动对象，会变换对象；
6. 记忆绘画工具、预设和选项的设置，会使用画笔工具或铅笔工具进行绘制。

◆ 能力目标——有创意思维、能精准设计

1. 具备使用油漆桶工具和“填充”命令为黑白图像填色的能力；
2. 具备使用快捷键填充选区的能力；
3. 具备使用渐变工具填充图像或选区的能力；
4. 具备对图像进行变换、旋转、缩放等变换的能力；
5. 具备分析和创造图像构成设计的能力。

◆ 素质目标——重社会责任、诚实守信

具有艺术创新和版权意识、美学鉴赏和表达能力、精益求精和批判精神、民族自信和文化传承的职业素养。

2.1　填充案例：线稿图像填色

学习目标：会使用油漆桶工具和填充命令为黑白图像填色。
实例位置：实例文件→第 2 章→2.1 线稿图像填色→2.1 素材。
完成效果：线稿如图 2-1 所示，上色稿如图 2-2 所示。

2.1 填充案例：线稿图像填色 .mp4

图　2-1

图　2-2

◆　案例概述

北京在 2008 年为世界呈现了一届无与伦比的夏季奥运会，又在 2022 年为世界献上了一场精彩非凡、卓越的冬季奥运会。北京，历史上首座“双奥之城”，以更加开放、自信的身姿，为奥林匹克写就新的传奇。2022 年的北京冬奥会，不仅仅是一场体育盛会，也是一场文化盛宴。作为吉祥物的冰墩墩（Bing Dwen Dwen），如图 2-3，实力走红冬奥会，成为“顶流”。冰墩墩的设计原型是熊猫，头部被五环颜色的“冰丝带”环绕，掌心有一颗红色的爱心，身上有冬奥会会徽，整体色调为黑色和白色。将熊猫形象与富有超能量的冰晶外壳相结合，将文化要素和冰雪运动融合，并赋予了新的文化属性和特征，体现了冬季冰雪运动的特点。

图　2-3

填充是指在图像或选区内填充颜色或图案。本案例使用 Photoshop 中两种不同的填充方法为冰墩墩的线稿平面图像填充颜色，可帮助读者快速认识和运用填充功能。在使用油漆桶工具操作时，可以填充与单击颜色相近的区域。“填充”命令则可以用指定的颜色或图案填充图像或选区。

◆　案例制作

01 打开文件。在菜单栏中执行“文件”→“打开”命令（快捷键 Ctrl+O），打开本案例“2.1 素材”，单击“背景”图层左侧眼睛图标，将其隐藏。

02 更改前景色并上色。选择“油漆桶工具”，在“色板”面板中单击并选取“灰度”分组中的“黑色”更改前景色颜色，如图 2-4；然后单击要填充的封闭区域对图像进行上色，效果如图 2-5；选取“灰度”分组中的“白色”更改前景色颜色，然后为冰墩墩填充白色，效果如图 2-6。

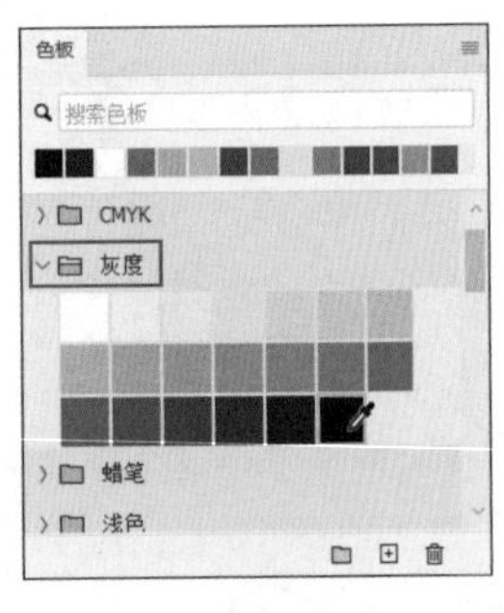

图 2-4

图 2-5

图 2-6

03 填充其他颜色。依次选用“色板”面板中的“红色”“浅蓝色”“深蓝色”“黄色”和“绿色”更改前景色，使用“油漆桶工具”对冰墩墩上色（单击线条，可以为线条着色），完成效果如图 2-7 所示。

04 添加会徽。打开“2.1 素材”中的“2022 年冬奥会会徽”素材，选择“移动工具”将会徽拖动到冰墩墩文档中，并调整到合适的位置，效果如图 2-8 所示。

05 显示背景图层。再次单击“背景”图层左侧眼睛图标，显示该图层。此时，图像的背景将变成白色，效果如图 2-9 所示。

图 2-7

图 2-8

图 2-9

06 填充背景。单击“背景”图层，执行“编辑”→“填充”命令，打开“填充”对话框，在“内容”下拉列表中选择“图案”，选择“自定图案”中的“水 - 清澈”图案，如图 2-10 所示。单击“确定”按钮，完成对背景图案的填充，如图 2-11 所示。

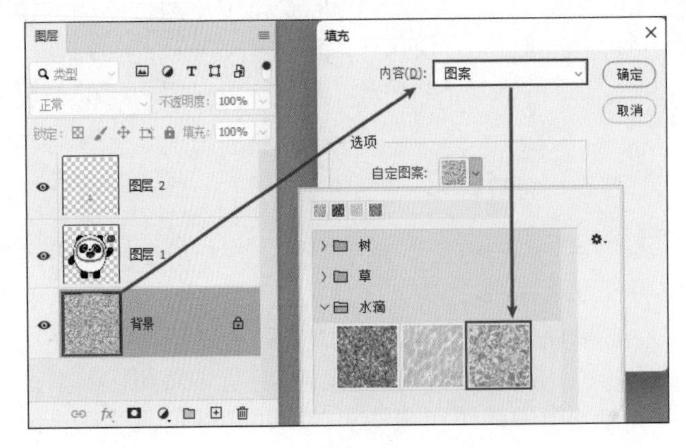

图 2-10

图 2-11

07 保存作品。执行“文件”→“存储为”或“存储副本”命令，完成案例 PSD 格式和 JPG 格式的保存。

拓展练习

读者可以利用本案例为线稿填色的方法，为雪容融填充颜色，如图 2-12 和图 2-13 所示。

图　2-12

图　2-13

Tip

雪容融（Shuey Rhon Rhon）是 2022 年北京冬季残奥会的吉祥物，其以灯笼为原型进行设计创作。主色调为红色，辅以金色纹样的点缀，头顶有如意环与外围的剪纸图案，面部带有不规则形状的雪块，身体可以向外散发光芒。

雪容融的整体造型与北京冬季残奥会举办期间时值中国春节的节日氛围相吻合，吉祥物灯笼外形的发光属性寓意点亮梦想、温暖世界，代表着友爱、勇气和坚强，体现了冬残奥运动员的拼搏精神和激励世界的冬残奥会理念。

知识解析——颜色设置的方法

1. 前景色与背景色

前景色决定了我们使用绘画工具（画笔和铅笔等）绘制线条以及使用文字工具创建文字时的颜色；背景色则决定了使用“橡皮擦工具” 擦除背景时呈现的颜色，如图 2-14 所示。此外，在增加画布的尺寸时，新增的画布也是以背景色来填充的。

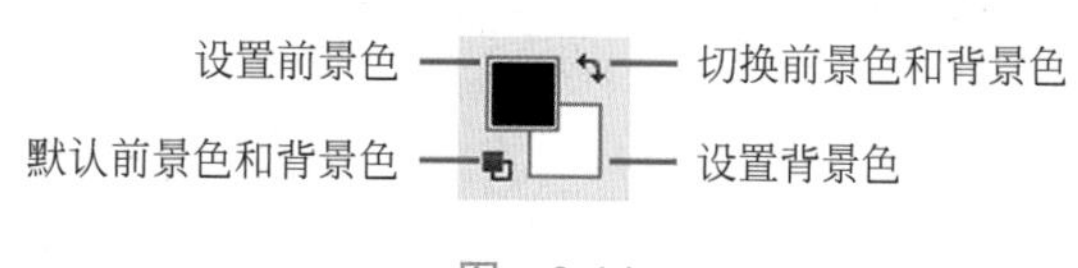

图　2-14

Tip

按 D 键，可将前景色和背景色恢复为默认的黑色和白色。

2. 拾色器

要调整前景色，单击前景色图标；要调整背景色，则单击背景色图标。单击这两个图标，均会弹出“拾色器”对话框，如图 2-15 和图 2-16 所示，这时就可以设定颜色了。

在“拾色器”对话框中拖动颜色带上的三角滑块，可以改变左侧主颜色框中的颜色范围。单击颜色区域，即可选择需要的颜色，获取后的颜色值将显示在右侧对应的选项中；也可直接在右侧的颜色值文本框中输入对应的颜色值，在左侧颜色列表中将自动选中相应的颜色，设置完成后单击“确定”按钮。

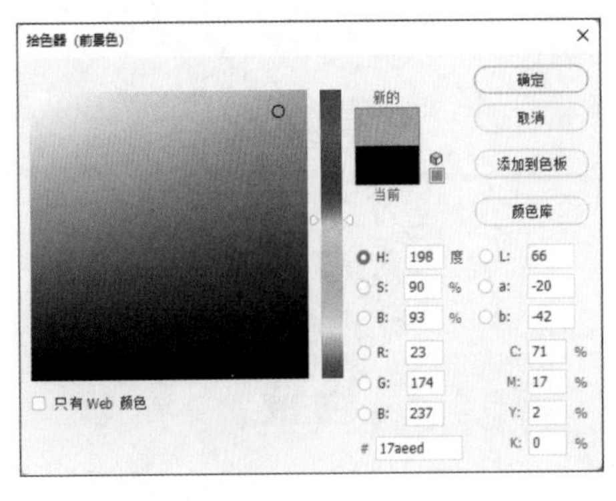

图 2-15

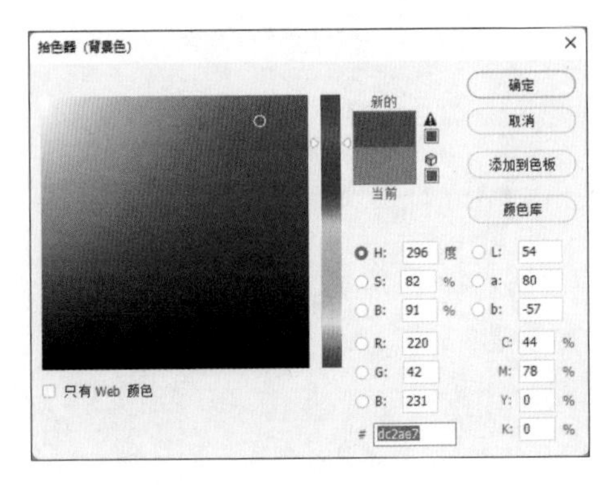

图 2-16

3. 颜色面板

“颜色”面板（“窗口”→“颜色”）显示了当前前景色和背景色的颜色值。使用“颜色”面板中的滑块，可以利用几种不同的颜色模型来编辑前景色和背景色；也可以从显示在面板底部的四色曲线图中的色谱中选取前景色或背景色。在“颜色”面板中，拖动滑块或者输入颜色值即可调整前景色，如图 2-17 所示；如果要调整背景色，则单击背景色颜色框，将它设置为当前状态，然后再进行操作，如图 2-18 所示。

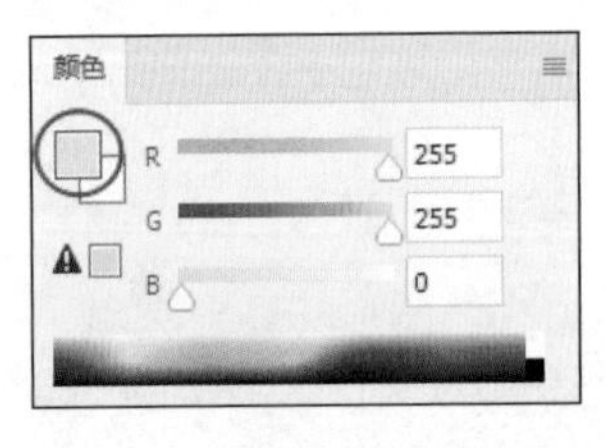

图 2-17

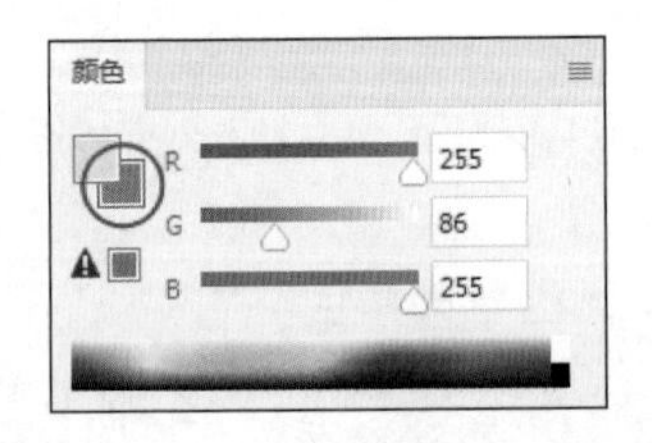

图 2-18

选择颜色时，“颜色”面板可能显示下列警告。

（1）如果选取了不能用 CMYK 油墨打印的颜色，四色曲线图左上角将会出现一个内含惊叹号的三角形▲。

（2）当选取的颜色不是 Web 安全色时，四色曲线图左上角将出现一个立方体。

4. 油漆桶工具

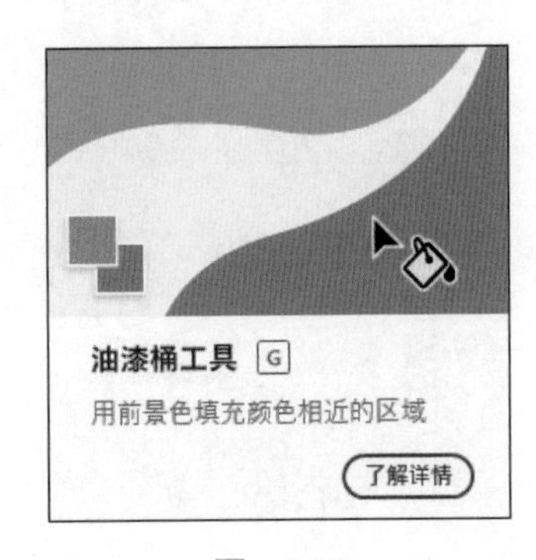

图 2-19

“油漆桶工具”（快捷键 G），如图 2-19 所示，主要用于在图像中填充前景色或图案。若创建选区，填充区域为该选区；若没有创建选区，则填充与鼠标单击处颜色相近的封闭区域。

Tip “油漆桶工具”在工具栏“渐变工具”的分组里。若找不到，单击并按住“渐变工具”即可找到。

我们可以在“油漆桶工具”选项栏中设置相应参数，如图 2-20 所示。其中，“容差”选项用于定义一个颜色相似度（相对于所单击的像素），一个像素必须达到此颜色相似度才会被填充，值的范围是 0~255。低容差会填充颜色值范围内与所单击像素非常相似的像素；高容差则填充更大范围内的像素。

前景　模式：正常　不透明度：100%　容差：32　消除锯齿　连续的　所有图层

图　2-20

2.2　填充案例：制作手机壳促销页面

学习目标： 掌握 Photoshop 快捷键填充选区的方法，会使用魔棒工具和移动工具。

实例位置： 实例文件→第 2 章→2.2 制作手机壳促销页面→2.1a，2.1b。

完成效果： 如图 2-21 所示。

2.2 填充案例：制作手机壳促销页面 .mp4

◆ 案例概述

本案例首先为图像中的文字和图形更改颜色，再为手机壳添加图样效果，使整个画面更加美观。通过案例制作，读者可快速地认识和使用 Photoshop 中的移动工具和魔棒工具，并能够运用快捷键 Alt+Delete 和快捷键 Ctrl+Delete 为选区填充前景色和背景色。

图　2-21

◆ 案例制作

01 打开文件。在菜单栏中执行“文件”→“打开”命令（快捷键 Ctrl+O），打开本案例“2.2a”“2.2b”素材。

02 更改前景色和背景色颜色。在素材“2.2a”中，分别选用拾色器（前景色）和拾色器（背景色）吸取页面中的“黄色”和“绿色”，如图 2-22 所示。

03 填充颜色。选择“魔棒工具”，工具选项栏的参数选择默认参数。单击图片中的字母 I 生成选区，按快捷键 Alt+Delete 将此选区填充“黄色”前景色；再单击图片中的字母 G 生成选区，按快捷键 Ctrl+Delete 将此选区填充“绿色”背景色。填充完毕后，按快捷键 Ctrl+D 取消选区，如图 2-23 所示。

04 填充其他字母和图形。使用同样的方法，选中图片中的其他字母或图形，填充相应的颜色，如图 2-24 所示。其中，“蓝紫色”的 RGB 值为（143，130，188）。

图 2-22

图 2-23

图 2-24

05 移动并调整素材。选择“移动工具” ✥，将填充好的图像移动到素材“2.2b”中；按快捷键 Ctrl+T 旋转并等比例缩放图片，将图像调整到合适的位置，如图 2-25。

图 2-25

06 调整图层混合模式。在“图层”面板中，选中“图层 1”，并将该图层的混合模式设置为“正片叠底”，如图 2-26 所示。这样，“图层 1”白色的背景将会被隐藏掉，效果如图 2-27 所示。

07 保存作品。执行“文件”→“存储为”或“存储副本”命令，将案例的 PSD 格式和 JPG 格式保存完成。

Tip 打开两个或多个文档，选择“移动工具”，将指针放在画面中，单击并移动鼠标光标至另一个文档的标题栏，停留片刻即可切换到该文档；移动光标到画面中并放开鼠标可将图像拖入该文档。

图　2-26

图　2-27

知识解析——图像移动与快捷填充

1. 移动、拷贝和删除图像中选定的像素

移动选区：选择“移动工具” ✥，在选区边界内移动鼠标指针，并将选区拖动到新位置，如图 2-28 所示。如果选择了多个区域，则在拖动时移动所有区域；当没有选区时，移动的是整个图层。

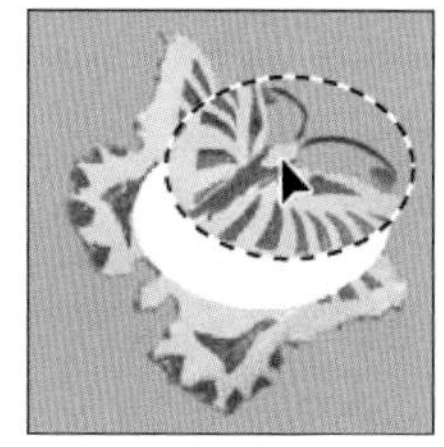

图　2-28

拷贝和粘贴选区：在图像内或图像间拖动选区时，可以使用“移动工具”拷贝选区或者使用“拷贝”“合并拷贝”“剪切”和“粘贴”命令来拷贝和移动选区。按 Alt 键的同时拖动要拷贝和移动的选区，可以实现选区的复制。

2. 快捷键填充前景色和背景色的方法

在 Photoshop 中，除了使用“油漆桶工具”为图像填充前景色和背景色外，还可以使用快捷键进行填充，此方式非常便捷，且应用广泛。

填充前景色的快捷键：Alt+Delete；填充背景色的快捷键：Ctrl+Delete。

3. Photoshop 中放大和缩小图像显示比例的方法

（1）Ctrl + +：放大图像；

（2）Ctrl + −：缩小图像；

（3）Ctrl + 0：按屏幕大小缩放图像；

（4）Ctrl + 1：按 100% 比例放缩图像；

（5）Alt + 滚轮：放大或缩小图像；

（6）缩放工具（快捷键 Z）在图像上按住鼠标不放并拖动。

2.3　渐变案例：石膏几何体

学习目标： 理解 Photoshop 中 5 种渐变类型，会运用渐变工具填充图像或选区。

实例位置： 实例文件→第 2 章→2.3 石膏几何体。

完成效果： 如图 2-29 所示。

2.3 渐变案例：石膏几何体 .mp4

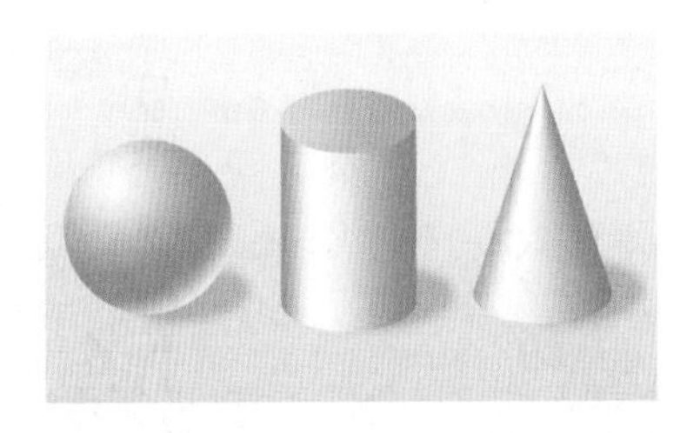

图 2-29

◆ 案例概述

本案例通过制作球体、圆柱和圆锥等石膏几何体，帮助读者快速地理解渐变和“三面五调”的知识，通过 Photoshop 中的渐变工具绘制不同的渐变来表现物体的立体感；通过对几何体投影的制作，了解柔化选区边缘的方法；通过对多个图层的管理，了解如何在“图层”面板中选中和编辑多个图层等。

◆ 案例制作

01 新建文件。在菜单栏中执行“文件”→“新建”命令（快捷键 Ctrl+N），在“新建文档”对话框中单击“打印”选项卡，选择“A4”尺寸，设置分辨率为“300 像素 / 英寸”、方向为“横向”、颜色模式为“RGB 颜色”，如图 2-30 所示，单击“创建”按钮。

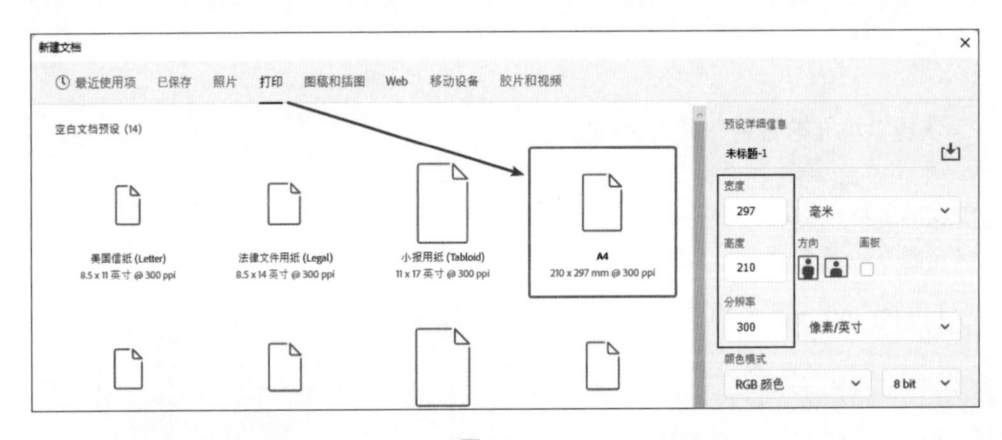

图 2-30

02 为背景图层填充渐变。选择“渐变工具”，在工具选项栏中选择“经典渐变”（Photoshop 2023 及以上版本），在“渐变编辑器”对话框“预设”选项组中选择“中性色”分组中的“灰白色_02”渐变，如图 2-31 所示，并设置渐变类型为“线性渐变”；选中“背景”图层，按住 Shift 键的同时将光标从上向下拖动，为“背景”图层添加渐变，效果如图 2-32 所示。

03 绘制球体。

（1）单击“图层”面板底部的“创建新图层”按钮，新建一个空白图层；选择“椭圆选框工具”，按住 Shift 键的同时绘制一个正圆形选区，如图 2-33 所示；选择“渐变工具”，在“渐变编辑器”对话框中自定义“白 - 深灰 - 白”的渐变，如图 2-34 所示；在工具选项栏中选中“径向渐变”，从正圆选区的左上方向右下方拖动以填充渐变，如图 2-35 所示；按快捷键 Ctrl+D 取消选区，效果如图 2-36 所示，并将“图层 1”的名字更名为“球体”。

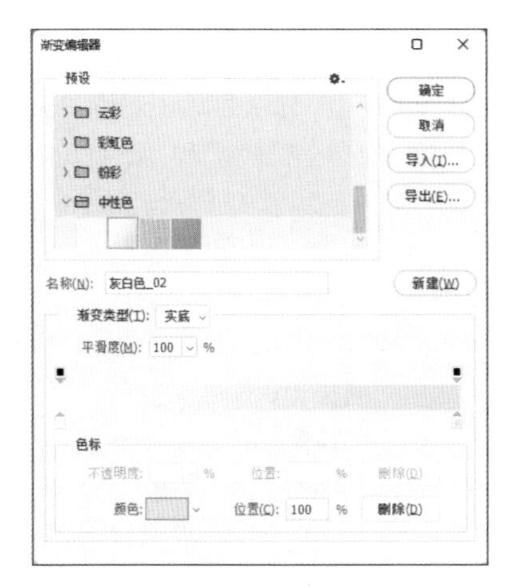

图　2-31

图　2-32

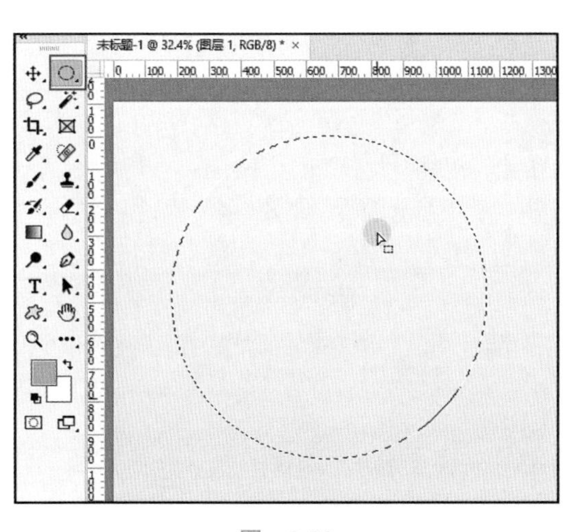

图　2-33

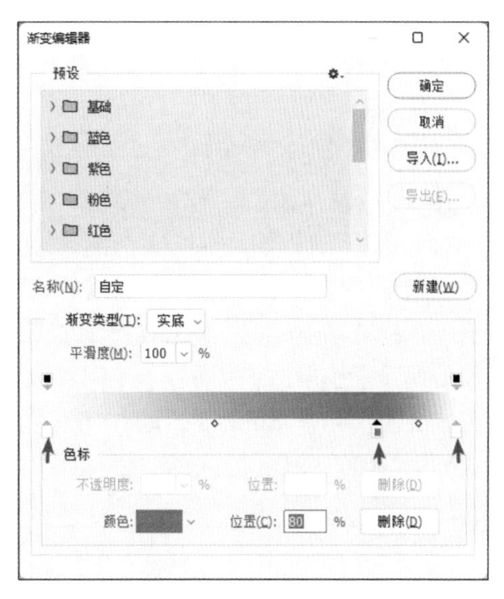

图　2-34

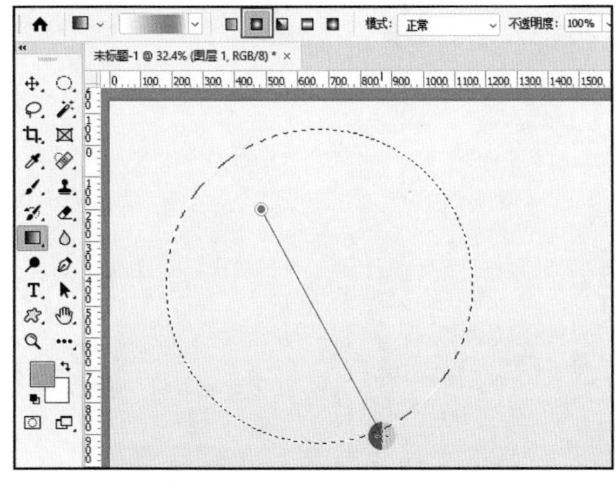

图　2-35

图　2-36

（2）再次新建一个空白图层，在新图层上制作投影效果。选择“椭圆选框工具”◯绘制一个椭圆形选区，执行“选择”→“修改”→“羽化”命令（快捷键 Shift+F6），设置羽化半径为“25 像素”，如图 2-37 所示，将前景色设为“灰色”，按快捷键 Alt+Delete 填充前景色，按快捷键 Ctrl+D 取消选区，如图 2-38 所示，并将图层名更改为“投影 1”。

（3）将“投影 1”图层移动到“球体”图层下方，如图 2-39 所示，调整“投影”到合适位置。至此，球体绘制完毕。

图　2-37

图　2-38

图　2-39

04 绘制圆柱体。

（1）单击“图层”面板底部的“创建新图层”按钮⊞，新建空白图层，在新图层上使用“矩形选框工具”⬚绘制一个矩形选区，如图 2-40 所示。选择“渐变工具”■，在“渐变编辑器”对话框中自定义“灰 - 白 - 灰”的渐变，如图 2-41 所示。在工具选项栏中选择“线性渐变”，从矩形选区的左侧按住 Shift 键的同时向右侧拖动，如图 2-42 所示，填充渐变；按快捷键 Ctrl+D 取消选区，效果如图 2-43 所示。

图　2-40

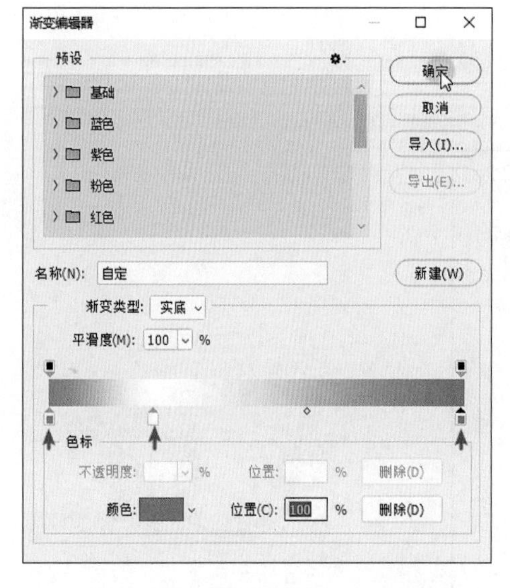

图　2-41

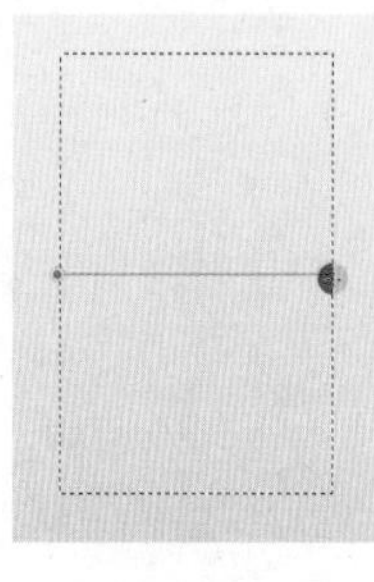

图　2-42

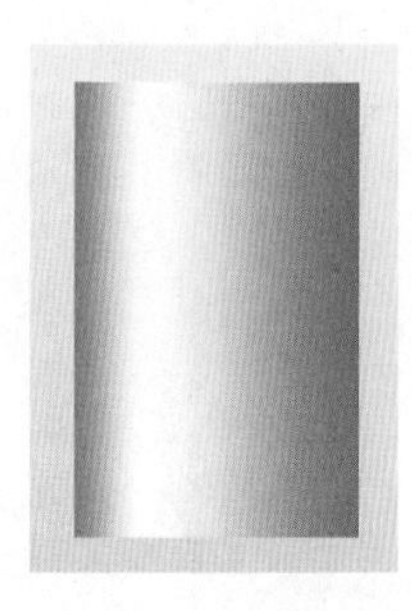

图　2-43

（2）按快捷键 Ctrl+R 显示标尺，拖动出两条参考线至矩形两侧，如图 2-44 所示。选择“椭圆形选框工具”借助参考线绘制椭圆选区，然后执行“选择”→“反选”命令（快捷键 Shift+Ctrl+I）反选椭圆形选区，再使用“橡皮擦工具”将矩形下方多余的部分擦除，效果如图 2-45 所示。

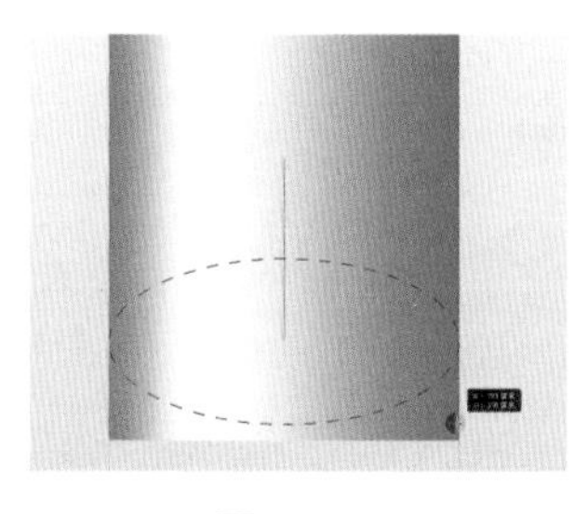

图　2-44

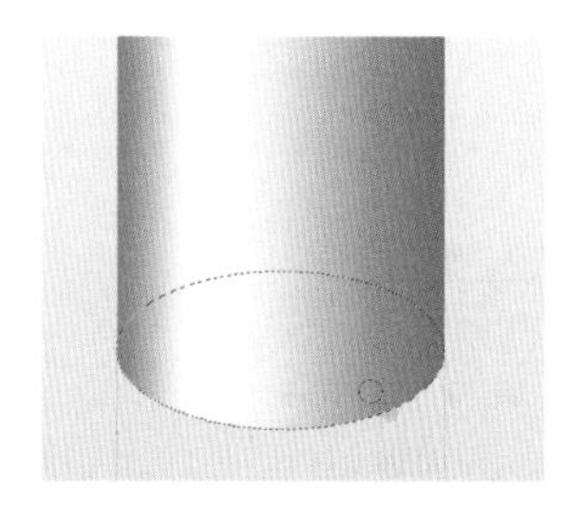

图　2-45

（3）再次执行“选择”→“反选”命令（快捷键 Shift+Ctrl+I）重新反选椭圆形选区。选择“椭圆选框工具”后将椭圆形选区移至上方，如图 2-46 所示；选择“渐变工具”，在“渐变编辑器”对话框中自定义“浅灰 - 深灰”的渐变，如图 2-47 所示；在工具选项栏中选择“径向渐变”，新建空白图层，从椭圆形选区的左侧按住 Shift 键的同时向右侧拖动，为新图层填充“径向渐变”；按快捷键 Ctrl+D 取消选区，效果如图 2-48 所示。

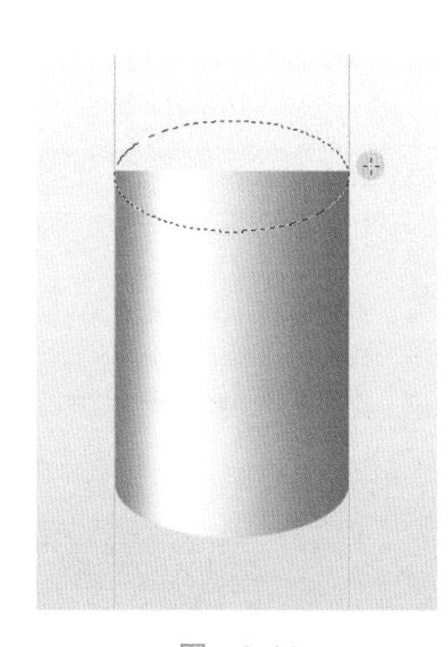

图　2-46

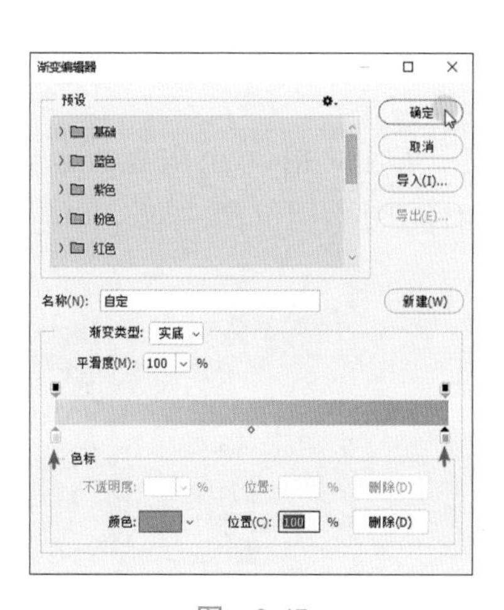

图　2-47

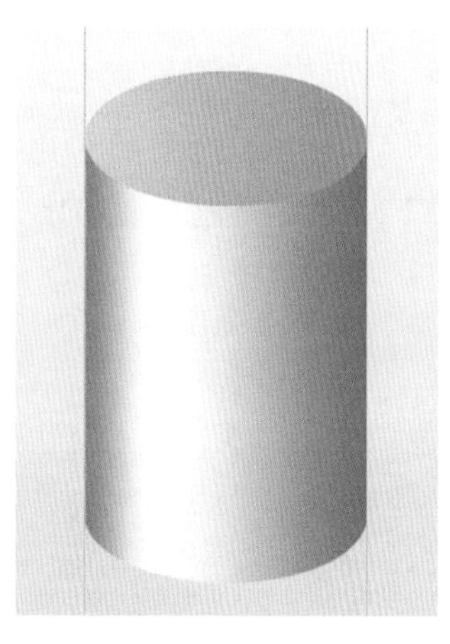

图　2-48

Tip　如果想要删除多余的参考线，可以执行“视图”→“清除参考线”命令；或使用“移动工具”，单击要选择的参考线，然后将其拖动到图像窗口之外。

（4）参考步骤 03-(2) 的方法，为圆柱体制作投影图层，更改图层的名字并调整位置，完成圆柱体的绘制，如图 2-49 和图 2-50 所示。

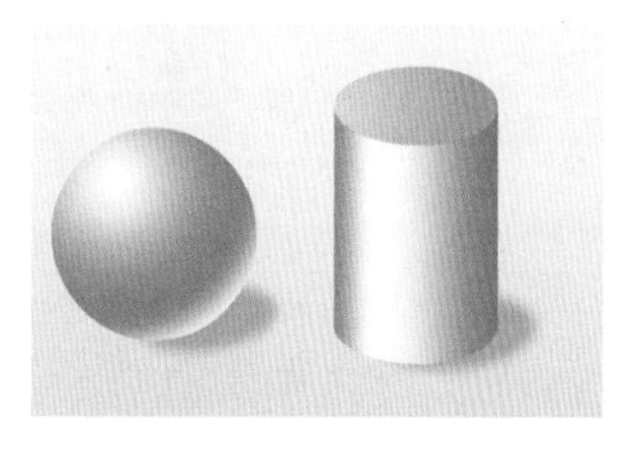

图　2-49

05 绘制圆锥体。

（1）新建一个空白图层，在新图层上使用“矩形选框工具”绘制一个矩形选区，如图 2-51 所示；选择“渐变工具”，在“渐变编辑器”对话框中自定义“灰 - 白 - 灰”的渐变，如图 2-52 所示；在工具选项栏中选择“线性渐变”，从矩形选区的左侧按住 Shift 键的同时向右侧拖动，填充渐变；按快捷键 Ctrl+D 取消选区，效果如图 2-53 所示。

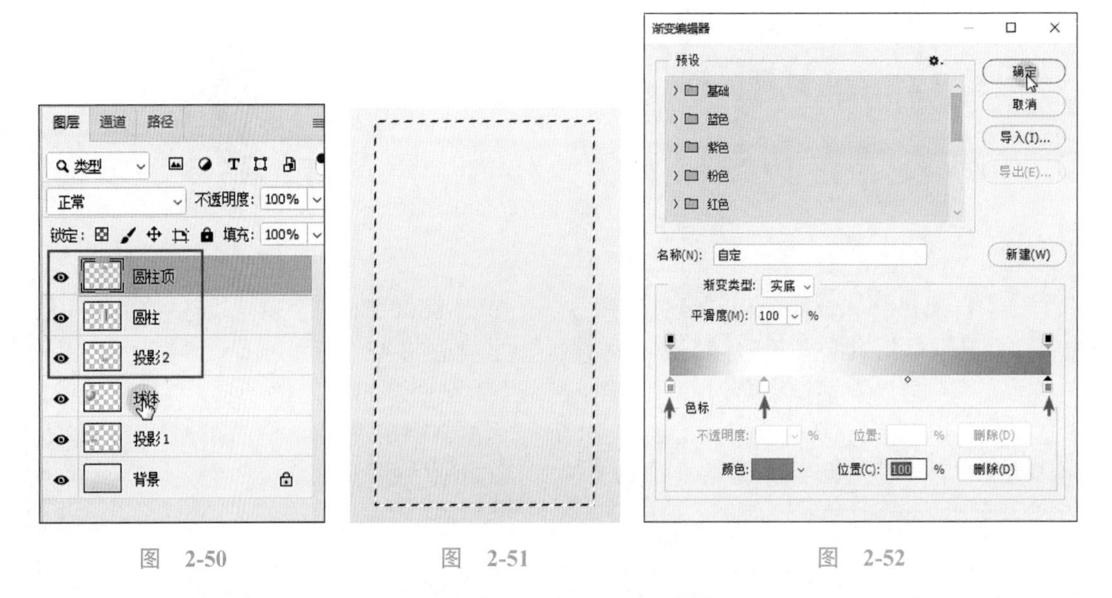

图 2-50　　图 2-51　　图 2-52

（2）选中绘制的矩形，按快捷键 Ctrl+T 启用自由变换，右击并选择“透视”，如图 2-54 所示，将右上方的控制点移动到中间位置，如图 2-55 所示，按 Enter 键完成透视变换。

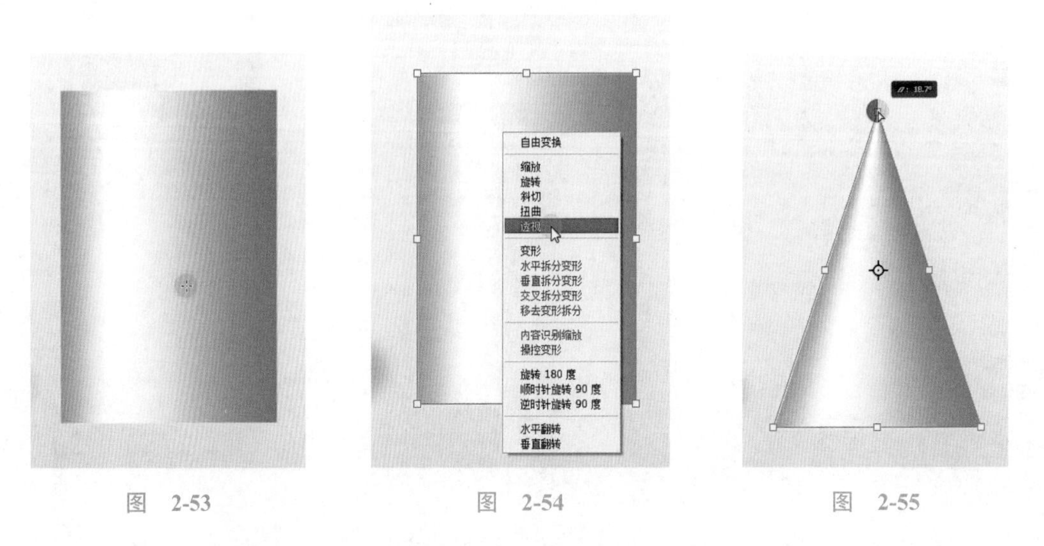

图 2-53　　图 2-54　　图 2-55

（3）参考步骤 04-（2）制作圆锥体底部。首先绘制椭圆形选区，如图 2-56 所示，在反选选区后，使用“橡皮擦工具”将下方多余的部分擦除，如图 2-57 所示，按快捷键 Ctrl+D 取消选区。

（4）参考步骤 03-（2）制作圆锥体投影图层，更改图层名字并调整位置，完成绘制，如图 2-58 和图 2-59 所示。

06 选择石膏几何体对应的图层，使用“移动工具” ✣ 调整其位置，通过按快捷键 Ctrl+T 调整其大小，最终效果如图 2-29 所示。

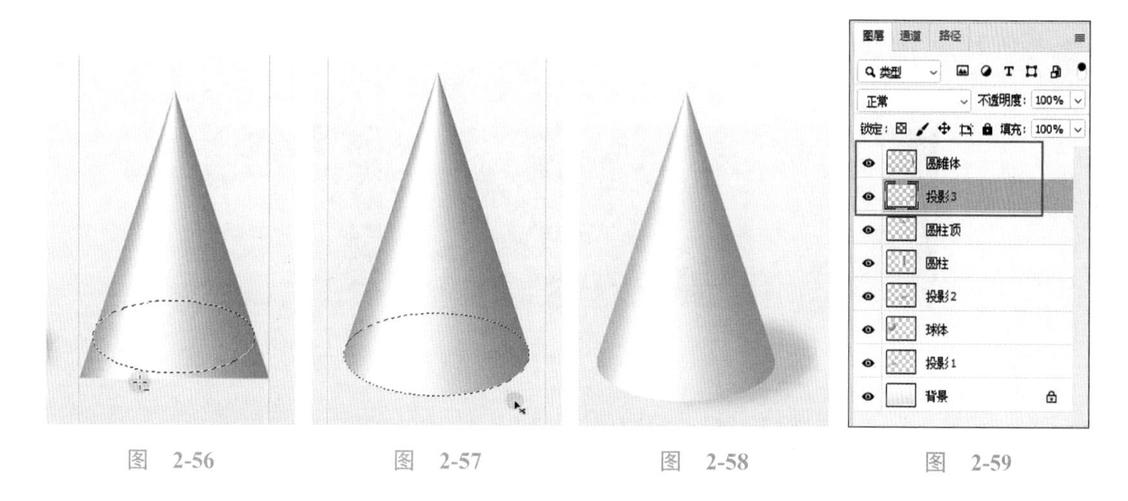

图　2-56　　图　2-57　　图　2-58　　图　2-59

在“图层”面板中单击“图层”可以选中一个图层。

要选择多个连续的图层，请单击第一个图层，然后按住 Shift 键的同时单击最后一个图层。

要选择多个不连续的图层，请按住 Ctrl 键的同时在“图层”面板中单击这些图层。

知识解析——三面五调、渐变和羽化

1. 三面五调

物体在光的照射下，会产生明暗变化。光源一般有自然光、阳光、灯光（人造光）等。由于光的照射角度不同、光源与物体的距离不同、物体的质地不同、物体面的倾斜方向不同、光源的性质不同、物体与画者的距离不同等，都将产生不同感觉的明暗色调。掌握物体明暗调子的基本规律是非常重要的，也是表现物体立体感的重要手段，物体明暗调子的规律可归纳为“三面五调”，如图 2-60 所示。

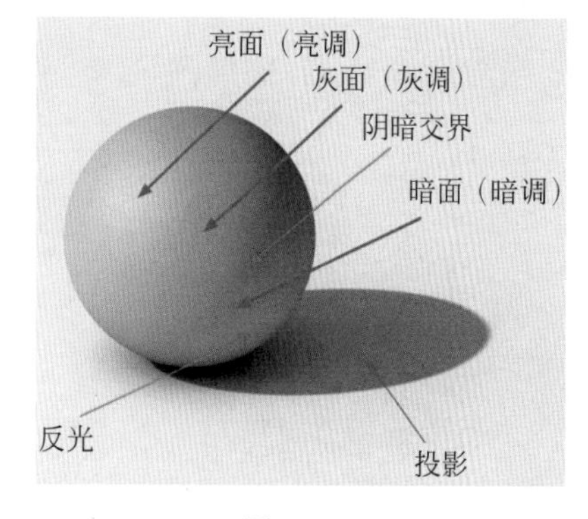

图　2-60

三面：物体在受到光的照射后，呈现出不同的明暗，受光的一面叫亮面，侧受光的一面叫灰面，背光的一面叫暗面，这就是三面。

五调：调子是指画面不同明度的黑白层次，是物体表面所反映光的数量，也就是面的深浅程度。在三大面中，根据受光的强弱不同，还有很多明显的区别，形成了五个调子。

除了亮面的亮调，灰面的灰调和暗面的暗调之外，暗面由于环境的影响又出现了“反光”。另外，在灰面与暗面的交界处既不受光源的照射，又不受反光的影响，因此“挤”出了一条最暗的面，叫“明暗交界”。这就是我们常说的“五大调子”。

2. 渐变

渐变是在两种邻近的颜色（包括黑色和白色）之间实现平滑过渡的若干方法之一，如图 2-61 所示。

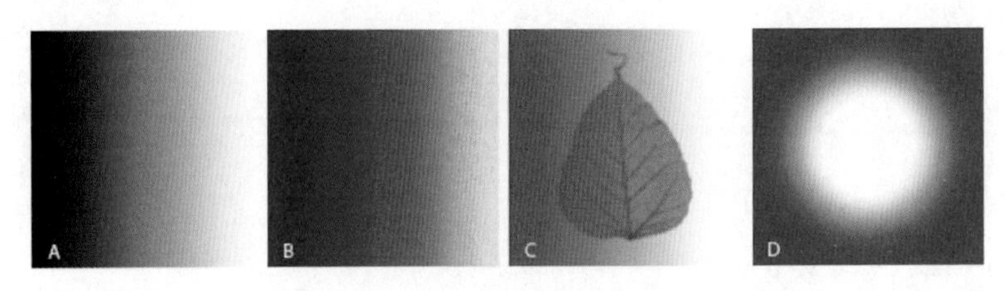

图 2-61

A. 由黑色到白色的线性渐变；B. 多种颜色的线性渐变；
C. 由彩色到透明的线性渐变；D. 由彩色到白色的径向渐变

Photoshop 提供了 5 种类型的渐变，分别为线性渐变、径向渐变、角度渐变、对称渐变和菱形渐变。要创建渐变，可以选择“渐变工具”。“渐变工具”可以创建多种颜色间的逐渐混合，可以从“预设渐变”填充中选取或创建渐变。

选择一个选项以确定起点（按下鼠标的位置）和终点（松开鼠标的位置）来影响渐变外观。

线性渐变：以直线从起点渐变到终点，如图 2-62 所示。

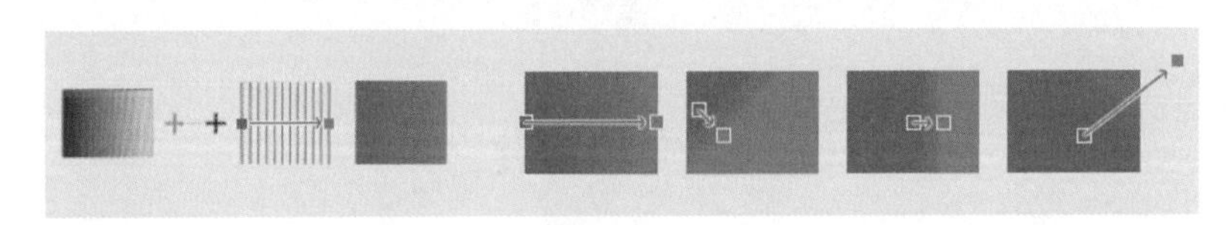

图 2-62

径向渐变：以圆形图案从起点渐变到终点，如图 2-63 所示。

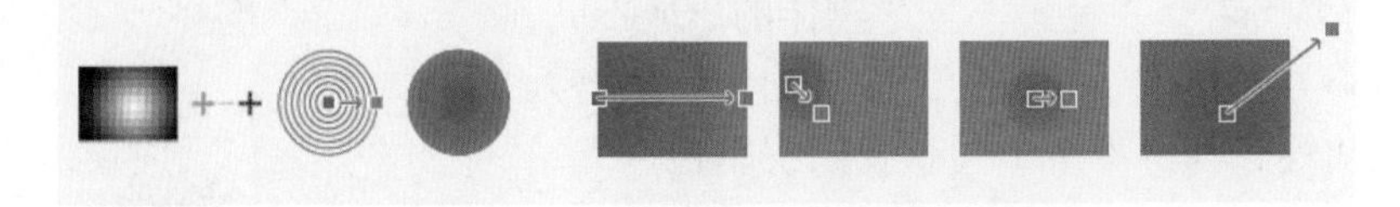

图 2-63

角度渐变：围绕起点以顺时针做扇形渐变，如图 2-64 所示。

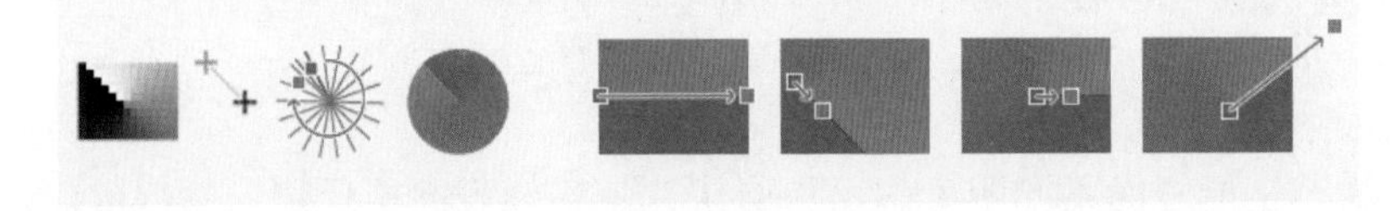

图 2-64

对称渐变：在起点的两侧对称地进行线性渐变，如图2-65所示。

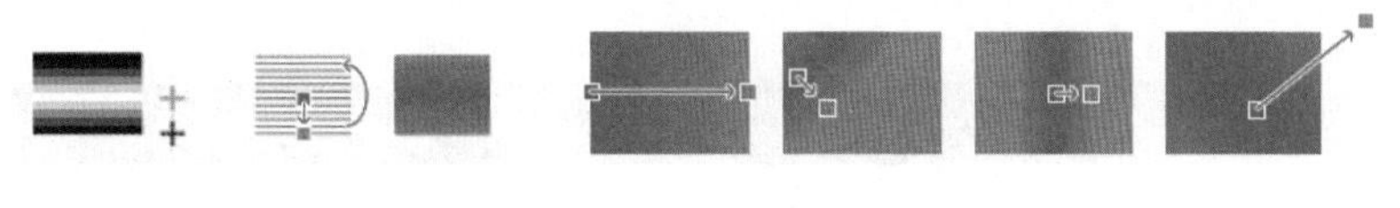

图　2-65

菱形渐变：以菱形图案从中心向外侧渐变到角，如图2-66所示。

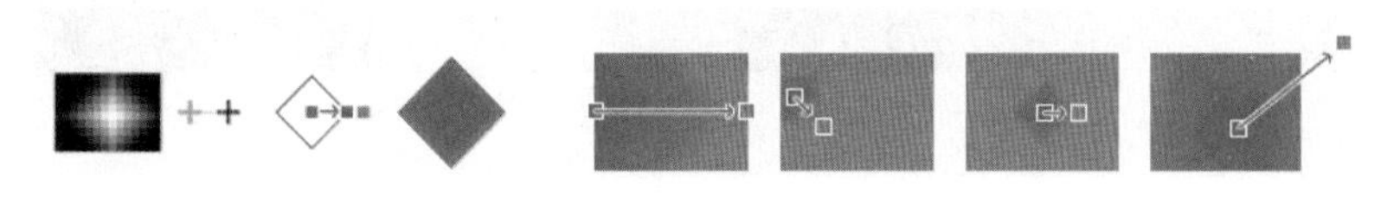

图　2-66

3. 渐变工具

选择“渐变工具”，在工具选项栏中选择渐变样式，在“渐变工具”面板的下拉列表中选择预设的渐变。如果要自定义渐变颜色，可以单击工具选项栏中的渐变颜色条，打开“渐变编辑器”对话框进行设置，如图2-67所示。如果要创建包含透明区域的渐变，可以单击渐变条上方的不透明度色标，之后降低它的“不透明度”参数。

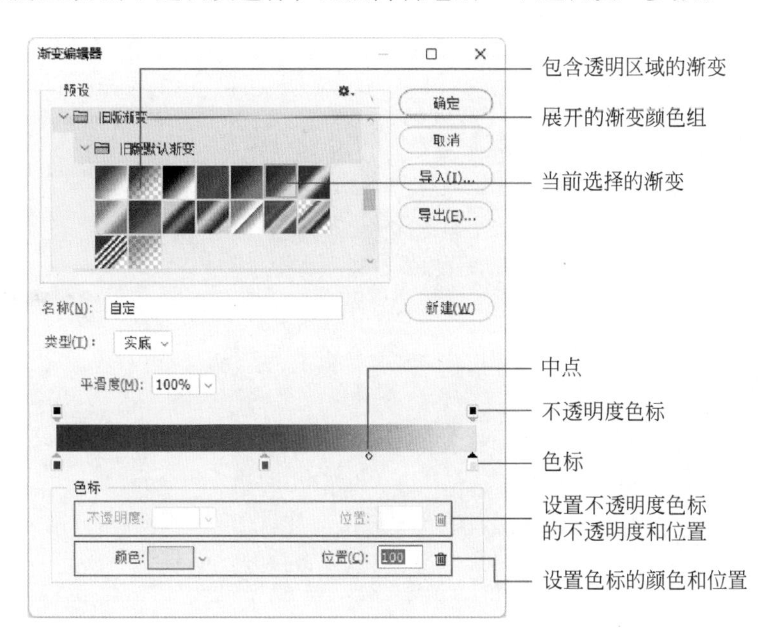

图　2-67

在Photoshop 24.5（2023年5月版）中，渐变功能已得到显著改进，并引入了新的画布控件和实时预览功能（可自动创建，且以非破坏性的方式进行编辑），从而加快了工作流程。

现在，不仅可以使用Photoshop桌面应用程序中经过改进的渐变工具快速绘制、预览和修改精美的渐变，还可以创建色标并从画布本身编辑渐变。此外，还能够控制渐变的颜色、密度、不透明度和混合模式，查看画布上的中点和扩散，添加多个色标，更改色标的颜色，以及使用此功能编辑渐变。如图 2-68 所示为使用新的画布控件和自动创建的“实时预览”，快速调整图像中的渐变。

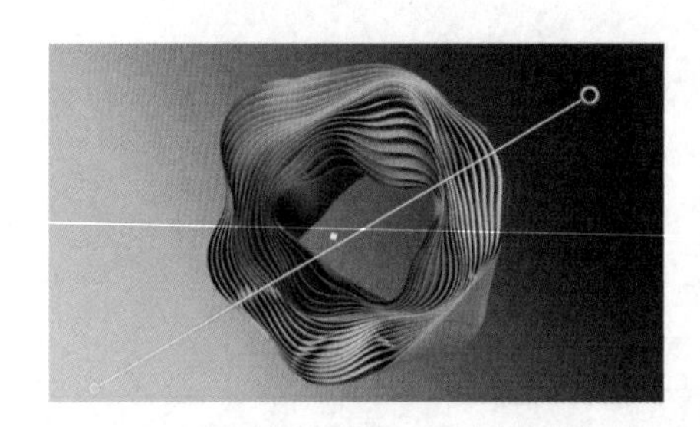
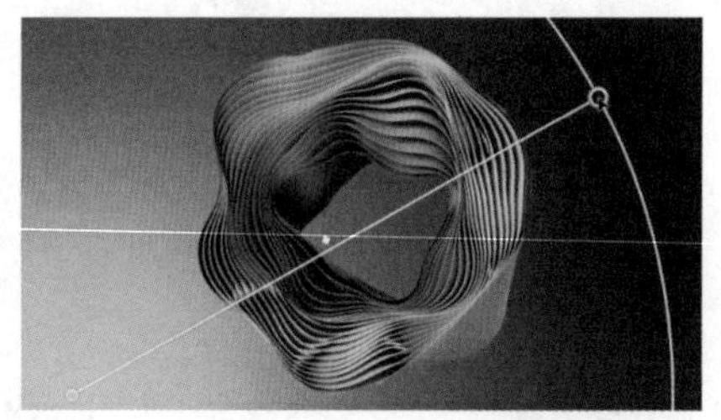

图 2-68

渐变功能是默认功能，选择像素图层后，可以选取所需的工作方式：非破坏性（渐变模式）或破坏性（经典渐变模式）。在处理渐变填充图层时，该工具会根据所选图层、渐变填充或蒙版切换至正确模式。

要使用渐变功能，可执行以下操作。

（1）选择画布并拖动出画布上的渐变构件。拖动时，可以更改渐变的角度和长度。如果停止拖动，可以返回并通过再次单击和拖动此构件来更改长度和角度。

（2）通过单击并拖动菱形图标来更改色标之间的中点，如图 2-69 所示。

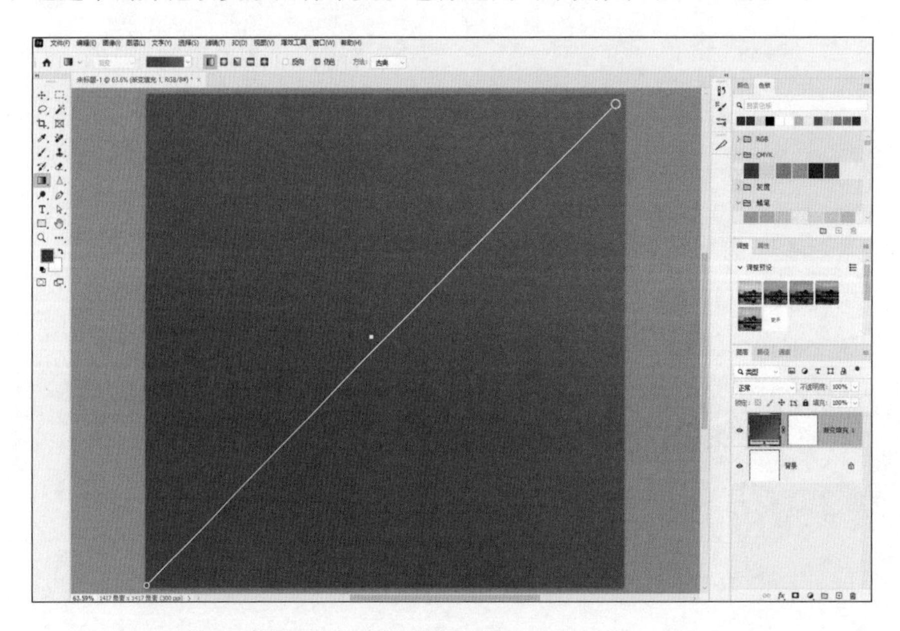

图 2-69

（3）选择色标圆圈并拖离渐变线，可移除画布构件上的色标。在渐变的画布上，双击色标（圆形区域）以使用拾色器更改颜色。

（4）在下拉列表或“渐变”面板中选择一个渐变预设。

4. 羽化

羽化可以柔化选区边缘，通过建立选区和选区周围像素之间的转换边界来模糊边缘。

该模糊边缘将丢失选区边缘的一些细节。可以为选框工具、套索工具、多边形套索工具或磁性套索工具定义羽化，也可以向现有的选区中添加羽化，如图 2-70 和图 2-71 所示分别为未使用和使用羽化的选区。

图　2-70

图　2-71

为现有选区定义羽化边缘方法：执行“选择”→“修改”→“羽化”命令（快捷键 Shift+F6），输入“羽化半径”的值，然后单击“确定”按钮。

2.4　变换案例：面孔变变变

学习目标：掌握 Photoshop 中选择、移动、复制等图像变换与变形的操作。

实例位置：实例文件→第 2 章→2.4 面孔变变变。

完成效果：如图 2-72 所示。

2.4 变换案例：面孔变变变 .mp4

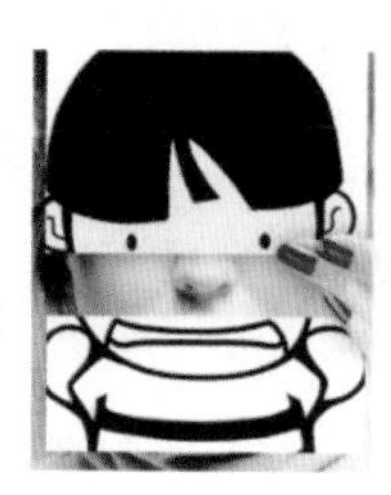

图　2-72

◆ 案例概述

本案例通过制作人物的面孔变化，帮助读者快速地了解 Photoshop 中移动、旋转和缩放图像的方法；通过为卡牌添加投影，了解图层样式的添加和复制；通过隐藏图层多余区域，理解剪贴蒙版的用途。

◆ 案例制作

01 打开文件。在菜单栏中，执行“文件”→“打开”命令（快捷键 Ctrl+O），打开本案例的“2.4a.psd 和 2.4e.jpg”素材。

02 选取素材。选择“2.4e.jpg”素材，使用“矩形选框工具”绘制一个矩形选区，如图 2-73 所示；然后用“移动工具”将选中的图像移动到“2.4a.psd”素材中，并置于“手”图层的下方，如图 2-74 所示；调整“图层 1”至合适位置，如图 2-75 所示（如果想要删除

“图层 1”的多余部分，可以用“矩形选框工具”选中想要删除的区域，然后按 Delete 键即可）。

图 2-73

图 2-74

图 2-75

03 添加图层样式。双击“图层 1”的图层缩览图，如图 2-76 所示，打开“图层样式”对话框。选中“投影”复选框，设置“投影”选项卡参数，如图 2-77 所示（设置不透明度为“50%”、角度为“120 度”、距离为“1 像素”、大小为“30 像素”），单击“确定”按钮。

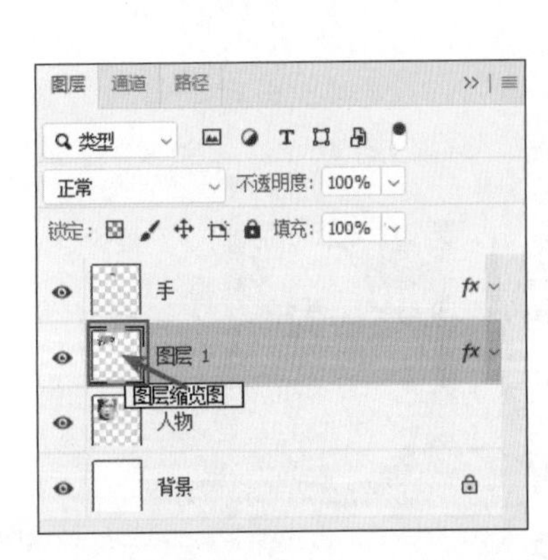

图 2-76

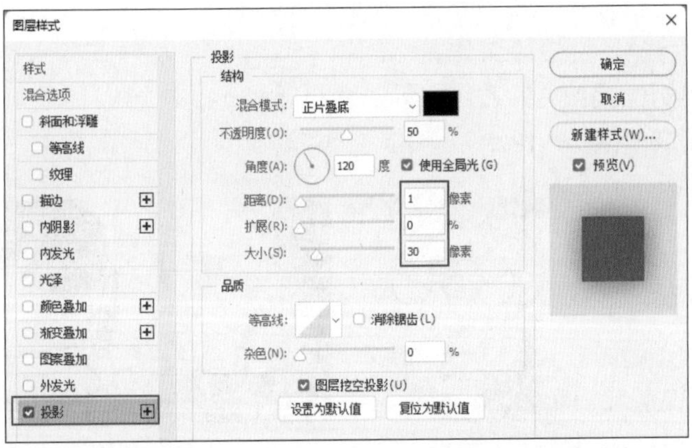

图 2-77

04 创建剪贴蒙版。由于“图层 1”的投影已经扩散到“人物”图层外侧，因此需要隐藏掉多余的投影效果。选中“图层 1”，按住快捷键 Alt+Ctrl+G 创建剪贴蒙版；同样，选中“手”图层，按住快捷键 Alt+Ctrl+G 创建剪贴蒙版，如图 2-78 所示，隐藏手部多余的阴影效果，效果如图 2-79 所示。

05 制作其他效果。打开另外 3 个素材（如图 2-80~图 2-82 所示），采用同样的方法选取、复制及移动图像，调整投影并创建剪贴蒙版，合成如图 2-83 和图 2-84 所示的效果。

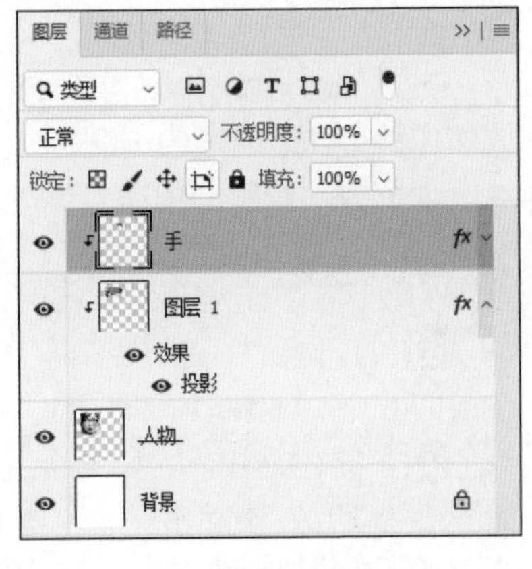

图 2-78

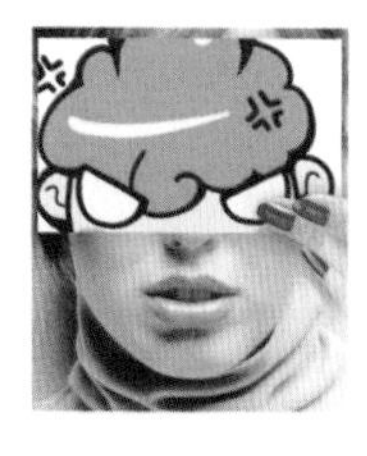

图　2-79

图　2-80

图　2-81

图　2-82

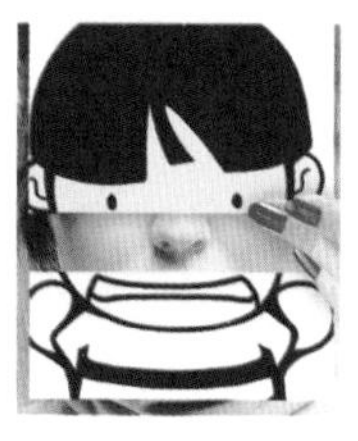

图　2-83

图　2-84

注意：制作时可以单击图层缩览图左侧的眼睛图标以控制图层的可见性。

06 合成新文件。在菜单栏中，执行“文件”→“新建”命令（快捷键 Ctrl+N），在“新建文档”对话框中，设置宽度为“860 像素”、高度为“1000 像素”、分辨率为“72 像素 / 英寸”，如图 2-85 所示。使用“移动工具”，将制作好的面孔放置到新建的文件中，按快捷键 Ctrl+T 调整其位置和大小，完成最终效果图的制作，如图 2-86 和图 2-87 所示。

图　2-85

图　2-86

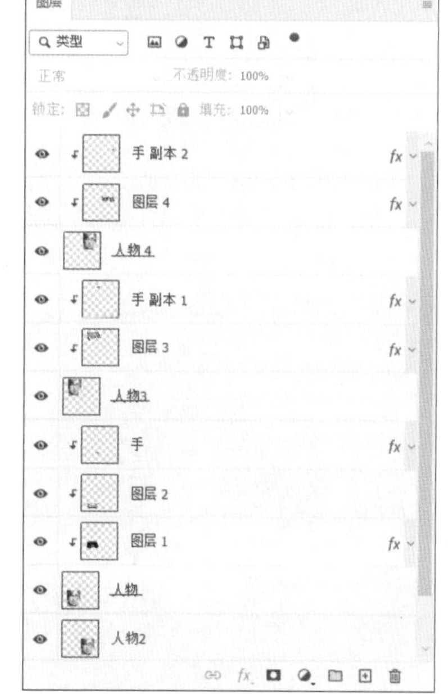

图　2-87

知识解析——选框工具和图像的复制移动

1. 使用选框工具进行选择

选框工具允许选择矩形、椭圆形和宽度为 1 像素的行和列。

选框工具的种类如下所述。

矩形选框工具：建立一个矩形选区（配合使用 Shift 键可建立方形选区）。

椭圆选框工具：建立一个椭圆形选区（配合使用 Shift 键可建立正圆形选区）。

单行选框工具或单列选框工具：建立宽度为 1 像素的行或列选区。

“矩形选框工具”的工具选项栏如图 2-88 所示。

图 2-88

选区选项：A. 新选区　B. 添加到选区　C. 从选区减去　D. 与选区交叉。

羽化：在该文本框中输入数值，可以在创建选区后得到使选区边缘柔化的效果。

消除锯齿：当选择椭圆形选框工具时该选项才可启用，用于消除选区锯齿边缘。

样式："正常"——通过拖动鼠标确定选框比例；

"固定比例"——设置高宽比，需要输入高宽比的值；

"固定大小"——为选框的高度和宽度指定固定的值。

> **Tip** 要重新放置矩形或椭圆形选框，应首先拖动鼠标以创建选区边框，在此过程中要一直按住鼠标左键，然后按住空格键并继续拖动。如果需要继续调整选区的边框，请松开空格键，但是要一直按住鼠标。

2. 在文档间移动图像

打开两个或多个文档，选择"移动工具"✥，将指针放在画面中，按住鼠标左键不放并拖动鼠标至另一个文档的标题栏，停留片刻即可切换到该文档；将光标移动到画面中，松开鼠标可将图像拖入该文档，图 2-89 和图 2-90 分别为移动前后示意图。

图 2-89

图 2-90

2.5 变换案例：美丽的花纹

学习目标： 理解和掌握 Photoshop 中图像变换的方法和技巧。

实例位置： 实例文件→第 2 章→2.5 美丽的花纹。

完成效果： 如图 2-91 和图 2-92 所示。

2.5 变换案例：美丽的花纹 .mp4

◆ 案例概述

本案例通过制作美丽的花纹，帮助读者掌握 Photoshop 中自由变换、复制变换和再次

图　2-91

图　2-92

复制变换图像的方法和快捷键；能够对多个图层进行合并操作；会锁定图层的透明像素，为花纹添加渐变颜色。

◆ 案例制作

01 新建文件。在菜单栏中，执行“文件”→“新建”命令（快捷键 Ctrl+N），在“新建文档”对话框中，设置宽度、高度均为“12 厘米”、分辨率为“200 像素 / 英寸”、背景内容为“黑色”，如图 2-93 所示，单击“创建”按钮。

02 绘制正圆形选区并描边。单击“图层”面板底部的⊞按钮，新建“图层 1”，选择“椭圆选框工具”◌，按住 Shift 键的同时绘制一个正圆形选区；执行“编辑”→“描边”命令，打开“描边”对话框，设置描边宽度为“1px”、颜色为“白色”，如图 2-94 所示，单击“确定”按钮后得到圆形边框，按快捷键 Ctrl+D 取消正圆形选区，如图 2-95 所示。

图　2-93

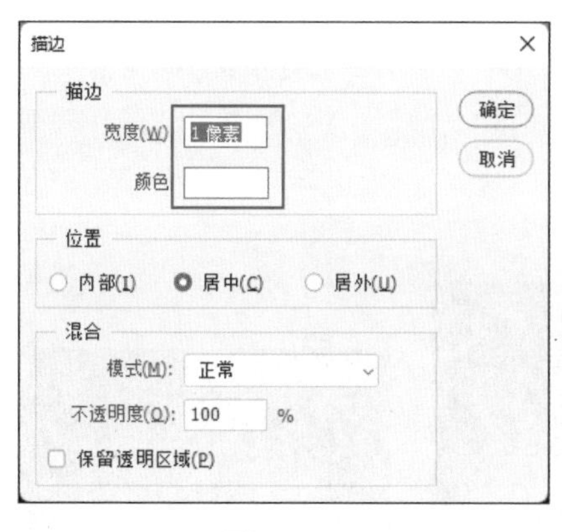

图　2-94

图　2-95

03 将圆形复制变换。按住快捷键 Alt+Ctrl+T，对圆形进行复制变换。在工具选项栏中设置参考点位置为“左上角”，选择“保持长宽比”，长、宽分别放大到原来的“110%”，如图 2-96 所示，按 Enter 键提交变换。

04 画出 6 个渐次增大的圆。按 6 次快捷键 Alt+Shift+Ctrl+T 再次复制变换，得到 6 个渐次增大的圆，如图 2-97 所示。按住 Shift 键的同时将除“背景”图层之外的所有图层全部选中，如图 2-98 所示，按快捷键 Ctrl+E 将选中的图层合并。

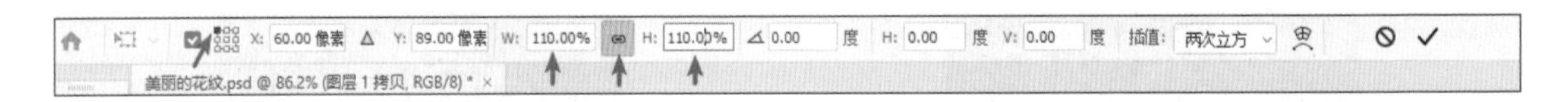

图 2-96

图 2-97

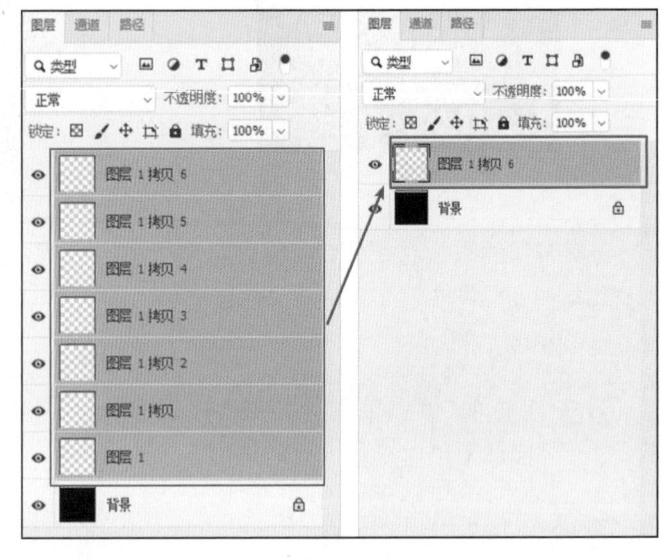

图 2-98

05 复制变换。选中合并后得到的图层，按快捷键 Alt+Ctrl+T 进行复制变换，在工具选项栏中将参考点位置设置为“左上角”，如图 2-99 所示，旋转角度设为“20 度”，按 Enter 键提交变换。再按 15 次快捷键 Alt+Shift+Ctrl+T 再次复制变换，共得到 16 个旋转的圆环，组成如图 2-100 所示的图形。仿照 04 步，合并除“背景”图层外的其他图层。

06 为图形填充渐变色。在“图层”面板中，单击“锁定透明像素”图标，如图 2-101 所示，选择“渐变工具”，在“渐变编辑器”对话框中选择漂亮的渐变预设，如图 2-102 所示，选择渐变类型为“径向渐变”，为图像填充颜色。

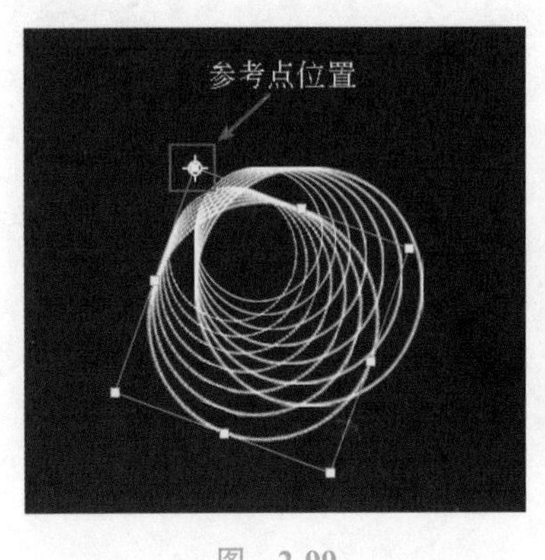

图 2-99

图 2-100

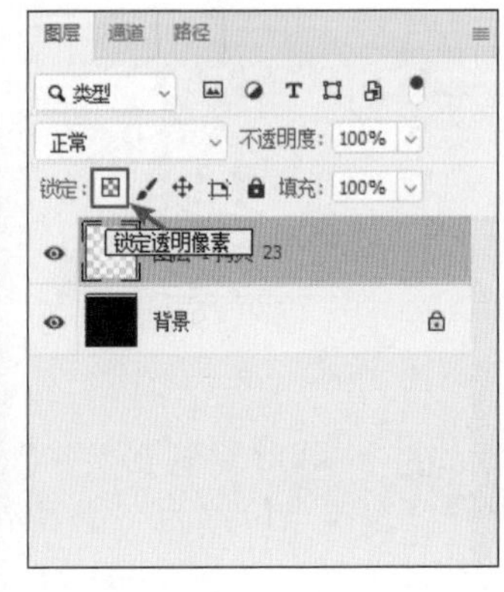

图 2-101

07 在 05 步中，若将旋转参考点设置在“右下角”，如图 2-103 所示，就会复制变换出其他形状的花纹，如图 2-104 所示。

图　2-102

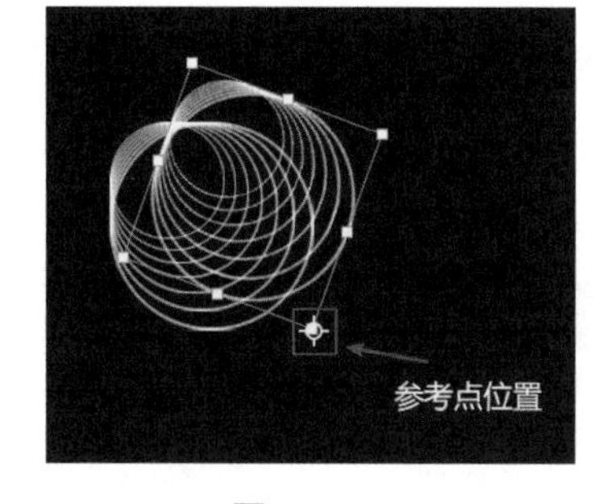

图　2-103

图　2-104

Tip　为图形填充渐变的其他方法。在“图层”面板上按住 Ctrl 键的同时并单击合并后得到的图层缩览图，将其“载入选区”，再用渐变工具为选区填充颜色，也可得到最终效果图。

拓展练习

读者也可以用其他的图案，通过复制变换得到许多意想不到的美丽效果，如图 2-105 所示。

图　2-105

知识解析——图像的变换

1. 定界框、参考点和控制点

在 Photoshop 中对图像进行变换或变形操作时，该操作对象周围会出现一个定界框，定界框中央有一个参考点，四周有控制点，如图 2-106 所示。参考点位于操作对象的中心，它用于定义操作对象的变换中心，拖动它可以移动其位置。拖动控制点则可以进行变换操作。

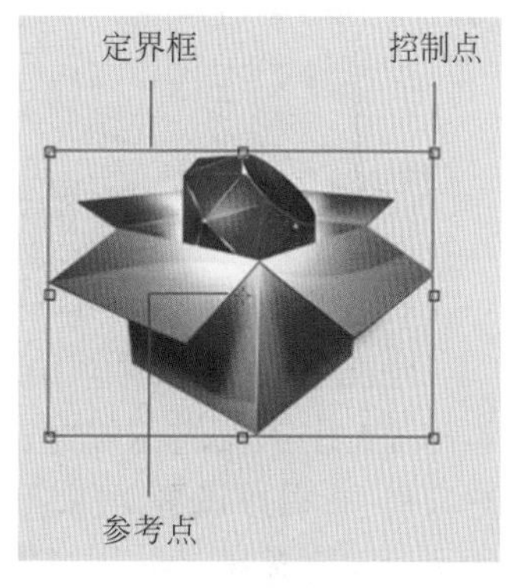

图　2-106

2. 变换对象

选择“移动工具” ✥，按快捷键 Ctrl+T（“编辑”→“自由变换”），当前对象上会显示用于变换的定界框，拖动定界框和定界框上的控制点可以对图像进行变换操作，操作完成后，按 Enter 键提交变换。如图 2-107 所示变换图像，其中 A 为原始图像，B 为翻转的图层，C 为旋转后的选区边框，D 为操作对象局部被缩放。

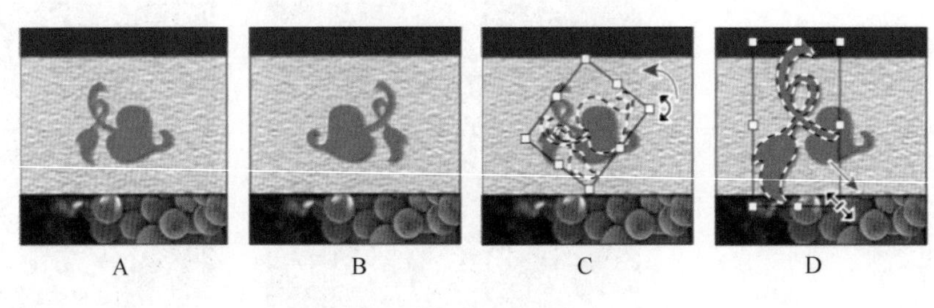

图 2-107

3. 图像变换相关的快捷键

（1）Ctrl+T：自由变换。

（2）Alt +Ctrl+T：复制变换。

（3）Shift +Ctrl+T：再次变换。

（4）Alt+Shift+Ctrl+T：再次复制变换。

2.4 拓展案例：雷达图标

学习目标： 掌握 Photoshop 中颜色和渐变的设置、图像的变化等基本操作方法。

实例位置： 实例文件→第 2 章→ 2.6 雷达图标。

完成效果： 如图 2-108 所示。

2.6 拓展案例：雷达图标 .mp4　2.6 拓展案例：雷达图标 .docx

◆ 案例概述

本案例通过制作具有玻璃质感的雷达图标，帮助读者强化练习 Photoshop 图像的基础操作。制作过程中，首先利用滤镜制作背景，利用渐变创作金属外环，使用直线工具绘制刻度线；然后通过多边形套索工具、椭圆形选框工具的选区运算创建出扇形和月牙形选区，并填充“白色 - 透明”渐变制作高光区；最后使用“柔边圆”画笔创建圆点。

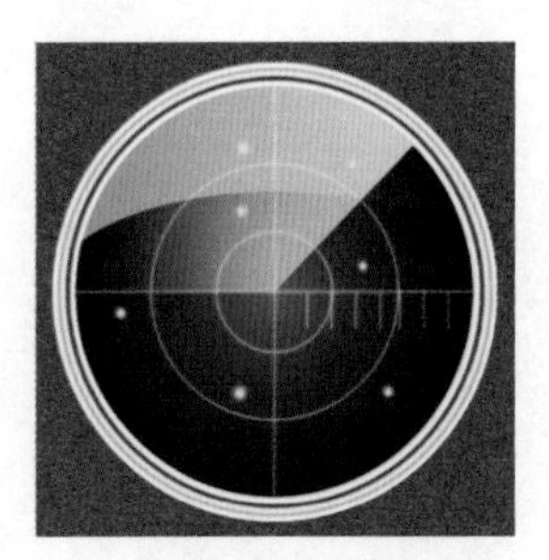

图 2-108

知识解析——绘画工具

1. 绘画工具、预设和选项

Photoshop 提供多个用于绘制和编辑图像颜色的工具。“画笔工具”和“铅笔工具”与传统绘图工具的相似之处在于它们都使用画笔描边来应用颜色。在这些绘画工具的工具选项栏中，可以设置对图像应用颜色的方式，并可以从预设画笔笔尖中选取笔尖，如图 2-109 所示为“画笔工具”的工具选项栏。

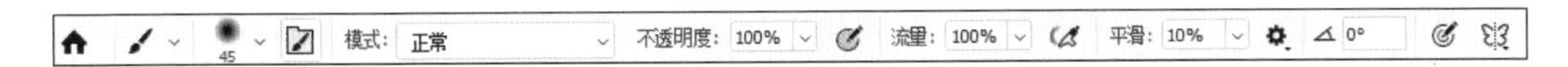

图　2-109

1）画笔和工具预设

可以将一组画笔选项存储为预设，以便能够迅速访问经常使用的画笔特性。Photoshop 包含若干样本画笔预设。可以从这些预设开始，对其修改以产生新的效果。我们可以快速从工具选项栏的“画笔预设”选取器中选择预设，这样可临时修改画笔预设的大小和硬度。

2）画笔笔尖选项

画笔笔尖选项与工具选项栏中的设置一起控制应用颜色的方式，可以设置渐变方式、使用柔和边缘、使用较大画笔描边、使用各种动态画笔、使用不同的混合属性并使用形状不同的画笔来应用颜色。如图 2-110 左边部分所示为“笔尖预设”选取器。

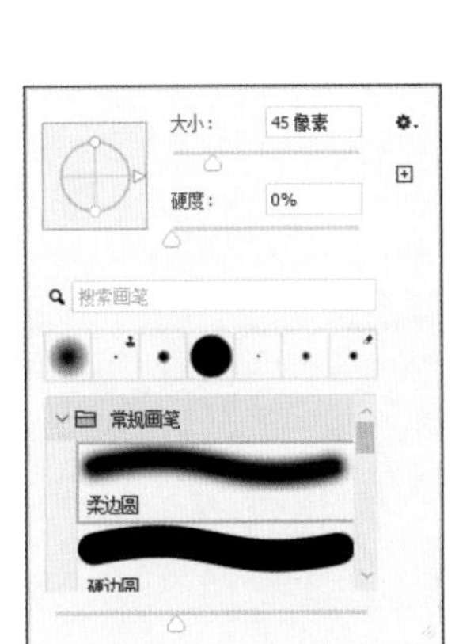

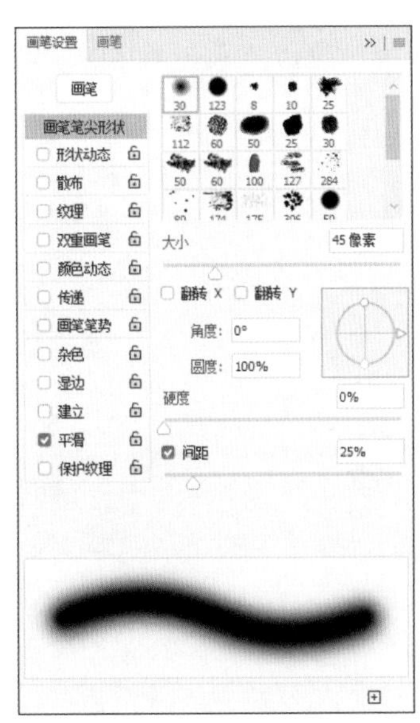

图　2-110

我们可以使用画笔描边来应用纹理以模拟在画布或美术纸上进行绘画，也可以使用喷枪来模拟喷色绘画，还可使用“画笔设置”面板设置画笔笔尖选项。如图 2-110 右边部分所示为“画笔设置”面板。

2. 使用画笔工具或铅笔工具绘画

使用“画笔工具”和“铅笔工具”可在图像上绘制当前的前景色。“画笔工具”用于创建颜色的柔描边；“铅笔工具”用于创建硬边直线，如图 2-111 所示。

图　2-111

具体步骤如下。

（1）选取一种前景色。

（2）选择“画笔工具”或“铅笔工具”。

（3）从“画笔”面板中选取画笔。

（4）在工具选项栏中设置模式、不透明度等选项。

（5）请执行下列一个或多个操作：

① 在图像中按住鼠标左键不放并拖动；

② 绘制直线，在图像中单击起点，然后按住 Shift 键的同时单击终点；

③ 在将“画笔工具”用作喷枪时，按住鼠标左键（不拖动）可增大颜色量。

复习思考题

1. 查看图像时，试述缩放工具、抓手工具和“导航器”面板分别适合在何种情况下使用。

2. 简述如何使用“色板”加载 Pantone 颜色。

3. 在 Photoshop 中，可以进行变换和变形操作的对象有哪些？

模块 3　版面设计：图层与选区

模块概述：一层层“剥开”Photoshop 的心

本模块主要介绍 Photoshop 中图层与选区的操作方法。通过学习本模块，读者可以了解图层的原理，掌握图层混合模式的设置和图层样式的运用，理解选区的创建、编辑和填充等，并能体验使用 Photoshop 进行版面设计。

◆ 知识目标——精图像处理，懂软件操作

1. 理解图层的原理，记忆图层面板功能设置，会应用混合颜色带；
2. 会应用图层组组织和管理图层，理解图层混合模式，会应用剪贴蒙版；
3. 记忆选区的创建、编辑和填充方法，会使用套索工具；
4. 记忆多边形套索工具的使用方法，理解参考线的用途；
5. 记忆快速选择、魔棒工具的使用方法，会应用消失点滤镜；
6. 理解图层样式概念，记忆图层样式对话框，会应用预设样式。

◆ 能力目标——有创意思维、能精准设计

1. 具备水墨风格海报合成的能力；
2. 具备为图像贴图及手撕字制作的能力；
3. 具备画册封面设计的能力；
4. 具备文字压路效果制作的能力；
5. 具备使用各种食品和水果制作愤怒的小鸟的能力。

◆ 素质目标——重社会责任、诚实守信

具有艺术创新和版权意识、美学鉴赏和表达能力、精益求精和批判精神、民族自信和文化传承的职业素养。

3.1 图层案例：墨韵江南

学习目标： 掌握 Photoshop 图层编辑、管理和调整的方法，会设置图层混合模式。

实例位置： 实例文件→第 3 章→3.1 墨韵江南→3.1 素材 1~3.1 素材 10。

完成效果： 如图 3-1 所示。

3.1 图层案例：墨韵江南 .mp4

◆ 案例概述

本案例融合传统和现代元素，利用图层技术合成中国水墨画风格海报，帮助读者快速地了解 Photoshop 中创建与编辑图层、移动与盖印图层以及图层混合模式的运用。

本海报采用传统的水墨画技法，结合抽象与具象的元素，展现了江南的景色和氛围。图片中的房屋和飞鸟都采用了抽象的线条和形状，而背景的风景和渔船等则相对具象，形成了一种抽象与具象相结合的视觉效果。整体设计非常简约，通过淡雅的色彩、流动的线条和朦胧的背景，传达了一种宁静、和谐与浪漫的情感，强调了江南的自然美和人文风情。

图 3-1

◆ 案例制作

01 打开素材。执行“文件”→“打开”命令（快捷键 Ctrl+O），打开本案例“3.1 素材 1”，如图 3-2 所示。

02 合成素材 2。打开“3.1 素材 2”，选择“移动工具”✥将图像移动到“3.1 素材 1”中，得到“图层 1”，按快捷键 Ctrl+T 调整图像的大小和位置，如图 3-3 所示，按 Enter 键提交变换。

03 合成素材 3 和素材 4。打开“3.1 素材 3”“3.1 素材 4”，选择“移动工具”✥将文字移动到“3.1 素材 1”中，得到“图层 2”和“图层 3”，按快捷键 Ctrl+T 调整两个文字图层的大小和位置，如图 3-4 所示，按 Enter 键提交变换，注意使字体大小错落有致。按 Ctrl 键的同时选择“图层 2”和“图层 3”，再按快捷键 Ctrl+G 创建图层组，双击图层组名并更改名字为“文字”，如图 3-5 所示。

04 为文字添加光影效果。打开“3.1 素材 5”，选择“移动工具”✥将其移动到“3.1 素材 1”中，得到“图层 4”，按快捷键 Ctrl+T 调整其大小和位置，如图 3-6 所示，并设置该图层的混合模式为“滤色”，效果如图 3-7 所示；执行“图层”→“创建剪贴蒙版”命令（快捷键 Alt+Ctrl+G），将“图层 4”创建为“文字”图层组的剪贴蒙版，让光影只影响到文字，效果如图 3-8 所示，“图层”面板如图 3-9 所示。

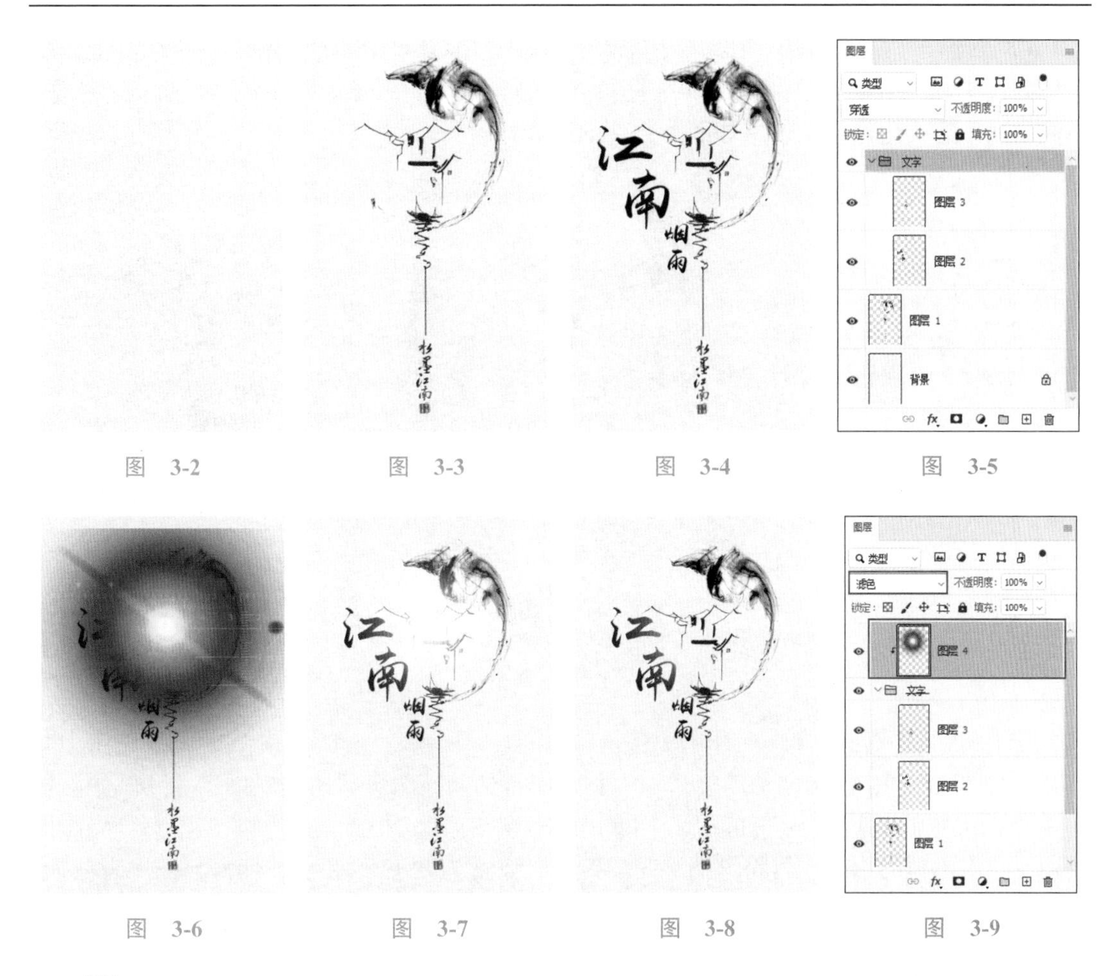

图　3-2　　图　3-3　　图　3-4　　图　3-5

图　3-6　　图　3-7　　图　3-8　　图　3-9

05 合成素材6和素材7。打开“3.1 素材6”并将其移动到“3.1 素材1”中，得到“图层5”，按快捷键Ctrl+T调整其大小和位置，如图3-10所示，设置该图层的混合模式为“正片叠底”，隐藏掉白色背景，效果如图3-11所示。采用同样的方法，添加“3.1 素材7”，调整得到图层的大小和位置，如图3-12所示。图层的混合模式也设置为“正片叠底”，过滤亮色保留暗色，效果如图3-13所示，“图层”面板如图3-14所示。

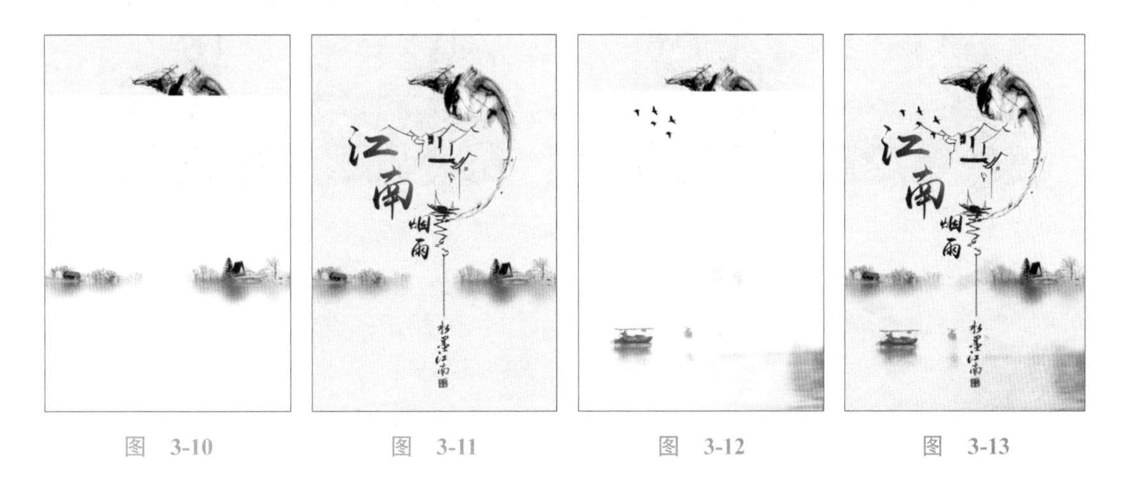

图　3-10　　图　3-11　　图　3-12　　图　3-13

06 添加古诗。添加“3.1 素材 8”的古诗到“3.1 素材 1”中，按快捷键 Ctrl+T 调整字体的大小和位置。古诗营造一种悠长、唯美的氛围，与水墨风格海报的意境相辅相成，并能增强作品文化内涵，效果如图 3-15 和图 3-16 所示。

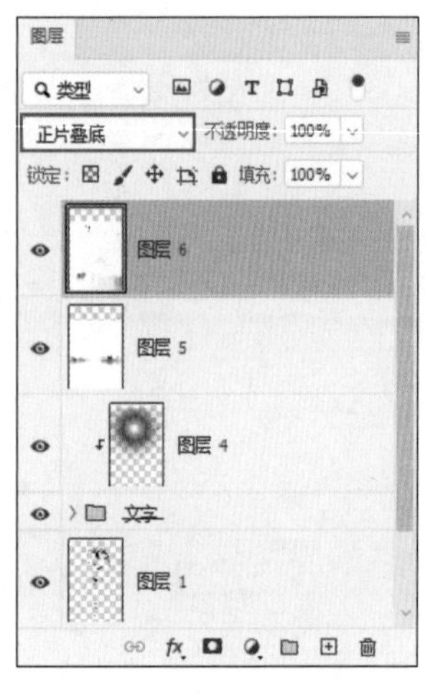

图 3-14

图 3-15

图 3-16

07 制作展示效果。按快捷键 Alt+Ctrl+Shift+E 盖印所有图层，得到合并后的“图层 8”。打开“3.1 素材 9”，选择“移动工具” 将盖印得到的新图层移动至“3.1 素材 9”中，按快捷键 Ctrl+T 调整其大小，如图 3-17 所示。选择“矩形选框工具”，选中并删除图像上、下超出画框的部分，再将该图层的混合模式设置为“正片叠底”，使海报嵌入画框中，效果如图 3-18 所示。

图 3-17

图 3-18

08 添加光影。打开“3.1 素材 10”并将其移动到“3.1 素材 9”中，得到新图层，按快捷菜单 Ctrl+T 调整图像的大小和位置，如图 3-19 所示，设置该图层的混合模式为“强光”、不透明度为“85%”，如图 3-20 所示，最终效果如图 3-21 所示。

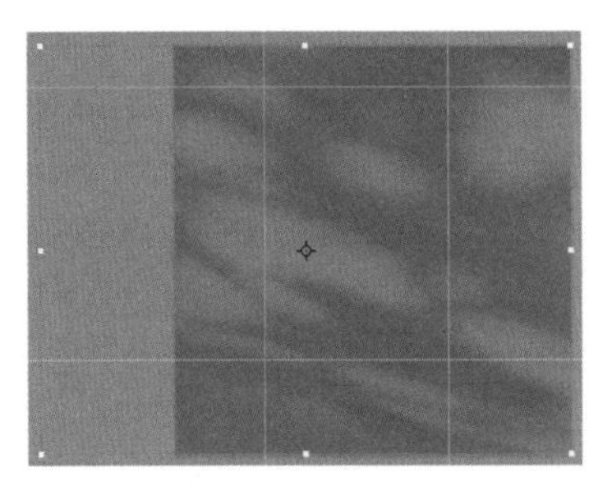

图 3-19

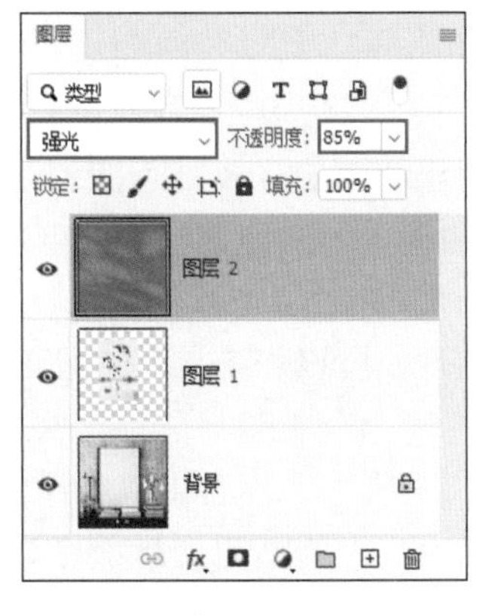

图 3-20

图 3-21

知识解析——图层

图层是 Photoshop 核心功能之一，它承载了图像，可以用来执行多种任务，如复合多个图像、向图像添加文本或添加矢量图形，也可以应用图层样式来添加特殊效果，如投影或发光等。

1. 图层的原理

Photoshop 的图层就如同堆叠在一起的透明纸，每一张纸（图层）均包含内容和透明区域，如图 3-22 所示。如果图层的某些区域透明，则此区域便可显示其下方图层的内容。我们可以移动图层来定位图层上的内容，就像在堆栈中滑动透明纸一样；也可以更改图层的不透明度以使其内容透明。

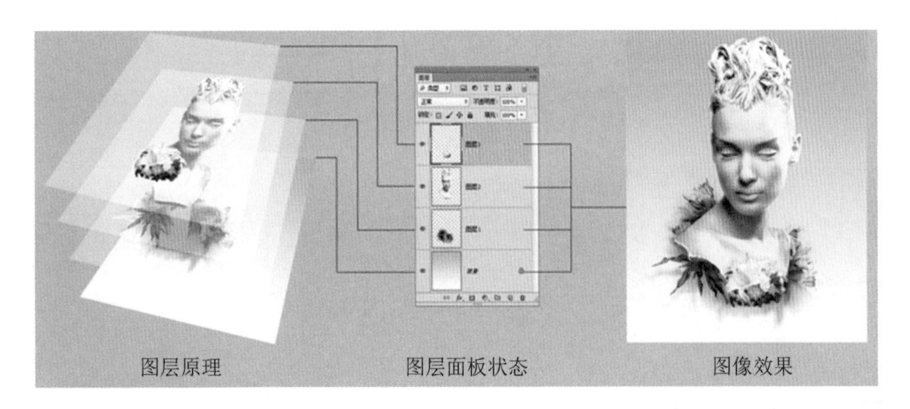

图 3-22

我们可以在“图层”面板中使用和管理图层。单击“图层”面板中的一个图层即可选择该图层。一般情况下，所进行的编辑只对当前选择的一个图层有效，但是移动、旋转等变换操作可以同时应用于多个图层。要选择多个不连续的图层，可以按住 Ctrl 键的同时分别单击它们；要选择多个连续的图层，可以先选中第一个图层，再按住 Shift 键的同时并选中最后一个图层，即可选中第一个和最后一个之间所有的图层。

2. 图层面板

Photoshop 中的“图层”面板列出了图像中的所有图层、图层组和图层效果，可以使用“图层”面板来显示和隐藏图层、创建新图层以及处理图层组，还可以在“图层”面板中单击右上角☰图标，访问其他命令和选项，如快速导出 PNG 图像、创建剪贴蒙版等。

此外，图层组可以帮助组织和管理图层。我们可以使用图层组来按逻辑顺序排列图层，并减轻“图层”面板中的杂乱情况；可以将图层组嵌套在其他组内；还可以使用图层组将属性和蒙版同时应用到多个图层。

对照“图层”面板，如图 3-23 所示，读者可以尝试完成以下操作：①新建图层；②复制、删除图层；③合并、盖印图层；④调整图层堆叠顺序；⑤命名与管理图层；⑥显示与隐藏图层；⑦锁定图层；⑧设置图层不透明度；⑨设置图层混合模式；⑩图层样式；⑪ 创建新图层组；⑫ 链接图层。

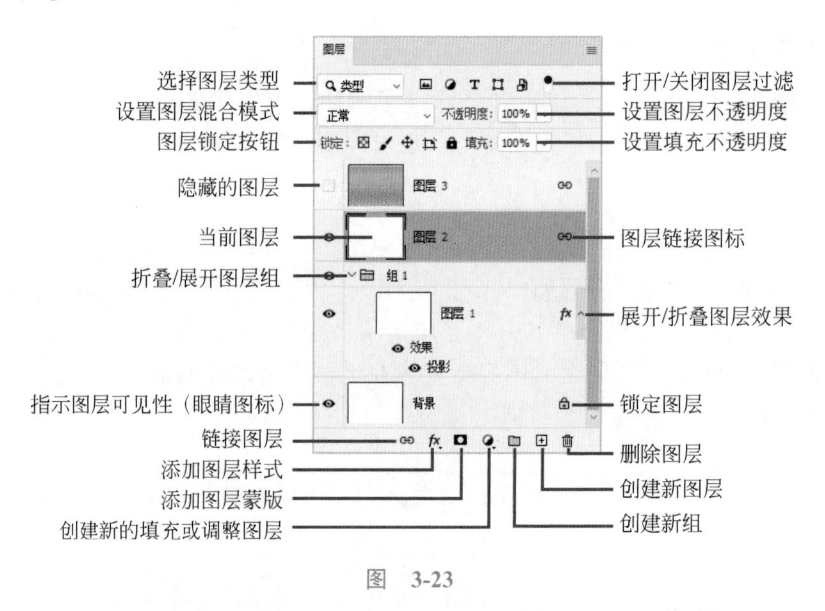

图 3-23

> **Tip**
> 图层操作相关的快捷键
> 复制当前图层：Ctrl+J
> 变换图层对象：Ctrl+T
> 向下合并图层：Ctrl+E
> 盖印可见图层：Alt+Shift+Ctrl+E

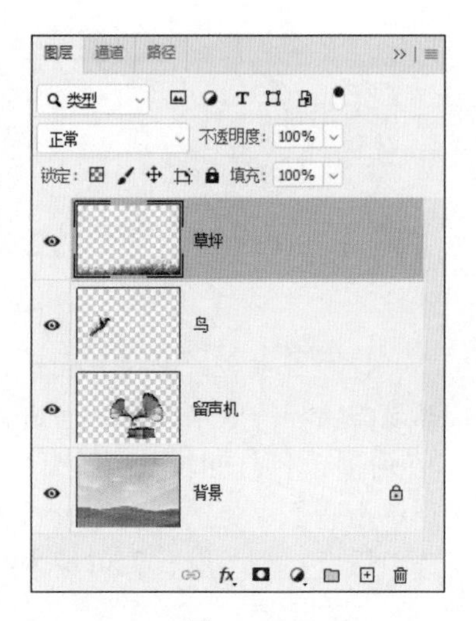

图 3-24

图层缩览图指的是“图层”面板中每个图层前面的小图案，缩览图中的棋盘格代表了图像的透明区域，如图 3-24 所示。在特定情况下单击这个缩览图会有不一样的效果，比如载入选区的时候，按 Ctrl 键的同时单击图层缩览图就可以载入图层中的选区。

使用白色背景或彩色背景创建新图像时，“图层”面板中最下面的图像称为背景，如图 3-25 所示。一幅图像只能有一个背景图层。我们不能更改背景图层的堆栈顺序、混合模式或不透明度，但可以将背景图层转换为常规图层，然后再更改这些属性。

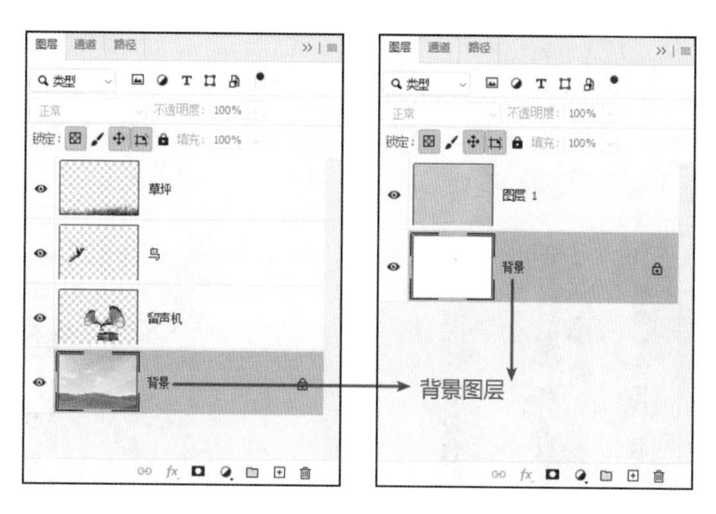

图　3-25

将背景转换为 **Photoshop** 图层：双击“图层”面板中的“背景”。

将 **Photoshop** 图层转换为背景：选择一个 Photoshop 图层，执行“图层”→“新建”→“图层背景”命令。

3.2　图层案例：百变鼠标

学习目标：掌握 Photoshop 中图层混合模式和剪贴蒙版的使用方法和技巧。

实例位置：实例文件→第 3 章→3.2 百变鼠标→3.2a、3.2b。

完成效果：如图 3-26 所示。

3.2 图层案例：百变鼠标 .mp4

图　3-26

◆ 案例概述

在 Photoshop 中，不同的图层混合模式与下方图层进行混合会产生不同的效果。本案例通过制作百变鼠标，帮助读者理解和运用 Photoshop 的图层混合模式，并结合剪贴蒙版给鼠标贴上各种有趣的贴图；通过对多个图层的管理，帮助读者掌握使用图层组来组织和管理图层。

◆ 案例制作

01 打开素材。执行“文件”→“打开”命令（快捷键 Ctrl+O），打开本案例“3.2a.psd”和“3.2b.psd”素材，如图 3-27 和图 3-28 所示。其中每个鼠标都位于单独的图层，贴图文件则是由各种样式的图案组成。

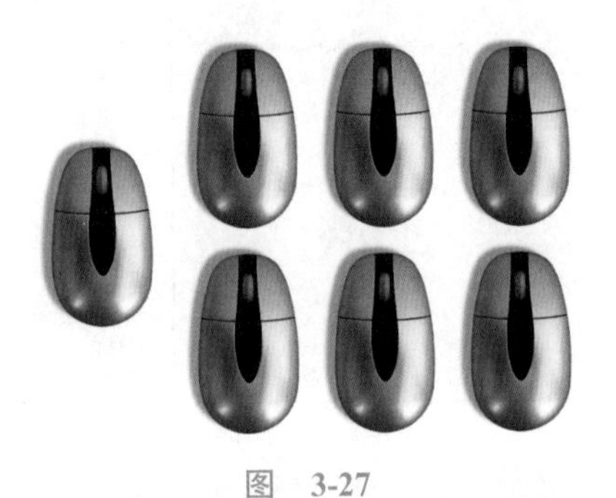
图 3-27

图 3-28

02 移动和变换图像。使用“移动工具”✥将“3.2b”素材中的“卡通图案”图层拖动到“3.2a”鼠标文档中，并置于“鼠标”图层上方，如图 3-29 所示；按快捷键 Ctrl+T 调整卡通图案的大小，按 Enter 键提交变换。执行“图层”→“创建剪贴蒙版”命令（快捷键 Alt+Ctrl+G），如图 3-30 所示，这样作为基底图层的“鼠标”图层会限定卡通图案的显示范围。

03 设置图层样式和编组。设置“卡通图案”图层的混合模式为“正片叠底”。使用“横排文字工具”T，输入文字“快乐”，设置字体为“华文彩云”、字号为“32 点”，设置文字图层的混合模式为“叠加”，效果如图 3-31 所示。按 Ctrl 键的同时选中与此“鼠标”图层相关的 3 个图层，再按快捷键 Ctrl+G 创建图层组，并将图层组的名字改为“左侧”，如图 3-32 所示。

图 3-29

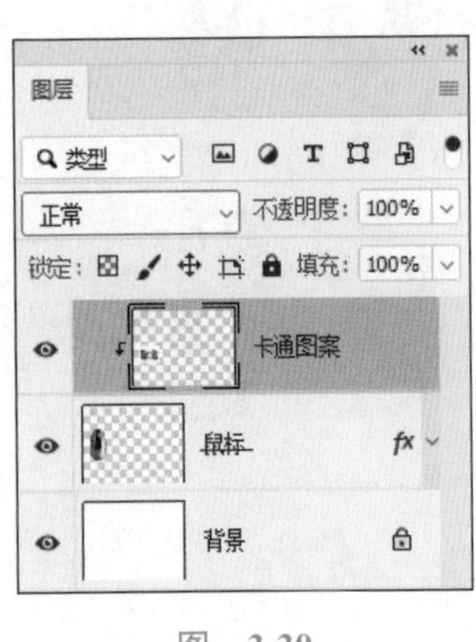

图 3-30

图 3-31

图 3-32

04 制作啤酒质感鼠标。

（1）将“3.2b”素材中的“啤酒”图层拖动到鼠标文档中，并置于“鼠标副本”图层上方，按快捷键 Ctrl+T 调整图案的大小，按 Enter 键提交变换，再按快捷键 Alt+Ctrl+G 创建剪贴蒙版，如图 3-33 和图 3-34 所示。

（2）先隐藏“啤酒”图层，然后选中“鼠标副本”图层，使用“快速选择工具”，选中鼠标滚轮区域，如图 3-35 所示。再选中并显示“啤酒”图层，按 Delete 键删除选区图像，按快捷键 Ctrl+D 取消选区，效果如图 3-36 所示。

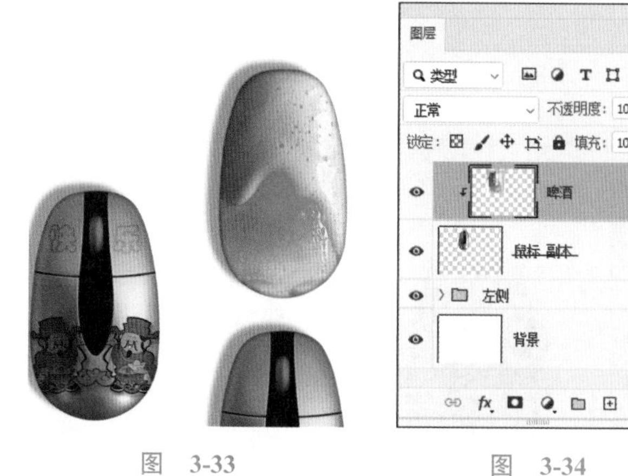

图　3-33　　图　3-34

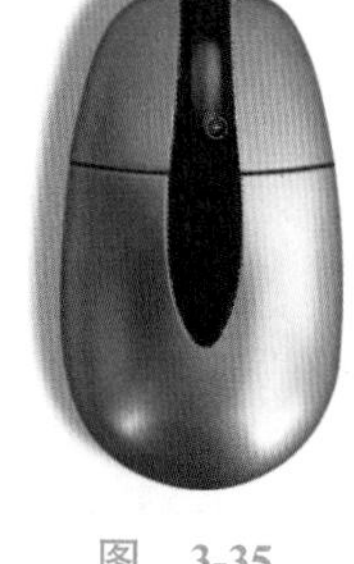

图　3-35

图　3-36

（3）再次隐藏“啤酒”图层，使用“椭圆选框工具”在鼠标接缝处创建一个选区，如图 3-37 所示，更改工具选项栏中的选区为“从选区中减去”，再创建一个选区用于删除多余部分，如图 3-38 所示（创建过程中可以按住空格键移动选区）。多次绘制要删除的选区，直到完成选区的制作，如图 3-39 所示。

（4）选中并显示“啤酒”图层，按 Delete 键删除选区图像，按快捷键 Ctrl+D 取消选区，效果如图 3-40 所示。按 Ctrl 键选中与此“鼠标”图层相关的 2 个图层，再按快捷键 Ctrl+G 创建图层组，并将图层组的名字改为“上左”，如图 3-41 所示。

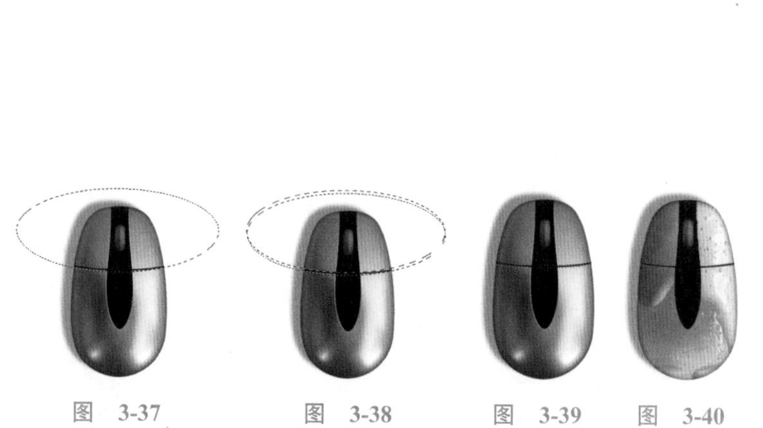

图　3-37　　图　3-38　　图　3-39　　图　3-40

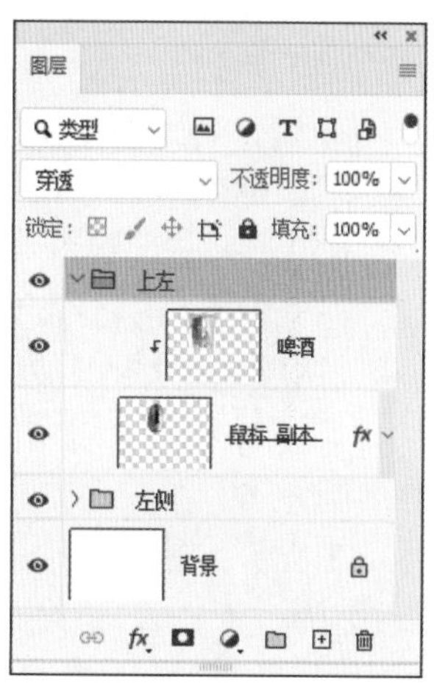

图　3-41

05 制作树叶质感鼠标。将“3.2b”素材中的“树叶”图层拖动到鼠标文档中，并置于“鼠标副本 2”图层上方，按快捷键 Ctrl+T 调整图案的大小，按快捷键 Alt+Ctrl+G 创建剪贴蒙版，如图 3-42 所示。设置“树叶”图层的混合模式为“叠加”，如图 3-43 所示。先隐藏“叶子”图层，然后选中“鼠标副本 2”图层，使用“快速选择工具”，选中鼠标滚轮区域，再选中并显示“叶子”图层，按 Delete 键删除选区图像，按快捷键 Ctrl+D 取消选区，效果如图 3-44 所示。按 Ctrl 键的同时选中与此“鼠标”图层相关的 2 个图层，再按快捷键 Ctrl+G 创建图层组，并将图层组的名字改为“上中”，如图 3-45 所示。

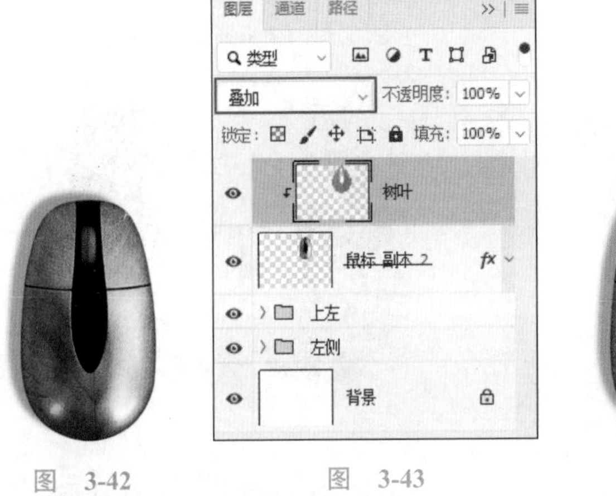

图 3-42　　图 3-43

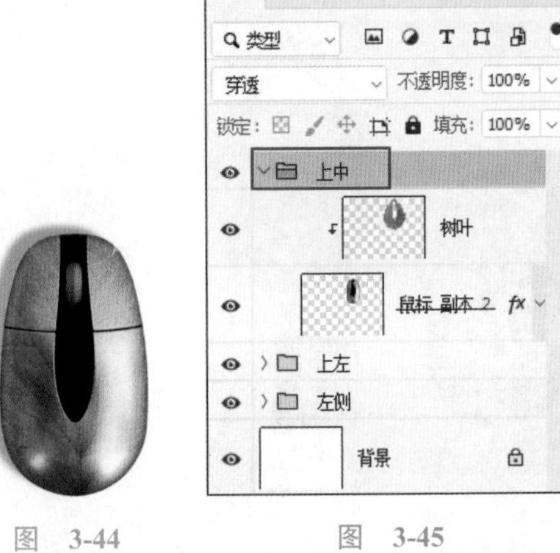

图 3-44　　图 3-45

06 制作脸谱质感鼠标。将“3.2b”素材中的“脸谱”图层拖动到鼠标文档中，并置于“鼠标副本 3”图层上方，借鉴步骤 05 的方法完成图案大小的调整及剪贴蒙版的创建，设置“脸谱”图层的混合模式为“叠加”，如图 3-46 所示。将相关图层编组并改名为“上右”，如图 3-47 所示。

07 制作橄榄球质感鼠标。将“3.2b”素材中的“球”图层拖动到鼠标文档中，并置于“鼠标副本 4”图层上方，借鉴步骤 05 的方法完成图案大小的调整及剪贴蒙版的创建，设置“球”图层的混合模式为“强光”，如图 3-48 所示。将相关图层编组并改名为“下左”，如图 3-49 所示。

08 制作传统图案质感鼠标。将“3.2b”素材中的“传统图案”图层拖动到鼠标文档中，并置于“鼠标副本 5”图层上方，借鉴步骤 05 的方法完成图案大小的调整及剪贴蒙版的创建，如图 3-50 所示；设置图层的混合模式为“叠加”，如图 3-51 所示。按快捷键 Ctrl+J 复制“传统图案”图层，再将混合模式设为“线性加深”、不透明度设为“60%”，如图 3-52 所示。将相关图层编组并改名为“下中”。

09 制作鹅卵石质感鼠标。将“3.2b”素材中的“石头”图层拖动到鼠标文档中，并置于“鼠标副本 6”图层上方，借鉴步骤 05 的方法完成图案大小的调整及剪贴蒙版的创建，如图 3-53 所示；设置“石头”图层的混合模式为“强光”，如图 3-54 所示。将相关图层编组并改名为“下右”，最终制作效果如图 3-55 所示。

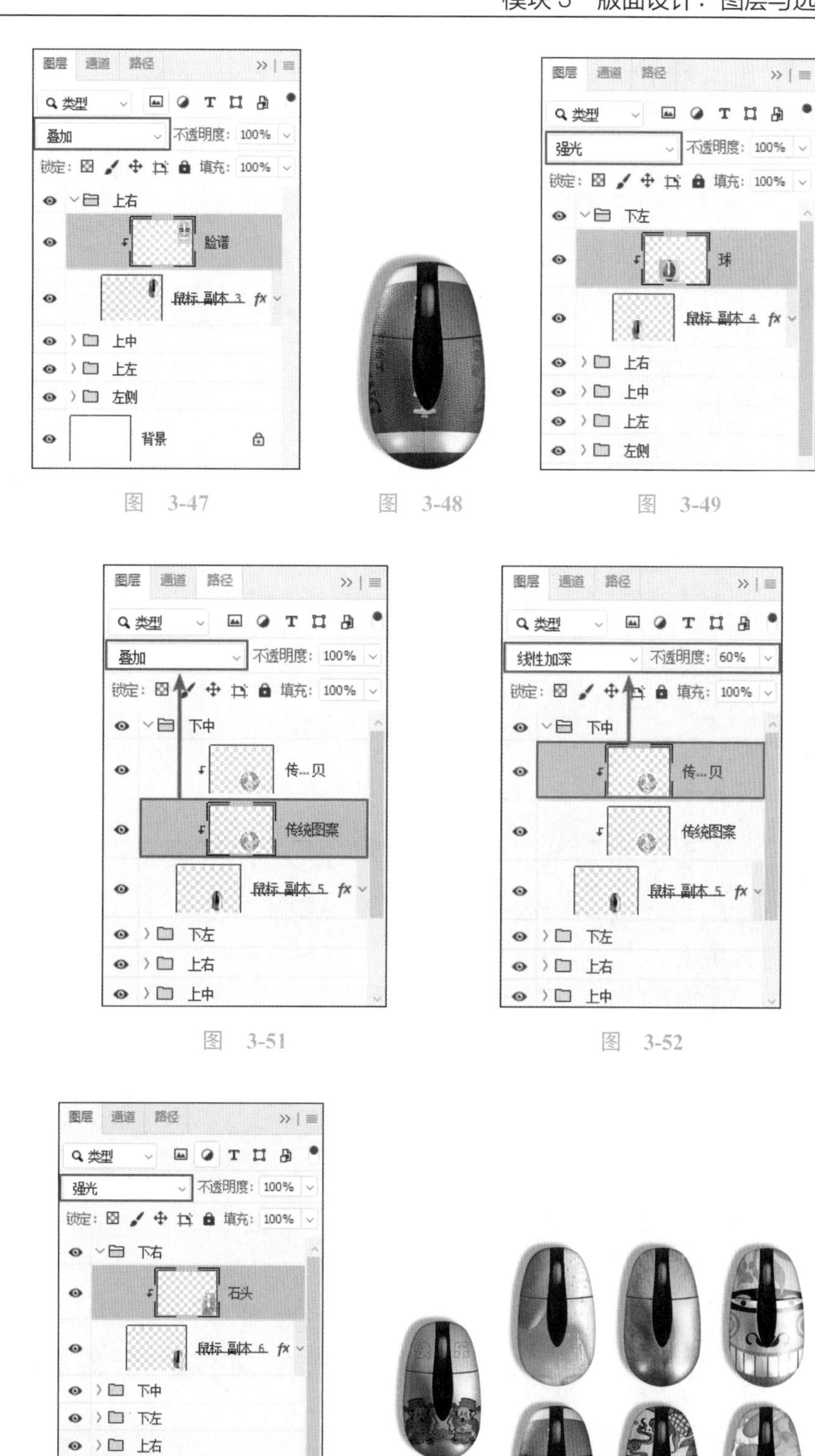

图　3-46　　图　3-47　　图　3-48　　图　3-49

图　3-50　　图　3-51　　图　3-52

图　3-53　　图　3-54　　图　3-55

知识解析——图层混合模式

“混合模式”决定了像素的混合方式，可用于合成图像、制作选区和特殊效果。Photoshop 中一共有 27 种混合模式，如图 3-56 所示，可以分为 6 组，分别为基础模式组、变暗模式组、变亮模式组、饱和度模式组、差集模式组和颜色模式组。在“图层”面板中，主要包括模式的选择和不透明度的确定两部分内容。

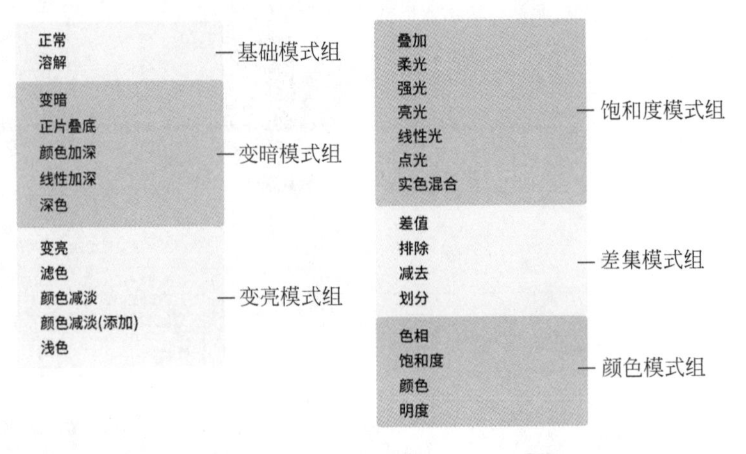

图 3-56

1. 混合模式效果的三个颜色名词

（1）基色是图像中的原稿颜色，即选用混合模式选项时，两个图层中下面图层中的像素颜色。

（2）混合色是通过绘画或编辑工具应用的颜色，即选用混合模式选项时，两个图层中上面图层中的像素颜色。

（3）结果色是基色与混合色混合后得到的颜色。

2. 混合模式说明

混合模式说明与分类如表 3-1 所示。

表 3-1　混合模式的说明与分类

混合模式	说　明	分类
正常	正常模式下编辑每个像素，都将直接形成结果色，这是默认模式，也是图像的初始状态	基础模式
溶解	编辑或绘制每个像素，使其成为结果色。但是，根据像素位置的不透明度，结果色由基色或混合色的像素随机替换	
变暗	查看每个通道中的颜色信息，并选择基色或混合色中较暗的颜色作为结果色。将替换比混合色亮的像素，而比混合色暗的像素保持不变	变暗模式
正片叠底	查看每个通道中的颜色信息，并将基色与混合色进行正片叠底设置。结果色总是较暗的颜色。任何颜色与黑色正片叠底都产生黑色。任何颜色与白色正片叠底，其颜色保持不变	
颜色加深	查看每个通道中的颜色信息，并通过增加二者之间的对比度使基色变暗以反映出混合色。与白色混合后不产生变化	

续表

混合模式	说　　明	分类
线性加深	查看每个通道中的颜色信息，并通过减小亮度使基色变暗以反映混合色。与白色混合不产生变化	变暗模式
深色	比较混合色和基色的所有通道值的总和并显示值较小的颜色	
变亮	查看每个通道中的颜色信息，并选择基色或混合色中较亮的颜色作为结果色。比混合色暗的像素被替换，比混合色亮的像素保持不变	变亮模式
滤色	查看每个通道的颜色信息，并将混合色的互补色与基色进行正片叠底设置。结果色总是较亮的颜色。用黑色过滤时颜色保持不变。用白色过滤将产生白色	
颜色减淡	查看每个通道中的颜色信息，并通过减小二者之间的对比度使基色变亮以反映出混合色。与黑色混合则不发生变化	
线性减淡（添加）	查看每个通道中颜色信息，通过增加亮度使基色变亮以反映混合色。与黑色混合则不发生变化	
浅色	比较混合色和基色的所有通道值的总和并显示值较大的颜色。“浅色”不会生成第三种颜色，因为它将从基色和混合色中选取最大的通道值来创建结果色	
叠加	对颜色进行正片叠底或过滤，具体取决于基色。图案或颜色在现有像素上叠加，同时保留基色的明暗对比。不替换基色，但基色与混合色相混可以反映原色的亮度或暗度	饱和度模式
柔光	使颜色变暗或变亮，具体取决于混合色。如果混合色比 50% 灰色亮，则图像变亮，就像被减淡了一样。如果混合色比 50% 灰色暗，则图像变暗，就像被加深了一样	
强光	对颜色进行正片叠底或过滤，具体取决于混合色。如果混合色比 50% 灰色亮，则图像变亮，就像过滤后的效果，这对于向图像添加高光非常有用。如果混合色比 50% 灰色暗，则图像变暗，就像正片叠底后的效果，这对于向图像添加阴影非常有用	
亮光	通过增加或减小对比度来加深或减淡颜色，取决于混合色。若混合色比 50% 灰色亮，则通过减小对比度使图像变亮。若混合色比 50% 灰色暗，则通过增加对比度使图像变暗	
线性光	通过减小或增加亮度来加深或减淡颜色，取决于混合色。如果混合色比 50% 灰色亮，则通过增加亮度使图像变亮。如果混合色比 50% 灰色暗，则通过减小亮度使图像变暗	
点光	根据混合色替换颜色。如果混合色比 50% 灰色亮，则替换比混合色暗的像素，而不改变比混合色亮的像素。如果混合色比 50% 灰色暗，则替换比混合色亮的像素，而比混合色暗的像素保持不变。这对于向图像添加特殊效果非常有用	
实色混合	将混合颜色的红色、绿色和蓝色通道值添加至基色的 RGB 值	
差值	查看每个通道中的颜色信息，并从基色中减去混合色，或从混合色中减去基色，具体取决于哪一个颜色的亮度值更大。与白色混合将反转基色值；与黑色混合则不产生变化	差值模式
排除	创建与“差值”相似但对比度更低的效果。与白色混合将反转基色值；与黑色混合则不发生变化	
减去	查看每个通道中的颜色信息，并从基色中减去混合色	
划分	查看每个通道中的颜色信息，并从基色中划分混合色	
色相	用基色的明亮度和饱和度以及混合色的色相创建结果色	颜色模式
饱和度	用基色的明亮度和色相以及混合色的饱和度创建结果色	
颜色	用基色的明亮度以及混合色的色相和饱和度创建结果色。这样可以保留图像中的灰阶，并且对于给单色图像上色和给彩色图像着色都会非常有用	
明度	用基色的色相和饱和度以及混合色的明亮度创建结果色。此模式创建与“颜色”模式相反的效果	

3.3 选区案例：手撕字

学习目标：掌握 Photoshop 中选区的创建、编辑和填充，以及套索工具的使用方法和技巧。
实例位置：实例文件→第 3 章→3.3 手撕字→3.3 素材。
完成效果：如图 3-57 所示。

图 3-57

3.3 选区案例：手撕字 .mp4

◆ 案例概述

选区是指使用选择工具和命令创建的可以限定操作范围的区域，它可以将编辑限定在一定的区域内，这样就可以处理局部图像而不会影响其他内容了。本案例通过制作手撕字效果图，帮助读者使用套索工具创建、编辑选区，熟悉选区的运算方法；会通过剪贴蒙版控制图像显示范围。

◆ 案例制作

01 打开素材。选择“文件”→“打开”命令（Ctrl+O），打开本案例“3.3.psd”素材，单击“图层”面板底部的“创建新图层”按钮⊞，在“背景”图层上方新建一个空白图层“图层 1”，如图 3-58 和图 3-59 所示。

图 3-58

图 3-59

02 绘制字母 C 和 h。选择“套索工具”，在画面单击并拖动鼠标，绘制一个字母 C，将鼠标移至起点处时放开鼠标即可以封闭选区，如图 3-60 和图 3-61 所示；按快捷键

Alt+Delete 填充前景色（黑色），按快捷键 Ctrl+D 取消选区，如图 3-62 所示。采用同样方法，绘制字母 h，并填充黑色，如图 3-63 所示。

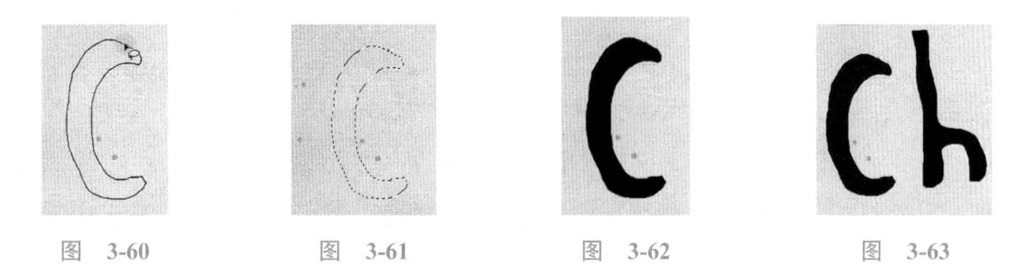

图　3-60　　图　3-61　　图　3-62　　图　3-63

03 通过选区运算绘制字母 e。先选择“套索工具”，绘制 e 的外部轮廓选区，如图 3-64 所示；再调整工具选项栏的选区选项为“从选区中减去”，通过选区运算减掉 e 的中间部分，如图 3-65 所示；按快捷键 Alt+Delete 填充前景色（黑色），按快捷键 Ctrl+D 取消选区，如图 3-66 所示。

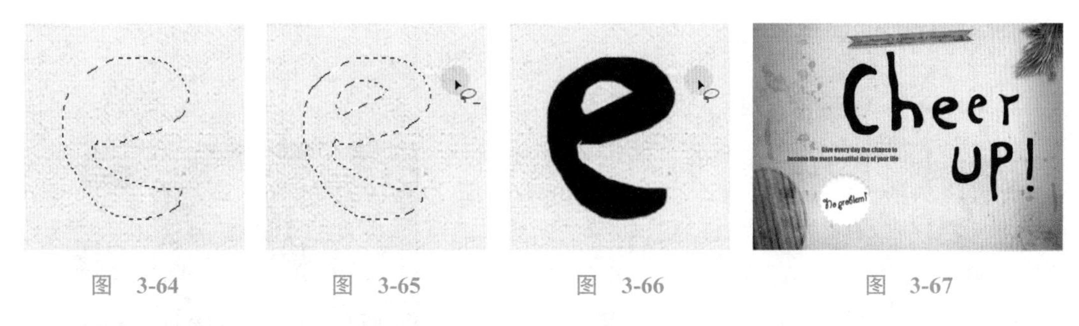

图　3-64　　图　3-65　　图　3-66　　图　3-67

04 绘制其他文字。采用同样的方法，分别制作文字 e、r、u、p 和！的选区并将选区填充为黑色，如图 3-67 和图 3-68 所示。

05 创建剪贴蒙版。选中“树叶”图层，单击图层的眼睛图标，显示该图层，并使用“移动工具”将其调整至合适位置，然后按快捷键 Alt+Ctrl+G 创建剪贴蒙版，如图 3-69 和图 3-70 所示。

图　3-68　　图　3-69　　图　3-70

06 添加微投影效果。双击“图层 1”，打开“图层样式”对话框，设置“投影”选项卡参数（设置不透明度为“75%”、角度为“120°”、距离为“4 像素”、大小为“4 像素”），如图 3-71 和图 3-72 所示，完成最终效果制作。

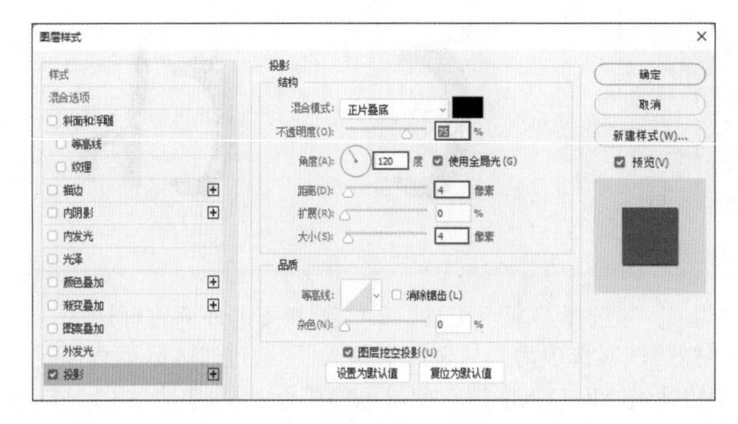

图 3-71

图 3-72

知识解析——选区

1. Photoshop 中选区的基本技能

图 3-73

选区是我们为任何类型的处理而定义的图像区域，允许隔离图像的一个或多个部分，如图 3-73 所示。通过选择特定区域，可以编辑图像的局部，并对其应用效果和滤镜，同时保持未选定区域不被改动。我们可以使用 Photoshop 中的各种选择工具、命令和“选择并遮住”工作区来建立选区。建立选区时，选区周围会出现一个边框，可以移动、拷贝或删除选区边框内的像素，但在取消选择选区之前，无法对选区边框以外的区域进行操作。

选择图层上的所有像素：在“图层”面板中选择图层，执行“选择”→“全部”命令（快捷键 Ctrl+A）。

取消选择选区：执行“选择”→“取消选择”命令（快捷键 Ctrl+D）。如果使用的是“矩形选框工具”“椭圆选框工具”或“套索工具”，也可以在图像中单击选定区域外的任何位置。

移动选区边界：使用任何选区工具，从工具选项栏中选择“新选区”，然后将鼠标指针放在选区边界内。鼠标指针将发生变化，变为形状，表明可以移动选区。

选择图像中未选中的部分：执行“选择”→“反选”命令（快捷键 Shift+Ctrl+I）。例如，可以使用该选项选择放在纯色背景上的对象，即使用“魔棒工具”选择背景，然后反选选区。

2. 使用套索工具选择

“套索工具”对绘制选区边框的手绘线段十分有用，如图 3-74 所示。

（1）选择“套索工具”，然后在工具选项栏中设置羽化和消除锯齿。

（2）选区选项有新选区、添加到选区、从选区减去以及与选区交叉。单击选项栏中对应的按钮，如图 3-75 所示。

图　3-74

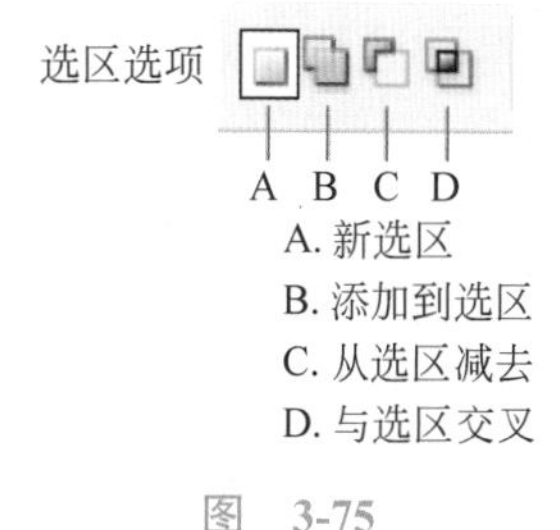

图　3-75

（3）执行以下任一操作。

① 拖动以绘制手绘的选区边界。

② 若要在手绘线段与直边线段之间切换，请按 Alt 键，然后单击线段的起始位置和结束位置。

③ 若要闭合选区边界，在未按住 Alt 键时释放鼠标即可。

（可选）执行“选择并遮住”命令，以进一步调整选区边界。

3. 使用多边形套索工具选择

“多边形套索工具” 对于绘制选区边框的直边线段十分有用，如图 3-76 所示。

（1）选择“多边形套索工具” ，然后在工具选项栏中设置羽化和消除锯齿。

（2）在工具选项栏中指定一个选区选项，如图 3-77 所示。

（3）在图像中单击以设置起点，然后执行下列一个或多个操作。

① 若要绘制直线段，将鼠标指针放到第一条直线段结束的位置，然后单击。

② 若要绘制一条角度为 45 的倍数的直线，在移动时，按住 Shift 键的同时单击下一条线段。

③ 若要绘制手绘线段，按住 Alt 键的同时并拖动鼠标。完成后，松开 Alt 键以及鼠标。

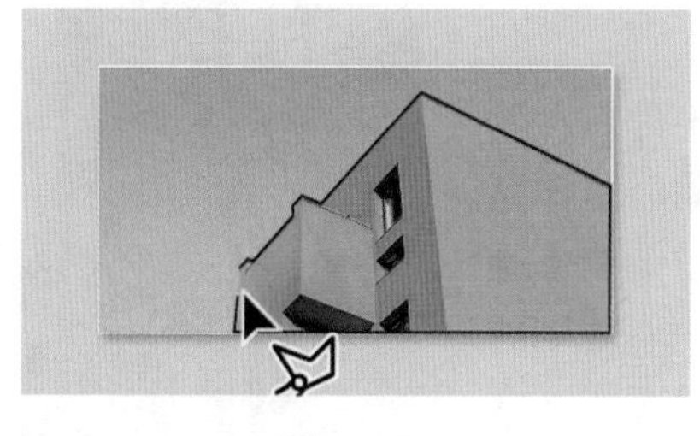

图　3-76

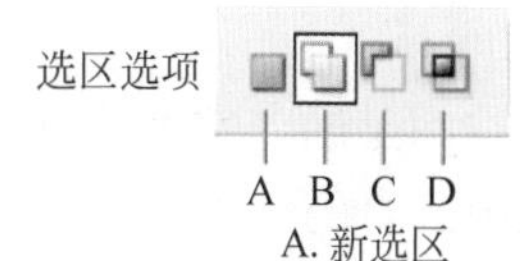

A. 新选区
B. 添加到选区
C. 从选区减去
D. 与选区交叉

图　3-77

④ 若要删除最近绘制的直线段，按 Delete 键。

（4）关闭选框：将“多边形套索工具”的鼠标指针放在起点上（鼠标指针旁边会出现一个闭合的圆）并单击。

如果鼠标指针不在起点上，双击或者按住 Ctrl 键的同时并单击。

（5）（可选）执行“选择并遮住”命令，以进一步调整选区边界。

4. 使用磁性套索工具选择

图 3-78

使用“磁性套索工具”时，边界会对齐定义区域的边缘，适用于选择与背景对比强烈且边缘复杂的对象。

（1）选择“磁性套索工具”，在图像中单击，设置第一个紧固点，紧固点可将选框固定住。

（2）松开鼠标，或按住它不放，然后沿着要跟踪的边缘移动鼠标，如图 3-78 所示。

（3）如果边框没有与所需的边缘对齐，则单击一次以手动添加一个紧固点。继续跟踪边缘，并根据需要添加紧固点。

（4）要临时切换到其他套索工具，请执行下列任一操作：要启动套索工具，按住 Alt 键的同时并按住鼠标进行拖动。若要启动“多边形套索工具”，请按住 Alt 键的同时并单击。

（5）若要删除刚绘制的线段和紧固点，请按 Delete 键。

（6）关闭选框。若要用磁性线段闭合边框，请双击或按 Enter 键；若要用直线段闭合边界，请按住 Alt 键的同时并双击。

（7）（可选）执行“选择并遮住”命令，进一步调整选区边界。

3.4 选区案例：画册封面设计

学习目标： 掌握 Photoshop 中多边形套索工具和参考线的使用方法和技巧，会反选选区。

实例位置： 实例文件→第 3 章→3.4 画册封面设计→秋景 1~ 秋景 4 和文字素材。

完成效果： 如图 3-79 所示。

3.4 选区案例：画册封面设计 .mpr

◆ 案例概述

北京香山是国内赏枫的胜地，其红叶驰名中外。每到秋天，漫山遍野的黄栌树叶红得像火焰一般，霜后呈深紫红色，瑰奇绚丽。本案例使用香山红叶照片，设计制作画册封面，帮助读者使用“多边形套索工具”创建不规则的几何选区来裁剪素材图片，形成风格独特的画册版式。在制作前，需要通过建立参考线分割平面，以确保版面的布局和裁剪的精确。

图 3-79

◆ 案例制作

01 新建文件。执行“文件”→“新建”命令（Ctrl+N），在“新建文档”对话框中，设置文档名称为“画册封面”、宽度为“21 厘米”、高度为“29.7 厘米”、分辨率为“90

像素 / 英寸”，单击“创建”按钮。

02 填充背景图层。设置前景色为“灰色”（RGB: 222, 218, 206），按快捷键 Alt+Delete 填充背景图层。

03 黄金分割构建版式。按快捷键 Ctrl+R 显示标尺。

（1）建立竖向参考线。使用“矩形选框工具”，在画布上绘制一个矩形选区，然后单击鼠标右键选区，选择“变换选区”，如图 3-80 所示。在工具选项栏中设置水平和垂直缩放为“61.8%”，按 Enter 键提交变换，并将该选区与版面左侧对齐。借助此选区从垂直标尺处拖动以创建一条垂直参考线，如图 3-81 所示，此参考线为版面竖向黄金分割线；再次单击右键矩形选区，选择“变换选区”，设置水平和垂直缩放为“50%”，建立将左侧区域平分的参考线，如图 3-82 所示。

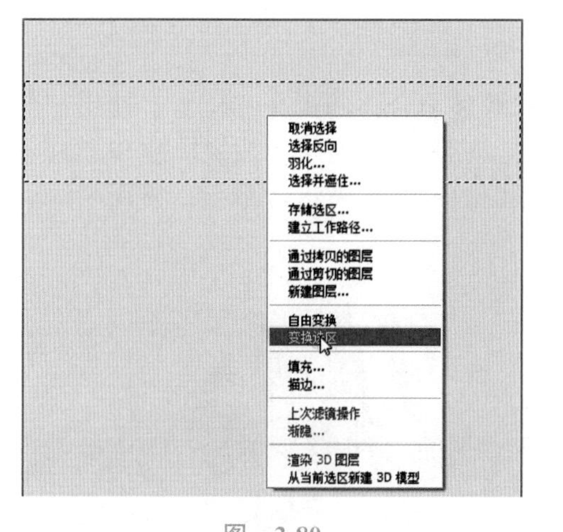

图　3-80

图　3-81

图　3-82

（2）建立横向参考线。使用“矩形选框工具”，按住 Shift 键的同时在画布左下角绘制一个正方形选区，并借助此选区从水平标尺处拖动以创建一条水平参考线，如图 3-83 所示；将此选区移动到上方，再创建一条水平参考线，如图 3-84 所示，按快捷键 Ctrl+D 取消选区，完成所有参考线的创建，整体参考线如图 3-85 所示。

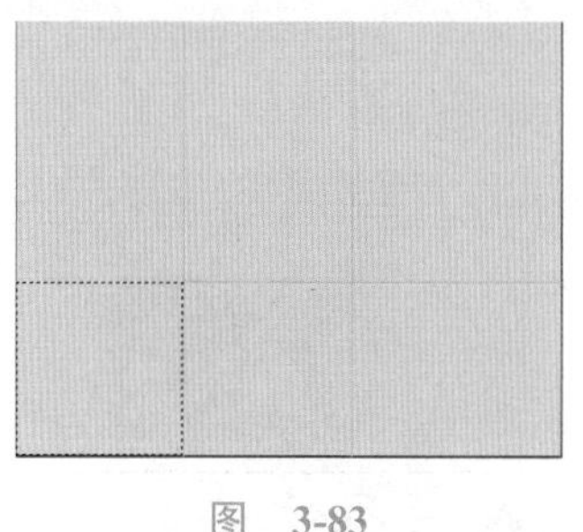

图　3-83

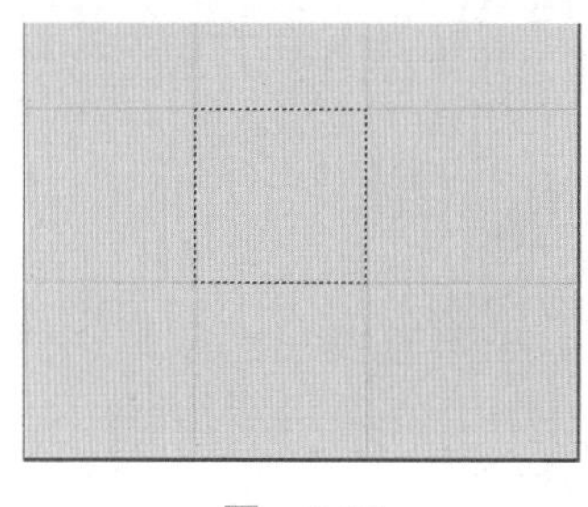

图　3-84

图　3-85

04 添加素材（1）。打开“秋景 1”素材，使用“移动工具”将其拖动到文档中，按快捷键 Ctrl+T 将“秋景 1”图层调整至合适的大小和位置，按 Enter 键提交变换，如图 3-86 所示。使用“多边形套索工具”，并借助参考线的分割，绘制一个梯形选区（同时按住 Shift 键可以水平或垂直绘制），如图 3-87 所示，执行“选择”→“反选”命令（快捷键 Shift+Ctrl+I），按 Delete 删除多余图像，按快捷键 Ctrl+D 取消选区，如图 3-88 所示。

图 3-86

图 3-87

图 3-88

05 添加素材（2）。添加“秋景 2”素材，并调整至合适的大小和位置。使用“多边形套索工具”，并借助参考线建立三角形选区，如图 3-89 所示。按快捷键 Shift+Ctrl+I 反选选区，按 Delete 键删除多余图像，按快捷键 Ctrl+D 取消选区。最后，使用“移动工具”向右拖动出图片的间隙，如图 3-90 所示。

图 3-89

图 3-90

06 添加素材（3）。添加“秋景 3”和“秋景 4”素材，并调整至合适的大小和位置，使用同样的方法裁剪图片，效果如图 3-91 和图 3-92 所示。

图 3-91

图 3-92

07 添加文字。打开“文字 .psd”素材，按 Ctrl 键选中最下方两个图层，如图 3-93 所示，将其移动到文档右上方，并调整到合适的位置，如图 3-94 所示；再选中“文字 .psd”素材最上方两个图层，如图 3-95 所示，将其移动到文档的右下方，并调整到合适位置，完成最终效果制作，如图 3-96 所示。

08（可选）读者可以执行“视图”→“显示”→“参考线”命令，显示或隐藏参考线。

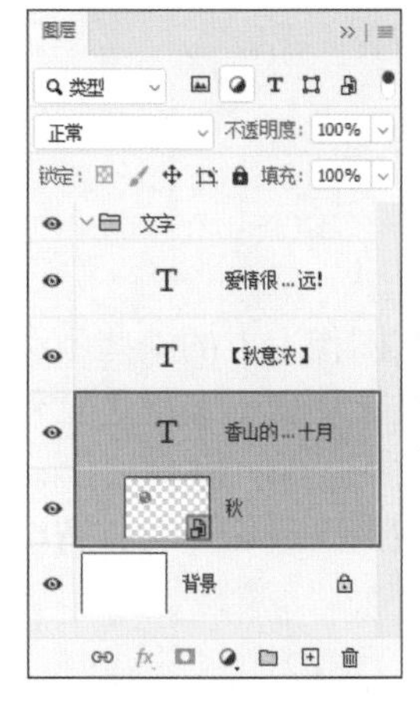

图 3-93

图 3-94

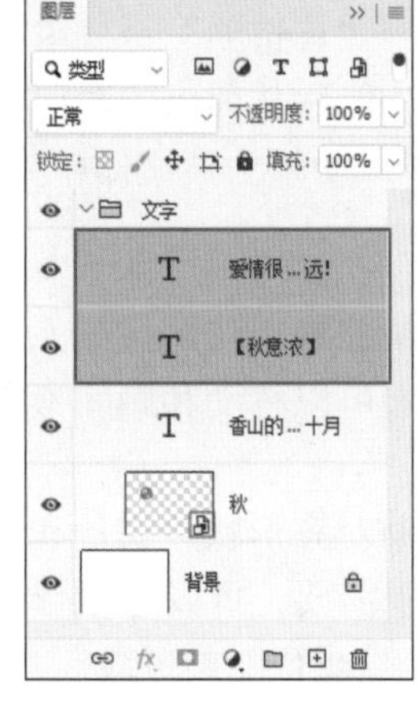

图 3-95

图 3-96

知识解析——标尺和参考线

1. 标尺

标尺可帮助我们精确定位图像或元素。如果显示标尺，标尺会出现在当前窗口的顶部和左侧，当移动鼠标指针时，标尺内的标记会显示鼠标指针的位置。更改标尺原点（左上角标尺上的（0, 0）标志）可以将鼠标定位到标尺的左上角位置单击，然后拖动鼠标将原点定位到自己想要的位置，松开即可，如图 3-97 所示。标尺原点也确定了网格的原点。

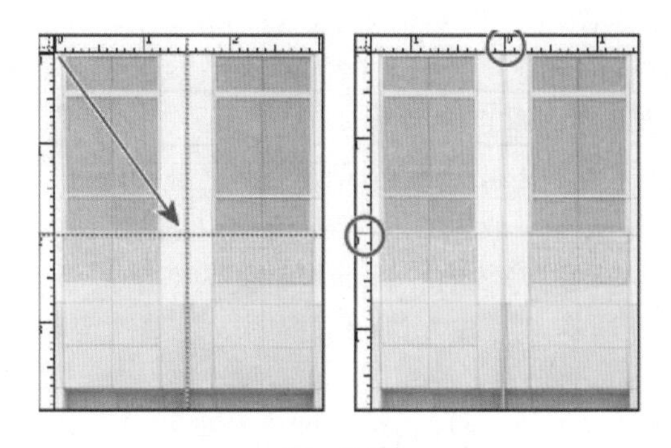

图 3-97

要显示或隐藏标尺，请执行“视图”→“标尺”命令（快捷键 Ctrl+R）。

更改标尺的零原点有以下两种方法。

（1）（可选）执行“视图”→“对齐到”命令，然后选择任意选项组合。此操作会将标尺原点与参考线、切片或文档边界对齐，也可以与网格对齐。

（2）将鼠标指针放在窗口左上角标尺的交叉点上，然后沿对角线向下拖动到图像上，会看到一组十字线，它们标出了标尺上的新原点

注意：在拖动时要按住 Shift 键，以使标尺原点与标尺刻度对齐。

要将标尺的原点复位到其默认值，请双击标尺的左上角。

更改测量单位有以下 3 种方法。

（1）双击标尺。

（2）执行“编辑”→“首选项”→“单位与标尺”命令。

（3）右键单击标尺，然后从弹出的对话框中选择一个新单位即可。

注意：更改信息面板上的测量单位将自动更改标尺上的测量单位。

2. 参考线

参考线可帮助我们精确地定位图像或元素。参考线显示为浮动在图像上方的一些不会被打印出来的线条。我们可以移动和删除参考线，还可以锁定参考线，从而不会将之意外移动。

智能参考线可以帮助对齐形状、切片和选区。当绘制形状、创建选区或切片时，智能参考线会自动出现。如果需要，可以隐藏智能参考线。

1）显示或隐藏参考线或智能参考线

（1）执行“视图”→“显示”→“参考线”命令。

（2）执行“视图”→“显示”→“智能参考线”命令。

（3）执行“视图”→“显示额外内容”命令。还将显示或隐藏图层边缘、选区边缘、目标路径和切片。

2）置入参考线

（1）如果看不到标尺，可执行“视图”→“标尺”命令。

（2）执行以下操作之一来创建参考线。

- 执行“视图”→“新建参考线”命令。在对话框中选择“水平”或“垂直”方向，并输入位置，单击“确定”按钮。
- 从水平标尺处拖动以创建水平参考线，如图 3-98 所示。
- 按住 Alt 键的同时从垂直标尺处拖动以创建水平参考线。
- 从垂直标尺处拖动以创建垂直参考线。
- 按住 Alt 键的同时从水平标尺处拖动以创建垂直参考线。
- 按住 Shift 键的同时从水平或垂直标尺处拖动以创建与标尺刻度对齐的参考线。拖动参考线时，鼠标指针变为双箭头。

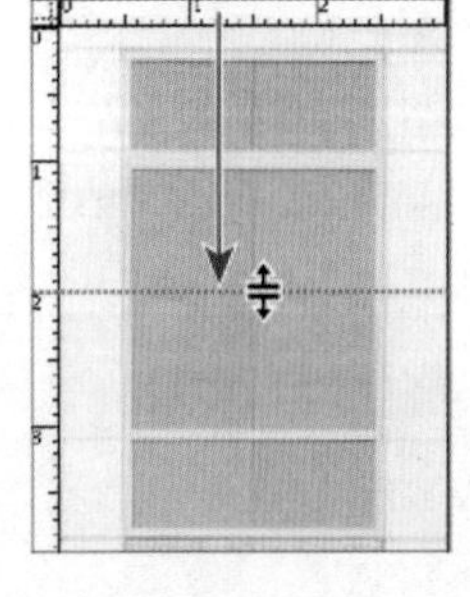

图 3-98

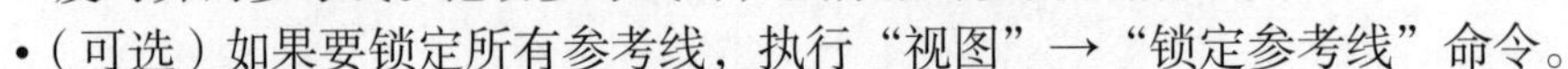

- （可选）如果要锁定所有参考线，执行“视图”→“锁定参考线”命令。

3）移动参考线

（1）选择“移动工具”，将鼠标指针放置在参考线上（鼠标指针会变为双箭头）。

（2）按照下列任意方式移动参考线。

- 拖动参考线以移动它。
- 按住 Alt 键的同时单击或拖动参考线，可将参考线从水平改为垂直，或从垂直改为水平。

• 按住 Shift 键的同时拖动参考线，可使参考线与标尺上的刻度对齐。如果网格可见，并执行了“视图”→“对齐到”→“网格”命令，则参考线将与网格对齐。

4）从图像中移去参考线

要移去一条参考线，可将该参考线拖移到图像窗口之外。

要移去全部参考线，可执行“视图”→“清除参考线”命令。

5）通过形状新建参考线

用形状工具在画布中画出图形，然后执行“视图”→“通过形状新建参考线”命令，如图 3-99 所示。

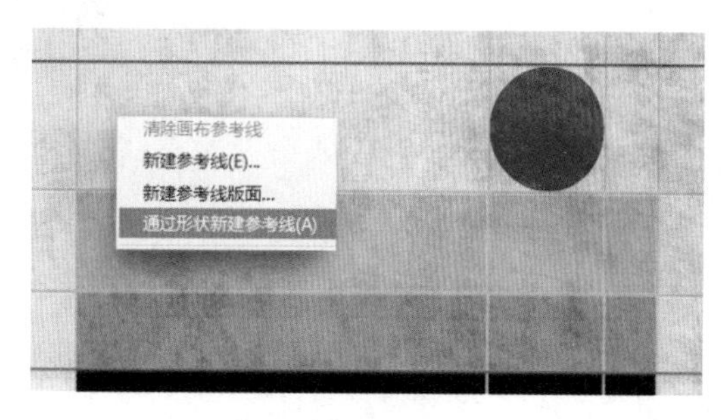

图　3-99

3.5　选区案例：压路文字效果

学习目标：掌握 Photoshop 中快速选择、魔棒工具的使用方法和技巧，会运用消失点滤镜。

实例位置：实例文件→第 3 章→3.5 中国骄傲→3.5a、3.5b 素材。

完成效果：如图 3-100 所示。

图　3-100

3.5 选区案例：压路文字效果 .mp4

◆ 案例概述

本案例通过图像合成技术将文字嵌入冰面，实现真实的文字压路效果，可帮助读者使用快速选择工具和魔棒工具抠取图像，能够将文字载入选区，以及运用消失点滤镜透视变形文字。案例还通过调整混合颜色带控制混合程度，实现文字与冰面的融合。

◆ 案例制作

01 打开素材。执行“文件”→“打开”命令（快捷键 Ctrl+O），打开本案例“3.5a”素材。

02 抠取人物。选择“快速选择工具”，在工具选项栏中执行“选择主体”命令（或执行“选择”→“主体”命令），选中人物。针对抠图中的瑕疵，可以切换至“添加到选区”或“从选区中减去”选项进行修改，选区会向外扩展或向内收缩并自动查找和跟随图像中定义的边缘，如图 3-101 所示。

图 3-101

Tip 2022 年 2 月 12 日，在北京 2022 年冬奥会速度滑冰男子 500 米的比赛中，中国选手高亭宇第七组出场，滑出 34 秒 32 的成绩，以打破奥运纪录的骄人战绩强势夺冠，创造新的历史纪录。这也是冬奥历史上中国男子速度滑冰的首枚金牌。

03 复制人物图层。按快捷键 Ctrl+J 复制当前图层，得到人物的“图层 1”，如图 3-102 所示。单击“图层 1”左侧眼睛图标👁，将其隐藏备用，图层面板如图 3-103 所示。

图 3-102

图 3-103

04 文字输入。使用“横排文字工具”T，在画布上单击并输入文字“高亭宇”，设置字体为“汉仪菱心体简”、字号为“260 点”、颜色为“暗红色”（RGB: 175, 30, 40），如图 3-104 所示；按 Ctrl 键的同时单击“高亭宇”图层缩览图，将文字载入选区，如图 3-105 所示；按快捷键 Ctrl+C 复制选区内容，再按快捷键 Ctrl+D 取消选区。单击“高宁宇”图层左侧眼睛图标👁以将其隐藏，图层面板如图 3-106 所示。

05 透视变形。选中“背景”图层，单击“图层”面板底部的⊞按钮，新建“图层 2”，再执行“滤镜”→“消失点”命令，使用“创建平面工具”⊞沿着冰面的透视创建平面网格，如图 3-107 所示；然后按快捷键 Ctrl+V 粘贴文字，并把它拖动到创建的平面网格中，如图 3-108 所示，按快捷键 Ctrl+T 调整其至合适的位置、方向和大小，如图 3-109 所示，单击“确定”按钮。

图　3-104

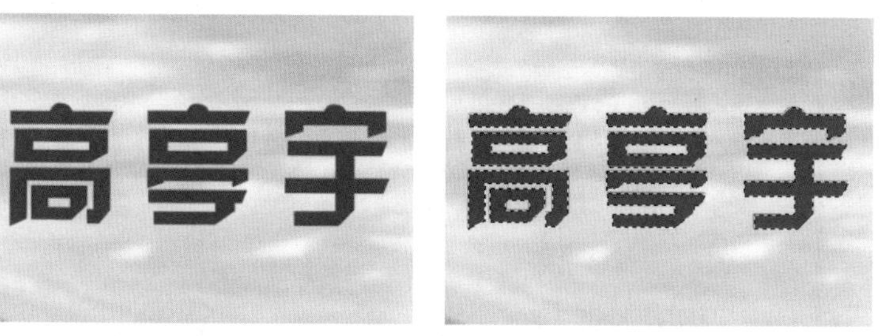

图　3-105

图　3-106

图　3-107

图　3-108

图　3-109

06 显示人物。单击“图层 1”左侧眼睛图标以显示抠取完的人物图层，效果如图 3-110 所示，“图层”面板如图 3-111 所示。

07 调整图层样式。选中“图层 2”，双击其图层缩览图打开“图层样式”对话框。按住 Alt 键的同时滑动“混合颜色带”中“下一图层”的白色滑块，将白色滑块分开，并分别向左拖动，调整参数如图 3-112 所示。其目的是将下面图层的白色像素显示出来，实现文字与冰面的融合，效果如图 3-113 所示。

图　3-110

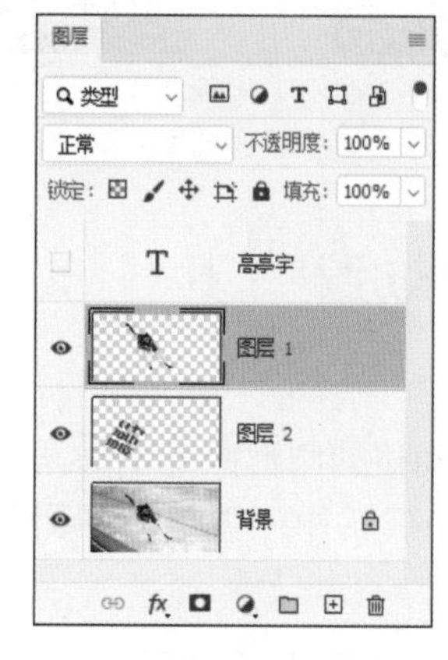

图　3-111

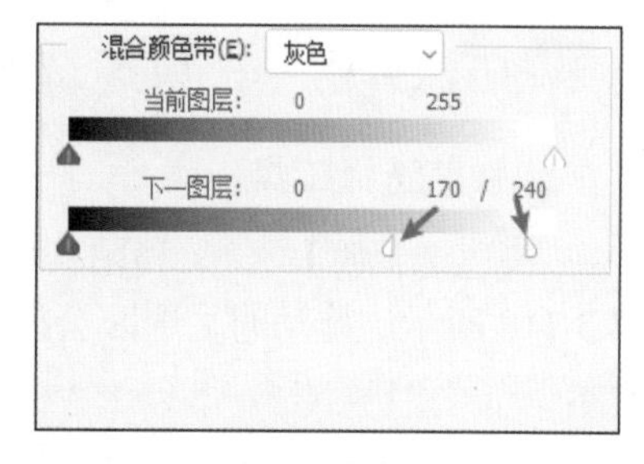

图　3-112

08 添加素材文字。打开“3.5b”素材，选择“魔棒工具”，在工具选项栏中设置容差为“5”，取消“连续”选项位置，选择暗红色文字区域，效果如图 3-114 所示；再使用“移动工具”✥将选区的文字移动到“3.5a”素材中，并放置到右上角；采用步骤 06 的方法，按住 Alt 键的同时调整“混合颜色带”中“下一图层”的白色滑块，实现文字与冰面的融合，如图 3-115 所示。最终效果如图 3-100 所示。

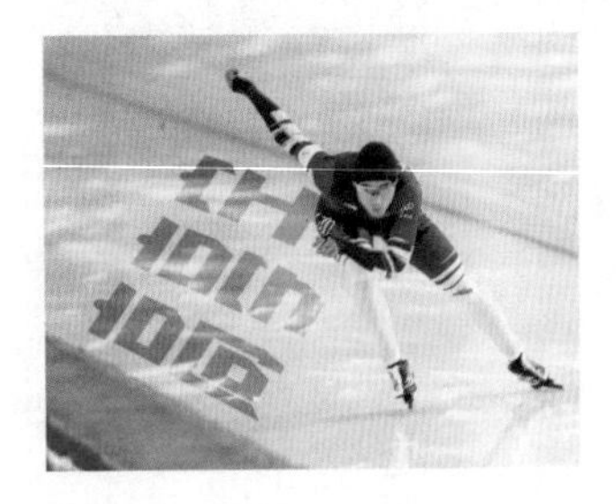

图 3-113

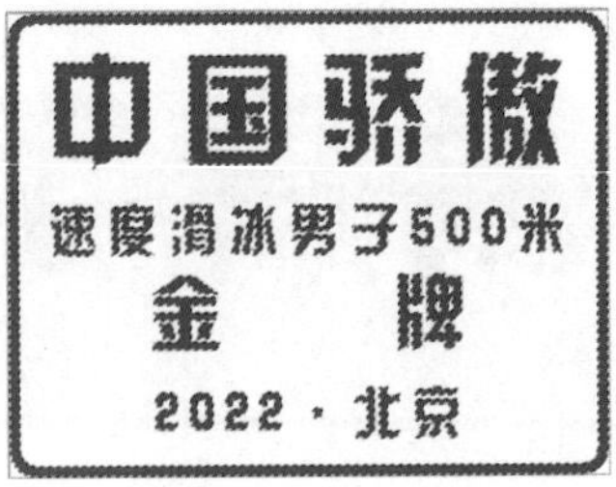
中国骄傲
速度滑冰男子500米
金 牌
2022 · 北京

图 3-114

中国骄傲
速度滑冰男子500米
金 牌
2022 · 北京

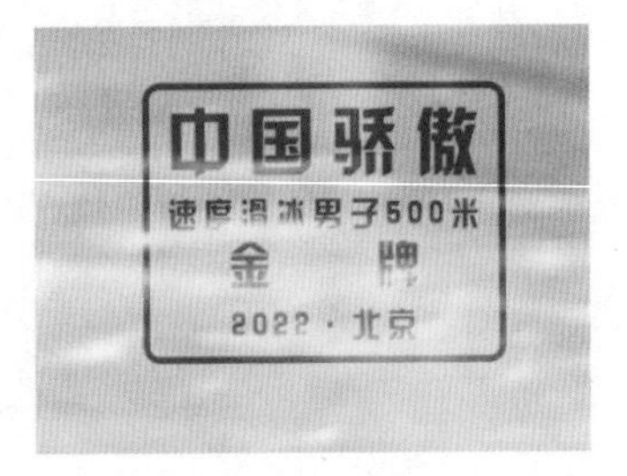

图 3-115

拓展练习

读者可借鉴本案例方法，使用“3.5c”素材（图 3-116）制作公路上文字压路的效果（图 3-117），文字为“2023 不负韶华”。在制作时，请注意以下 3 点：

（1）需要沿着公路的透视创建平面网格；

（2）画面人物的抠取可使用“快速选择工具”或“对象选择工具”；

（3）因为文字是白色，在调整“混合颜色带”时，按住 Alt 键的同时将“下一图层”的黑色滑块向右拖动，才能实现文字与路面的融合。

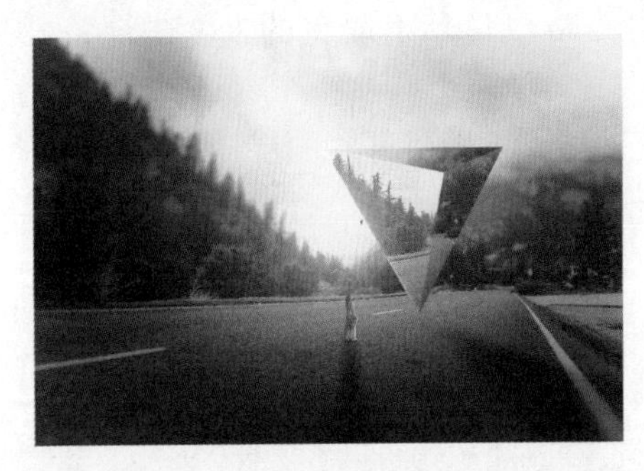

图 3-116

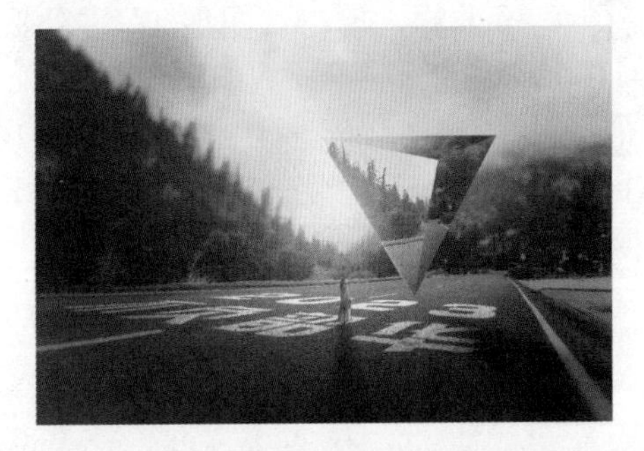

图 3-117

知识解析——快速选择与魔棒工具

1. 快速选择工具

“快速选择工具”利用其可调整的圆形画笔笔尖来快速绘制选区，其工具选项栏如图 3-118 所示。拖动时，选区会向外扩展并自动查找和跟随图像中定义的边缘，如图 3-119 所示。

6
0°
对所有图层取样
增强边缘
选择主体
选择并遮住 ...

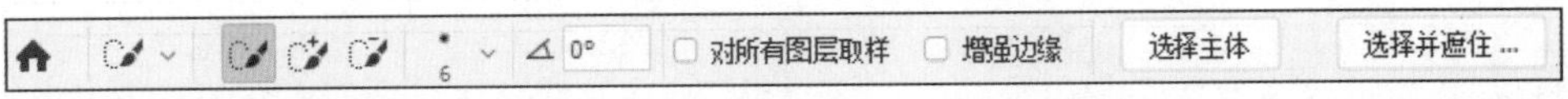

图 3-118

（1）选择“快速选择工具”。

（2）在工具选项栏中，单击以下选择项之一："新选区""添加到选区"或"从选区减去"。

"新选区"是在未选择任何选区情况下的默认选项。创建初始选区后，此选项自动更改为"添加到选区"。

（3）若要更改画笔笔尖大小，在"画笔"面板中输入像素大小或拖动滑块；选择"大小"下拉列表选项，使画笔笔尖大小随钢笔压力或光笔轮而变化。

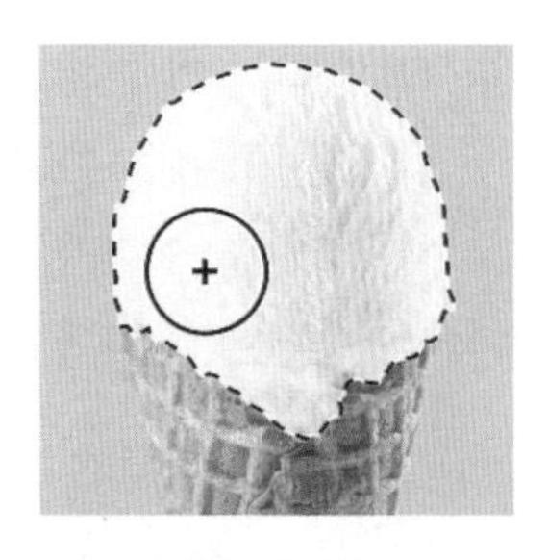

图　3-119

Tip　在建立选区时，按右方括号键（]）可增大"快速选择工具"画笔笔尖的大小；按左方括号键（[）可减小"快速选择工具"画笔笔尖的大小。

（4）选取"快速选择"选项。

对所有图层取样：对所有图层，而并非仅仅是当前选定的图层来创建选区。

增强边缘：减少选区边界的粗糙度和块效应。"增强边缘"会自动将选区流向图像边缘，并应用一些可以在"选择并遮住"工作区中手动应用的边缘调整。

图　3-120

（5）在要选择的图像部分中绘画。选区将随着绘制而增大。如果更新速度较慢，应继续拖动以留出时间来完成选区上的工作。在形状边缘的附近绘制时，选区会扩展以跟随形状边缘的等高线，如图 3-120 所示。

要从选区中减去，请选择工具选项栏中的"相减"选项，然后按住鼠标左键并拖过现有选区。

若要临时在添加模式和相减模式之间进行切换，请按住 Alt 键的同时执行。

要更改工具光标，请执行"编辑"→"首选项"→"光标"→"绘画光标"命令。正常画笔笔尖会显示标准的"快速选择"光标，其中带有用于显示选区模式的加号或减号。

2. 魔棒工具

"魔棒工具"可以选择颜色一致的区域，而不必跟踪其轮廓。但需要指定相对于单击处的原始颜色的选定色彩范围或容差，其工具选项栏如图 3-121 所示。

取样大小：取样点　容差：32　☑ 消除锯齿　☑ 连续　☐ 对所有图层取样　选择主体　选择并遮住...

图　3-121

（1）选择"魔棒工具"（如果该工具未显示，请按住"快速选择工具"以访问该工具）。

（2）在工具选项栏中指定一个选区选项，如图 3-122 所示。"魔棒工具"的鼠标指针会随选中的选项而变化。

（3）在工具选项栏中，可以指定以下任意选项。

① 容差：确定所选像素的色彩范围。以像素为单位输入一个值，范围介于 0~255。如果值较低，则会选择与所选中像素

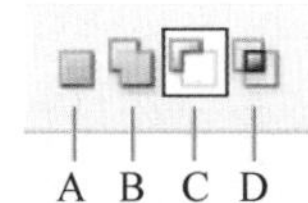

A. 新选区　B. 添加到选区
C. 从选区减去　D. 与选区交叉

图　3-122

非常相似的少数几种颜色；如果值较高，则会选择范围更广的颜色。

② 消除锯齿：创建边缘较平滑的选区。

③ 连续：只选择相同颜色的邻近区域。否则，将会选择整个图像中相同颜色的所有像素。

图 3-123

④ 对所有图层取样：使用所有可见图层中的数据选择颜色。否则，只从当前图层中选择颜色。

（4）在图像中，单击要选择的颜色，如图 3-123。如果“连续”已选中，则容差范围内的所有相邻像素都被选中。否则，将选中容差范围内的所有像素。

（5）（可选）执行“选择并遮住”命令以进一步调整选区边界，或者对照不同的背景查看选区或将选区作为蒙版查看。

3. 消失点滤镜

消失点可以简化在包含透视平面（如建筑物的侧面、墙壁、地面或任何矩形对象）的图像中进行的透视校正编辑的过程。在消失点中，可以在图像中指定平面，然后使用绘画、仿制、拷贝或粘贴以及变换等编辑操作。所有编辑操作都将采用所处理平面的透视。当修饰、添加或移去图像中的内容时，结果将更加逼真，因为可正确地确定这些编辑操作的方向，并且将它们缩放到透视平面。

完成在消失点中的工作后，可以继续在 Photoshop 中编辑图像。要在图像中保留透视平面信息，请以 PSD、TIFF 或 JPEG 格式存储文档。

“消失点”对话框（执行“滤镜”→“消失点”命令）中包含用于定义透视平面的工具、用于编辑图像的工具、测量工具和图像预览。消失点工具（选框、图章、画笔及其他工具）的工作方式与主工具箱中的对应工具类似。

3.6 拓展案例：愤怒的小鸟

学习目标： 掌握 Photoshop 图层与选区的操作方法及其综合运用。

实例位置： 实例文件→第 3 章→3.6 愤怒的小鸟→3.6a、3.6b 素材。

完成效果： 如图 3-124 所示。

3.6 拓展案例：愤怒的小鸟 .mp4

3.6 拓展案例：愤怒的小鸟 .docx

◆ 案例概述

本案例通过使用各种食品和水果来制作愤怒的小鸟，帮助读者巩固和强化图层和选区的操作方法。

图 3-124

案例制作过程中，利用矩形选框工具或多边形套索工具选两处紫菜叶，组成小鸟的眉毛；显示和选择木瓜图层，使用椭圆形选框工具选取一处果核，组成小鸟的眼睛；选择其他图层中的素材，为小鸟添加嘴巴和羽毛；最后为小鸟的各部位添加投影效果。制作时，需要特别注意画面元素的斜向对齐。

知识解析——图层样式

1. 图层样式概述

图层样式是应用于一个图层或图层组的一种或多种效果，这些效果能以非破坏性的方式更改图层内容的外观。我们可以应用 Photoshop 附带提供的某一种预设样式，或者使用“图层样式”对话框来创建自定样式。“图层效果”图标 *fx* 将出现在“图层”面板中图层名称的右侧，可以在“图层”面板中展开样式，以便查看或编辑合成样式的效果，如图 3-125 所示中的 A~C 依次为“图层效果图标”“单击此处可展开和显示图层效果”和“图层效果”。

我们可以在单个图层样式中应用多个效果。此外，部分效果的多个实例可以构成一个图层样式。存储自定样式时，该样式则成为预设样式。预设样式出现在“样式”面板中（执行“窗口”→“样式”命令，可以显示样式面板），只需单击一次便可将其应用于图层或组。

应用或编辑自定图层样式的方法，请执行下列操作之一。

（1）双击该图层（在图层名称或缩览图的外部）。

（2）单击“图层”的“添加图层样式”按钮 *fx*，并从列表中选取效果。

（3）从“样式”→“图层样式”子菜单中选取效果。

（4）要编辑现有样式，请双击在“图层”面板中的图层名称下方显示的图层效果。

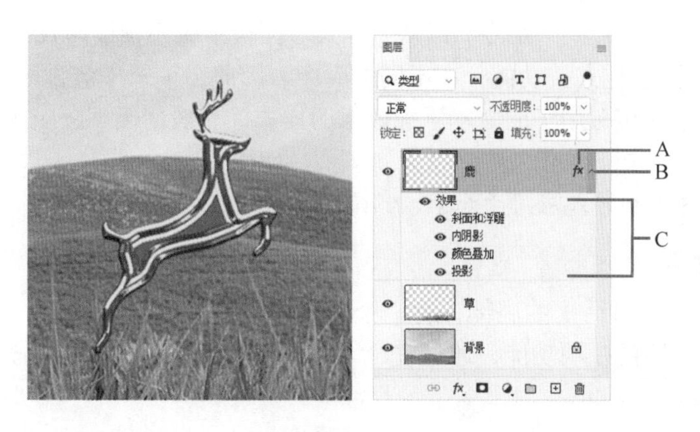

图　3-125

2. 图层样式对话框

在“图层样式”对话框中，如图 3-126 所示，可以编辑应用于图层的样式，或使用“图层样式”对话框创建新样式。可以将图层样式应用于背景图层，方法是将该图层转换为常规图层。

注意： 单击相应复选框可应用当前设置，而不显示效果选项。只有单击效果名称才会显示效果选项。

斜面和浮雕：对图层添加高光与阴影的各种组合。

描边：使用颜色、渐变或图案在当前图层上描绘对象的轮廓。

内阴影：紧靠在图层内容的边缘内侧添加阴影，使图层具有凹陷外观。

内发光和外发光：添加从图层内容的内部边缘或外部边缘发出的光。

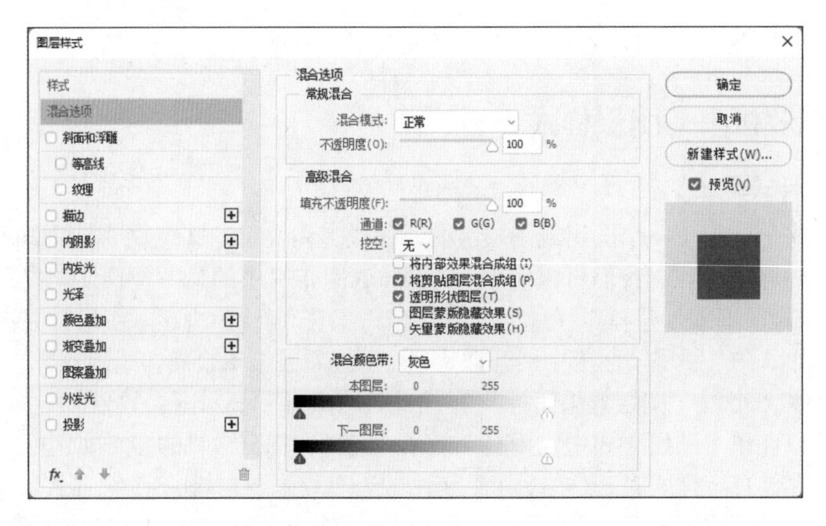

图　3-126

光泽：应用可创建柔滑光泽的内部阴影。

颜色、渐变和图案叠加：用颜色、渐变或图案填充图层内容。

投影：在图层内容的后面添加阴影。

3. 应用预设样式

执行“窗口”→“样式”命令，以从“样式”面板中应用预设样式，如图 3-127 所示。Photoshop 随附的图层样式按功能分在不同的库中。因此，一个库包含用于创建 Web 按钮的样式，而另一个库包含用于向文本添加效果的样式。一般情况下，应用预设样式将会替换当前图层样式。

注意：不能将图层样式应用于背景、锁定的图层或组。

4. 混合颜色带

在“图层样式”对话框的底部，有一个高级蒙版——混合颜色带，如图 3-128 所示。它是“混合选项”中的一项功能，通过它可以快速选择火焰、烟花、云彩、闪电等与背景

图　3-127

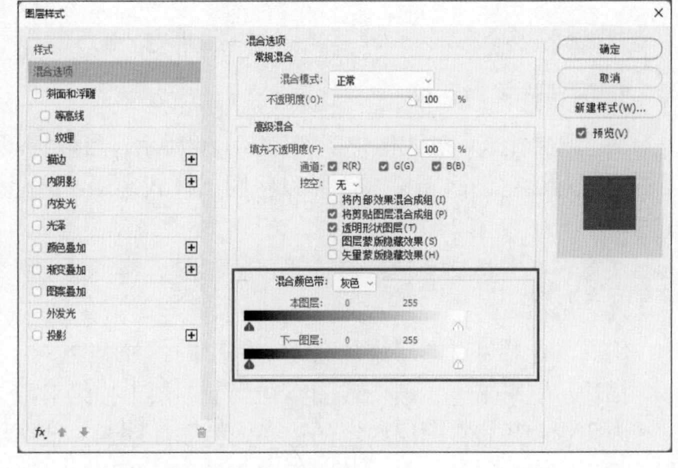

图　3-128

之间有较大色调差异的对象。通过设置“混合颜色带”中的通道选项、拖动混合滑块等既可以隐藏当前图层中的图像，也可以让下面图层中的图像穿透当前层显示出来，或者同时隐藏当前图层和下面图层中的部分图像，从而创建图像合成效果。

参数说明如下。

（1）在“混合颜色带”中可以选择控制混合效果的颜色通道。“灰色”表示使用全部颜色通道控制混合效果，如图 3-129 所示。选择其他通道后，Photoshop 会依据当前设置的通道颜色信息来确定参与混合的像素。

（2）对话框中还包含两组混合滑块，即“本图层”滑块和“下一图层”滑块，如图 3-130 所示，它们被用来控制当前图层和下面图层在最终图像中显示的像素。通过移动混合滑块，可根据图像的亮度范围快速创建透明区域。还可定义部分混合像素的范围，从而在混合区域和非混合区域之间产生一种平滑的过渡效果。

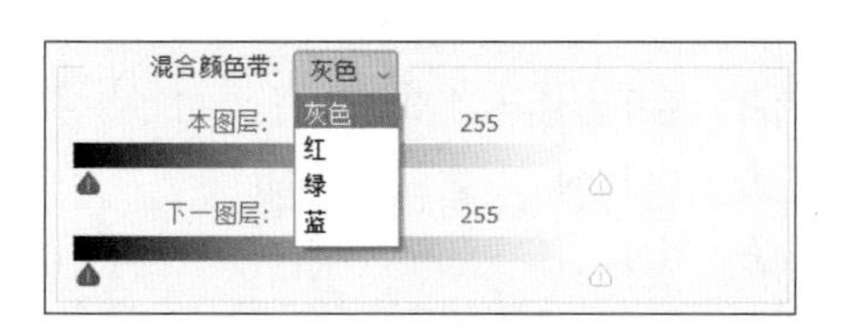

图 3-129

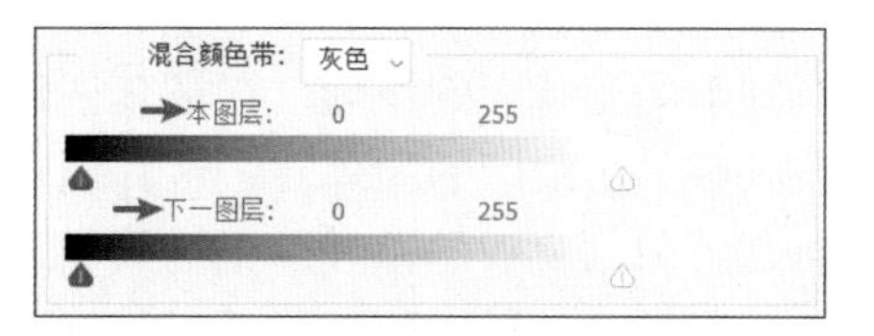

图 3-130

（3）“本图层”指的是当前操作的图层，拖动“本图层”滑块可以隐藏当前图层中的图像。

将左侧的黑色滑块向中间拖动时，当前图层中色调较暗的像素会逐渐变为透明。

将右侧的白色滑块向中间拖动时，当前图层中色调较亮的像素会逐渐变为透明。

（4）“下一图层”指位于当前图层下面的图层。移动“下一图层”滑块可以显示下面图层中的图像。

将左侧的黑色滑块向中间拖动时，可以逐渐显示下面图层中较暗的像素。

将右侧的白色滑块向中间拖动时，可以逐渐显示下面图层中较亮的像素。

总结就是“本图层”负责隐藏，而“下一图层”负责显示。

（5）按住 Alt 键的同时单击滑块，可以将其分离。增加分离后两个滑块之间的距离可以在透明区域与非透明区域之间创建平滑的过渡。

Tip 通过混合滑块选取对象时，只是将背景图像隐藏，并不是真正地将其删除。被隐藏的图像是可以恢复的。重新打开“图层样式”对话框后，将滑块拖回至原来的起始位置便可以将隐藏的图像显示出来。

复习思考题

1. 从图层的原理来看，图层的重要性体现在哪些方面？

2. 试述选区的种类以及各自的作用。

3. “图层”面板、绘画和修饰工具的工具选项栏、“图层样式”对话框、“填充”命令、“描边”命令、“计算”和“应用图像”命令等都包含混合模式选项，请归类并加以分析。

模块 4　合成设计：蒙版与通道

模块概述：蒙太奇的那些事

本模块主要介绍 Photoshop 蒙版和通道知识。蒙版是一种遮盖图像的工具，可以合成图像，控制填充图层、调整图层、智能滤镜的应用范围等；通道是 Photoshop 的核心功能之一，主要用途有保存选区和图像色彩信息、抠图、调色和制作特效等。通过学习本模块，读者可以了解蒙版和通道的使用技巧和方法，体验使用 Photoshop 进行合成设计。

◆ 知识目标——精图像处理，懂软件操作

1. 理解图层蒙版的原理，记忆其创建和修改方法，会应用其合成图像；
2. 理解矢量蒙版的原理，记忆其创建和修改方法，会应用其遮盖图像；
3. 理解剪贴蒙版的原理，记忆其创建和修改方法，会应用其裁剪图像；
4. 理解快速蒙版的原理，记忆其创建和修改方法，会应用其扣取图像；
5. 理解通道的概念以及其存储选区和载入选区的作用，会应用通道制作图像的特定效果；
6. 记忆通道面板，会应用通道计算及合成设计。

◆ 能力目标——有创意思维、能精准设计

1. 具备使用蒙版创意合成图像的能力和制作二十四节气海报的能力；
2. 具备儿童祝福照片效果制作的能力和制作放大镜模拟观察图像的能力；
3. 具备人像的抠取、合成分身的能力；
4. 具备制作波尔卡点的能力，并能应用装饰纹理及具备玉的效果制作能力。

◆ 素质目标——重社会责任、诚实守信

具有艺术创新和版权意识、美学鉴赏和表达能力、精益求精和批判精神、民族自信和文化传承的职业素养。

4.1　图层蒙版案例：创意合成图像

学习目标： 掌握 Photoshop 中图层蒙版的原理、添加方法和编辑技巧。

实例位置： 实例文件→第 4 章→4.1 创意合成图像→4.1a、4.1b 素材。

完成效果： 如图 4-1 和图 4-2 所示。

4.1 图层蒙版案例：创意合成图像 .mp4

图　4-1

图　4-2

◆　案例概述

本案例通过使用图层蒙版创意合成图像，帮助读者快速地认识和理解图层蒙版的原理和使用方法。在制作过程中，借助“画笔工具”，用黑色或白色涂抹图层蒙版，让包含蒙版的图层显示或隐藏；还可以使用柔边笔刷向图层蒙版涂抹灰色，在分层图像间打造平滑的过渡效果。

◆　案例制作

01 打开素材。执行“文件”→“打开”命令（快捷键 Ctrl+O），打开本案例“4.1a.psd”素材。

02 添加图层蒙版。选择 forest 图层，如图 4-3 所示，单击“图层”面板中的“添加图层蒙版”按钮，向所选图层添加白色图层蒙版，如图 4-4 所示。

图　4-3

图　4-4

03 用黑色、白色和灰色涂抹图层蒙版。黑色会隐藏包含蒙版的图层中相应的部分，使下面图层的图像可以显示出来；白色会显示当前图层的相应部分；灰色会让当前图层显示为半透明。

（1）在“图层”面板中，单击并选中 forest 图层的蒙版缩览图。

（2）选择工具栏中的“画笔工具”，在工具选项栏中，打开“画笔预设”选取器以设置画笔大小和硬度（柔边画笔可以创建更渐进的过渡效果），如图 4-5 所示。向左拖动“硬度”滑块以创建软画笔笔尖。

（3）按 D 键将前景色设置为黑色、背景色设置为白色（按 X 键可以切换前景色和背景色）。

（4）在文档窗口中的图像上绘制，以向图层蒙版的一部分添加黑色。黑色将包含蒙版图层的相应部分隐藏，因此下面图层上的图像会显示出来。画笔的柔和边缘将灰色应用于图层蒙版，从而在分层图像之间创建渐变过渡效果，如图 4-6 和图 4-7 所示。

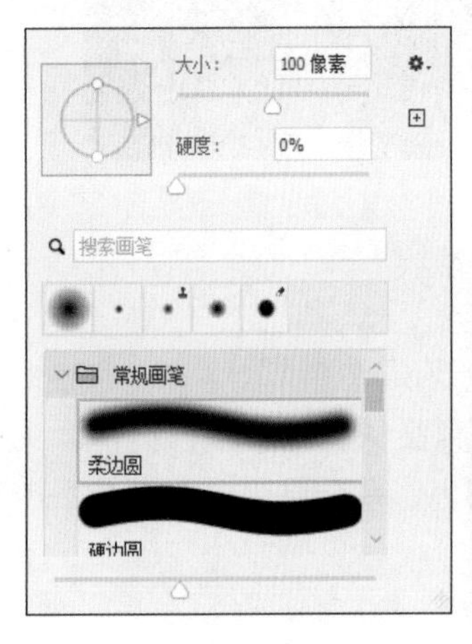

图 4-5

图 4-6

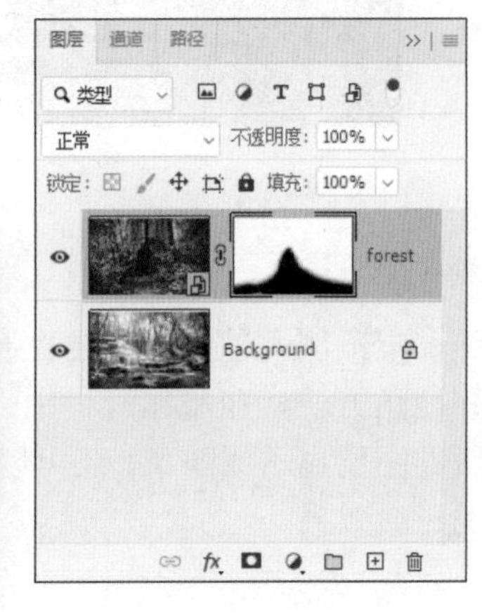

图 4-7

（5）如果隐藏的图像超过预期效果，可按 X 键将前景色切换至白色。然后，在包含蒙版图层的隐藏区域上绘制，为蒙版添加白色，使这些区域重新显示出来。

> **Tip** 在绘制时更改画笔大小的一种快速方法是按键盘上的右括号键以增加画笔大小或按左括号键以减小画笔大小。此外，在画笔工具选项栏中减小画笔流量值，可以在图层蒙版上用黑色绘制时构建灰色阴影。图层蒙版上的灰色阴影部分将包含蒙版的图层隐藏。

04 打开素材并创建选区。执行“文件”→“打开”命令（快捷键 Ctrl+O），打开本案例“4.2a.psd”素材。选择 Door 图层，如图 4-8 所示，使用“快速选择工具”，选中图像的大门部分，如图 4-9 所示。

05 从选区创建图层蒙版。按快捷键 Shift+Ctrl+I 反选选区，单击“图层”面板底部的“添加图层蒙版”按钮，此时图层蒙版在有选区的地方自动显示为白色，在没有选区的地方显示为黑色，图层蒙版上的黑色将未选择的区域隐藏，如图 4-10 和图 4-11 所示。

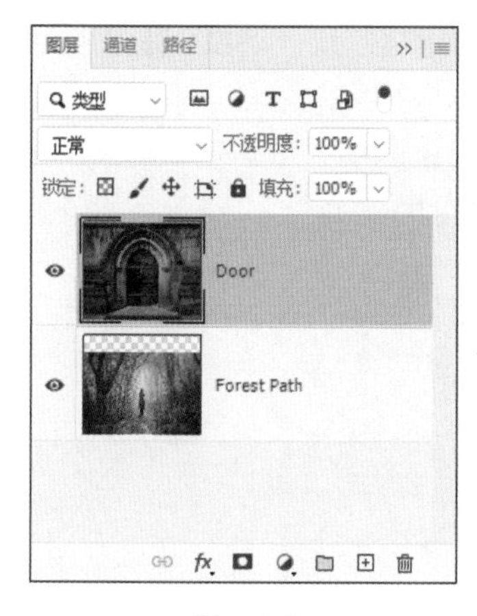

图　4-8

图　4-9

图　4-10

06 编辑图层蒙版。单击选中 Door 图层的蒙版缩览图，选择“画笔工具”，画笔属性设为“柔边圆”，前景色设置为“黑色”，在图层蒙版上涂抹黑色隐藏图层以显示下面的图层。如果出错或隐藏图层过多，可按 X 键交换前景色和背景色，并在图层蒙版上用白色绘制以显示蒙版图层，如图 4-12 和图 4-13 所示。

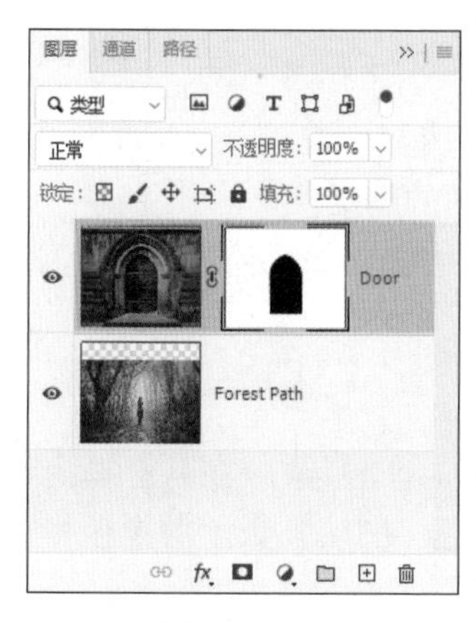

图　4-11

图　4-12

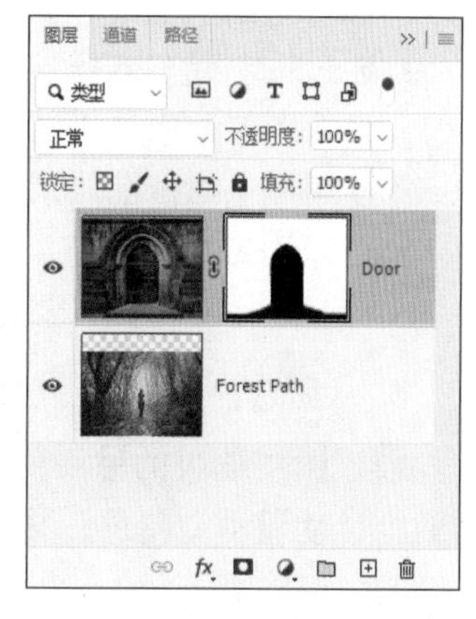

图　4-13

知识解析——图层蒙版

1. 图层蒙版原理

图层蒙版是一个 256 级色阶的灰度图像，它蒙在图层上面，起到遮盖图层的作用，是一种可以撤销的隐藏图层部分内容的工具。与永久擦除或删除图层部分内容相比，图层蒙版可以让编辑更加灵活。图层蒙版在合成图像、裁剪对象用于其他文件和对部分图层进行限制性编辑中非常有用。

图层蒙版是在当前图层上面覆盖一层玻璃片，用各种绘图工具在蒙版上（即玻璃片上）涂色（只能涂黑、白和灰色），涂黑色的地方蒙版变为完全透明的，看不见当前图层的图像；涂白色则使涂色部分变为不透明的，可看到当前图层上的图像；涂灰色使蒙版变为半透明，透明的程度由涂色的灰度深浅决定，如图 4-14 所示。图层蒙版的这种性质可以总结为“黑透白不透，灰色半透明”，它的主要作用有遮蔽、抠图、图层间的融合、淡化图层边缘等。

图 4-14

2. 创建图层蒙版

选择一个图层，单击“图层”面板底部“添加图层蒙版”按钮，即可为当前图层添加一个白色的图层蒙版，此时所选图层上会显示一个白色的图层蒙版缩览图。

3. 使用“画笔工具”编辑图层蒙版

- 单击“图层”面板中的“添加图层蒙版”按钮，向活动图层添加图层蒙版。
- 选择“画笔工具”，并在“前景”颜色框中设置黑色。
- 通过按左或右方括号键来更改画笔的大小。
- 确保图层蒙版处于活动状态（查找其缩览图周围的高光边框）。
- 使用黑色涂抹图层蒙版可使图层蒙版隐藏图层以查看下面的图层。
- 可以用黑色和白色反复涂抹图层蒙版来灵活地微调蒙版边缘。如果使用柔边笔刷，将会应用灰色，将蒙版图层的相应部分隐藏。

4. 从所选内容创建图层蒙版

创建图层蒙版的另一种方法是“从所选内容创建图层蒙版”。图层蒙版在有选择内容的地方自动显示为白色，并且在没有选择内容的地方显示为黑色。图层蒙版上的黑色将未选择的区域隐藏。

使用任何选择方法（如“快速选择工具”）创建“选择”，如图 4-15 所示，已经选中船体和人物。

当所选内容在图像中处于活动状态时，单击“图层”面板中的“添加图层蒙版”按钮，蒙版图层如图 4-16 所示，效果如图 4-17 所示。

图 4-15

图 4-16

图 4-17

4.2　图层蒙版案例：小雪节气海报

学习目标： 理解图层蒙版的用途，掌握图层蒙版合成图像的方法和技巧，会进行海报文字排版。

实例位置： 实例文件→第 4 章→4.2 小雪节气海报→素材。

完成效果： 如图 4-18 所示。

4.2 图层蒙版案例：小雪节气海报 .mp4

◆ 案例概述

二十四节气是历法中表示自然节律变化以及确立“十二月建”的特定节令，蕴含着悠久的文化内涵和历史积淀，是中华民族悠久历史文化的重要组成部分。人们根据节气时令，来决定饮食、进行各类生产活动。本案例制作小雪节气海报，节气小雪的特点是“气寒而将雪，地寒未甚而雪未大”，利用图层蒙版将节气的代表景物组合成画面，将节气特点融于海报中，打造出符合中国节气特色的国风作品。

图　4-18

◆ 案例制作

01 新建文件。执行“文件”→“新建”命令（快捷键 Ctrl+N），在“新建文档”对话框中，设置文档名称为“小雪节气海报”，设置宽度为“60cm”、高度为“80cm”、分辨率为“150ppi”、颜色模式为“RGB 颜色”、背景为“白色”，单击“创建”按钮。

02 添加背景和素材。打开“素材 1.jpg”，如图 4-19 所示；选择“移动工具”✥，按住 Shift 键的同时将其拖动到新建的海报文档中，在“图层”面板生成“图层 1”，如图 4-20 所示；再拖动“素材 2.jpg”到海报文档中，如图 4-21 所示，生成“图层 2”，“图层”面板如图 4-22 所示。此时会发现“素材 2.jpg”与背景不融合，需要进一步调整。

图　4-19

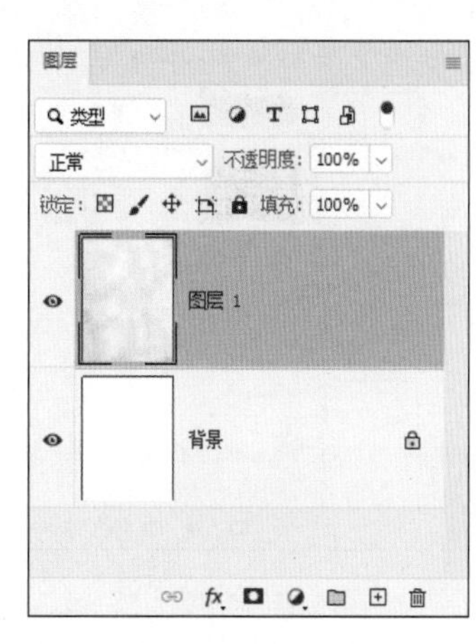

图　4-20

图　4-21

03 合成远山。选择“图层 2”，单击“图层”面板底部的“添加图层蒙版”按钮，为其添加图层蒙版。选择“渐变工具”，在“渐变编辑器”对话框中定义渐变的色标依次为“黑色 - 白色 - 黑色”，如图 4-23 所示，然后在工具选项栏中选中“线性渐变”。在“图层 2”的图层蒙版中从下向上拖动鼠标，如图 4-24 所示，利用渐变填充蒙版，融合图像，如图 4-25 和图 4-26 所示。（注意：如有不合适的地方，可以借助“画笔工具”，用黑色或白色涂抹图层蒙版。）

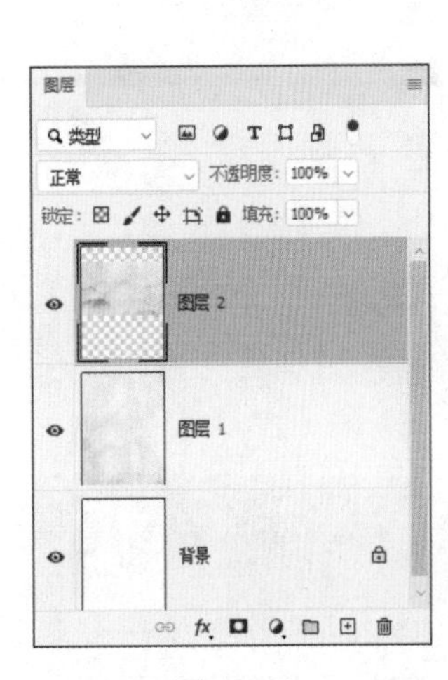

图 4-22

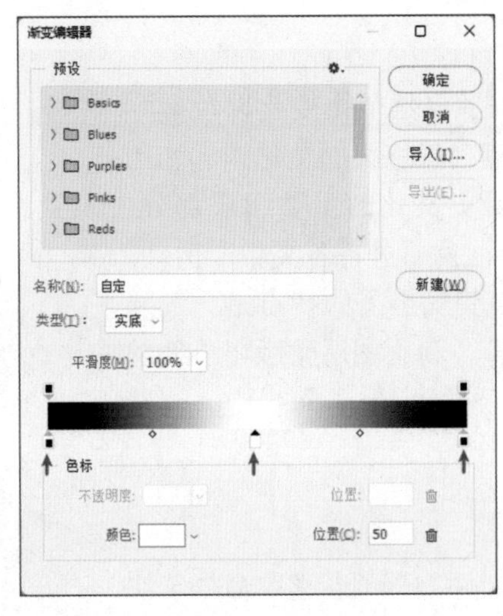

图 4-23

图 4-24

04 合成近景。打开并拖动“素材 3.jpg”到海报文档中，如图 4-27 所示，得到“图层 3”。为“图层 3”添加图层蒙版，依照 03 的方法完成“线性渐变”的应用，如图 4-28 所示，淡化图像上下边缘；如有不合适的地方，可借助“画笔工具”涂抹图层蒙版，如图 4-29 和图 4-30 所示。

图 4-25

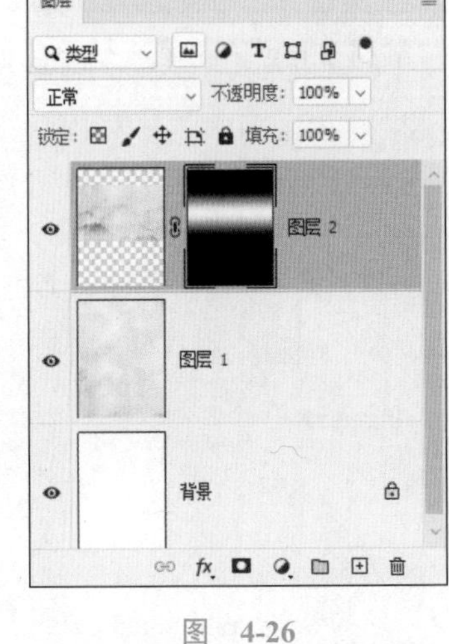

图 4-26

图 4-27

05 添加梅花。打开并拖动“素材 4.jpg”到海报文档的右上角，如图 4-31 所示，得到

图　4-28

图　4-29

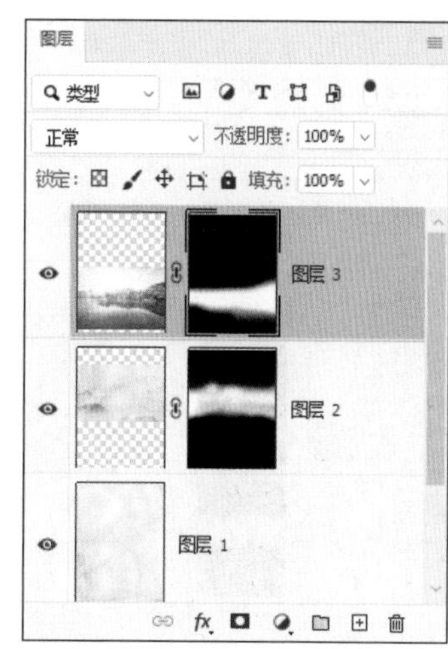

图　4-30

图　4-31

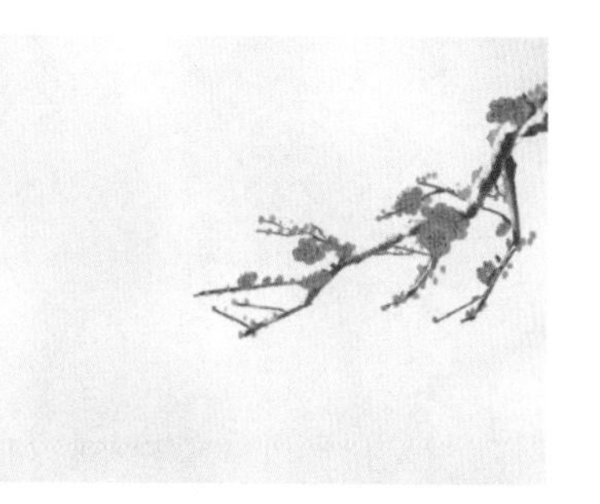
图　4-32

“图层 4”，将其图层混合模式修改为“变暗”，移除白色背景；为“图层 4”添加图层蒙版，使用“画笔工具”涂抹浅灰色，淡化梅花颜色，以产生雪天朦胧感，如图 4-32 和图 4-33 所示。

06 添加雪花。打开并拖动“素材 5.jpg”到海报文档中，得到“图层 5”，将其图层混合模式修改为“滤色”，得到漫天飘零的雪花效果，如图 4-34 所示。

07 添加文案。打开“素材 6.psd”，图层如图 4-35 所示，选择“移动工具”，在工具选项栏中切换到“组”类型，将 3 组素材文案拖动到海报文档中，放置到合适的位置，此效果能传递节气信息，引导关注视线，增加海报美感，完成效果如图 4-36 所示。

08 制作立体展示效果。按快捷键 Alt+Ctrl+Shift+E 盖印所有图层，得到合并海报图层。打开“素材 7.jpg”，选择“移动工具”，将盖印得到的新图层拖动到“素材 7”中，按快捷键 Ctrl+T 调整其大小，最终效果如图 4-37 所示。

Tip

盖印是比较特殊的图层合并方法，它可以将多个图层中的图像内容合并到一个新的图层中，同时保持其他图层完好无损。如果想要得到某些图层的合并效果，而又要保持原图层的完整性，盖印是最佳的选择。盖印所有可见图层的快捷键是 Alt+Ctrl+Shift+E；盖印已选择的多个图层的快捷键是 Alt+Ctrl+E。

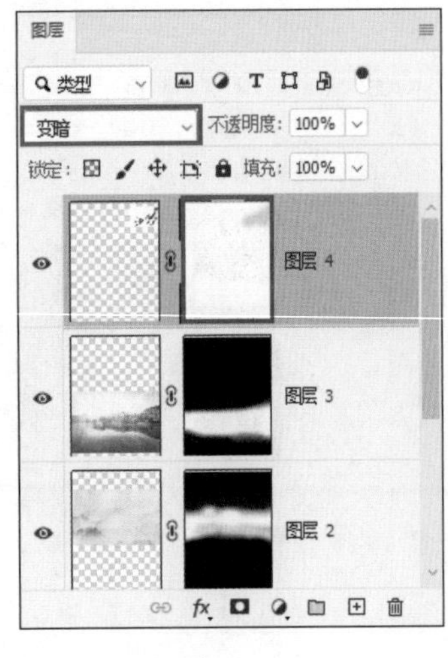

图　4-33

图　4-34

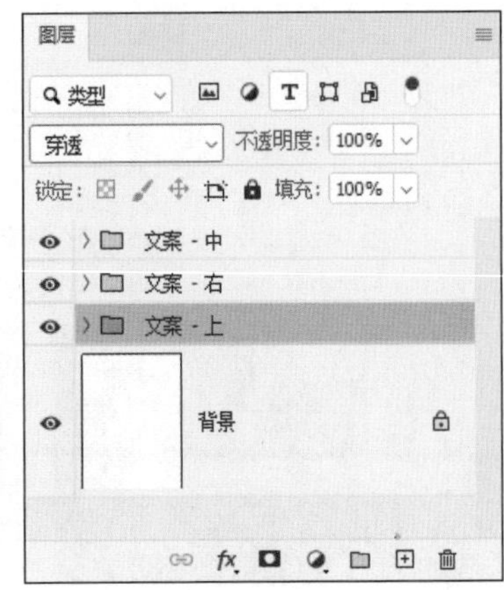

图　4-35

图　4-36

图　4-37

知识解析——快速编辑图层蒙版

通过蒙版，读者可以在 Photoshop 中创造出所能想象到的任何事物。我们可以向图层添加蒙版，然后使用此蒙版隐藏图层的部分内容并显示下面的图层。

要轻松编辑和优化现有图层蒙版，请执行以下操作。

（1）在“图层”面板中，选择包含要编辑的蒙版的图层。

（2）单击“图层”面板中的“蒙版缩览图”。

（3）选择任一编辑或绘画工具。当蒙版处于当前活动状态时，前景色和背景色均采用默认灰度值。

（4）涂抹成白色的蒙版可显示当前活动图层，而涂抹成黑色的蒙版则可以隐藏部分当前活动图层。执行下列操作之一，如图 4-38 所示。

- 若要从蒙版中减去并显示图层，请将蒙版涂抹成白色。
- 若要使图层部分可见，请将蒙版涂抹成灰色。灰色越深，色阶越透明；灰色越浅，色阶越不透明。
- 若要向蒙版中添加并隐藏图层或组，请将蒙版涂抹成黑色，下方图层将变为可见。

图　4-38

（5）（可选）若要编辑图层而不是图层蒙版，请单击“图层”面板中的图层缩览图以将其选中。图层缩览图的周围将出现一个边框。

Tip 要将复制的选区粘贴到图层蒙版中，请执行下列操作。

按住 Alt 键的同时并单击“图层”面板中的图层蒙版缩览图以选择和显示蒙版通道。执行“编辑”→“粘贴”命令（快捷键 Ctrl+V），然后执行“选择”→“取消选择”命令（快捷键 Ctrl+D）。选区将转换为灰度并添加到蒙版中。单击“图层”面板中的图层缩览图以取消选择蒙版通道。

4.3　矢量蒙版案例：祝福

学习目标：掌握 Photoshop 中矢量蒙版的原理、添加方法和编辑技巧。

实例位置：实例文件→第 4 章→4.3 祝福→4.3 素材。

完成效果：如图 4-39 所示。

4.3 矢量蒙版案例：祝福 .mp4

◆ 案例概述

本案例通过制作儿童祝福照片效果，帮助读者快速地认识和了解矢量蒙版的原理和创建方法。在案例制作过程中，首先绘制心形矢量路径，再将路径转换为矢量蒙版，对图像进行遮盖，并为图层添加白色的描边效果，最后添加装饰元素让画面更加活泼与美观。

图　4-39

◆ 案例制作

01 打开素材。执行“文件”→“打开”命令（快捷键 Ctrl+O），打开本案例“4.3 素材 .psd”，如图 4-40 和图 4-41 所示。

02 追加旧版本形状。执行“窗口”→“形状”命令，打开“形状”面板，单击右上角 ☰ 按钮，添加“旧版形状及其他”，如图 4-42 所示。

03 绘制心形路径。选择“自定义形状工具”，在工具选项栏中选择“路径”选项，打开形状下拉列表，选择“旧版形状及其他”→“所有旧版默认形状”→“形状”中的“红心”图形，如图 4-43 所示，选中“红心”形状并绘制该路径，如图 4-44 所示。

图 4-40

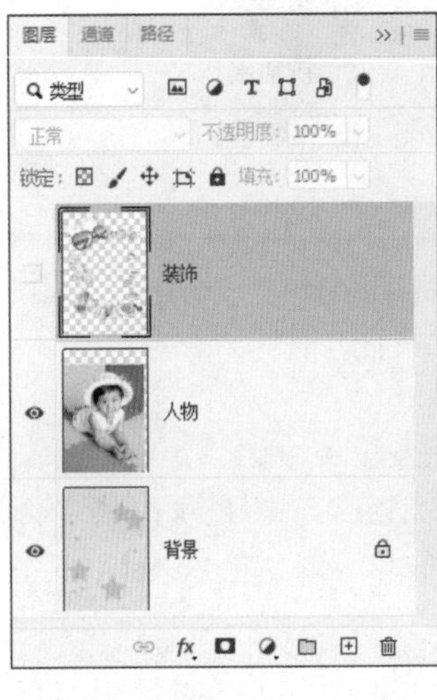

图 4-41

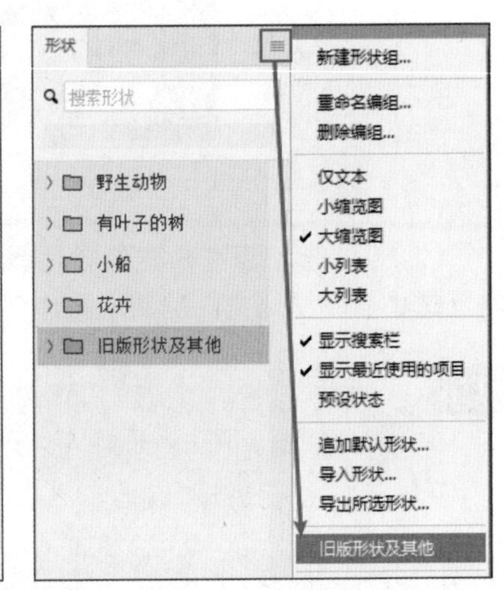

图 4-42

04 建立矢量蒙版。选中人物图层，执行“图层”→“矢量蒙版”→“当前路径”命令，基于当前路径创建矢量蒙版，将路径以外的图像隐藏，如图 4-45 和图 4-46 所示。

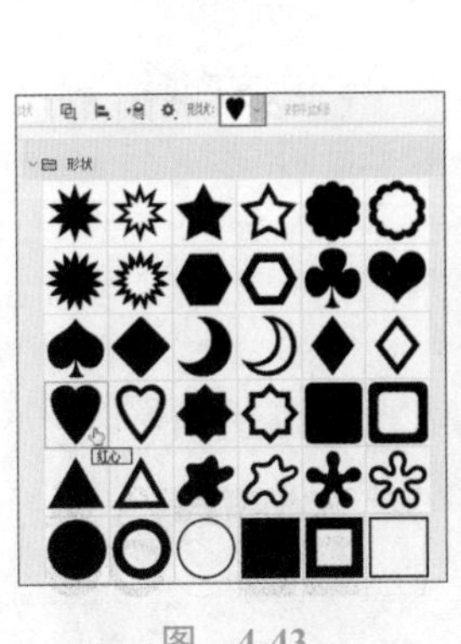

图 4-43

图 4-44

图 4-45

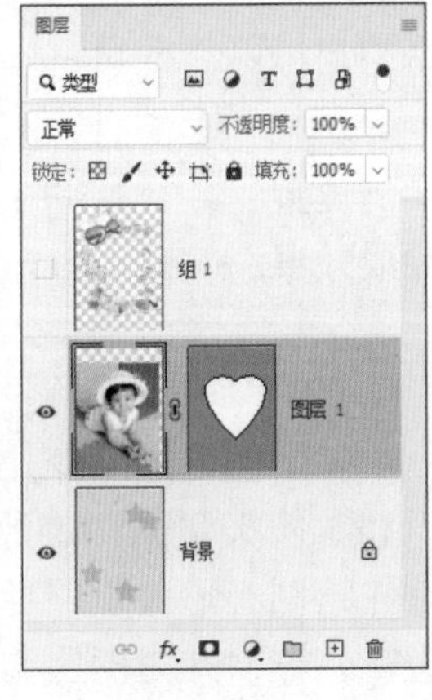

图 4-46

05 添加描边效果。双击“图层 1”，打开“图层样式”对话框，在左侧列表中选择“描边”选项，参数如图 4-47 所示（设置大小为“13 像素”、位置为“外部”、不透明度为“100%”、颜色为“白色”），为图层添加白色的描边效果，如图 4-48 所示。

06 添加装饰元素。在“图层”面板中单击“组 1”图层的眼睛图标，显示该图层，最终效果如图 4-49 所示。

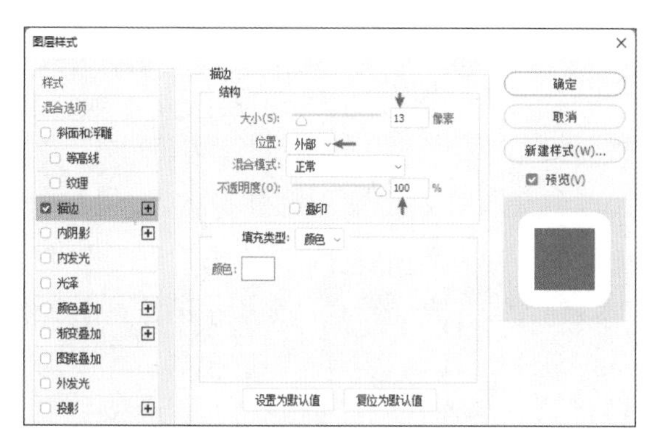

图　4-47

图　4-48

图　4-49

知识解析——矢量蒙版

矢量蒙版是由钢笔工具和自定形状工具等矢量工具创建的蒙版，它与分辨率无关，无限放大也能保持图像的清晰度，比使用基于像素的工具创建的蒙版更加精确。使用矢量蒙版抠图，不仅可以保证原图不受损，还可以用钢笔工具修改形状。

1. 添加显示或隐藏整个图层的矢量蒙版

在“图层”面板中，选择要添加矢量蒙版的图层。执行下列操作之一。

（1）若要创建显示整个图层的矢量蒙版，请执行“图层”→“矢量蒙版”→“显示全部”命令。

（2）若要创建隐藏整个图层的矢量蒙版，请执行“图层”→“矢量蒙版”→“隐藏全部”命令。

（3）按住 Ctrl 键的同时并单击“图层”面板中的“添加图层蒙版”按钮■。

2. 添加显示形状内容的矢量蒙版

（1）在“图层”面板中，选择要添加矢量蒙版的图层。

（2）选择一条路径或者是使用某一种形状或钢笔工具绘制工作路径。

（3）执行“图层”→“矢量蒙版”→“当前路径”命令，即可基于当前路径创建矢量蒙版，如图 4-50 和图 4-51 所示。

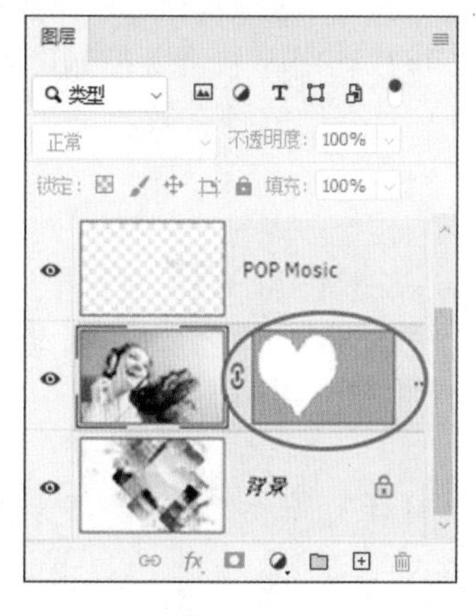

图　4-50

图　4-51

Tip 若要使用“形状”工具创建路径，则应单击“形状”工具选项栏中的“路径”图标。

3. 编辑矢量蒙版

（1）在“图层”面板中，选择包含要编辑的矢量蒙版的图层。

（2）单击“属性”面板中的“矢量蒙版”按钮，或单击“路径”面板中的缩览图。然后使用形状、钢笔或直接选择工具更改形状。

4. 将矢量蒙版转换为图层蒙版

选择包含要转换的矢量蒙版的图层，并执行“图层”→“栅格化”→“矢量蒙版”命令。将矢量蒙版栅格化后，将无法再将其更改回矢量对象。

4.4 剪贴蒙版案例：神奇的放大镜

学习目标：掌握 Photoshop 中剪贴蒙版的原理、添加方法和编辑技巧。

实例位置：实例文件→第 4 章→4.4 神奇的放大镜→4.4a、4.4b、4.4c 素材。

完成效果：如图 4-52 所示。

4.4 剪贴蒙版案例：神奇的放大镜 .mp4

图 4-52

◆ 案例概述

本案例通过制作神奇的放大镜效果，帮助读者快速地认识和了解剪贴蒙版的原理和创建方法，以及链接图层的使用方法。在案例的制作过程中，巧妙利用剪贴蒙版控制图像的显示区域，模拟使用放大镜观察图像时，镜片下方会出现另一幅图像的神奇效果。

◆ 案例制作

01 打开并移动素材。执行“文件”→“打开”命令（快捷键 Ctrl+O），打开“4.4a.jpg”和“4.4b.jpg”素材。选择“移动工具”✣，按住 Shift 键的同时将红色汽车拖动到绿色汽车文档中，在“图层”面板自动生成“图层 1”，如图 4-53 和图 4-54 所示。

Tip 将一个图像拖入另一个文档时，按住 Shift 键的同时进行操作，可以使拖入的图像位于该文档的中心。

图　4-53

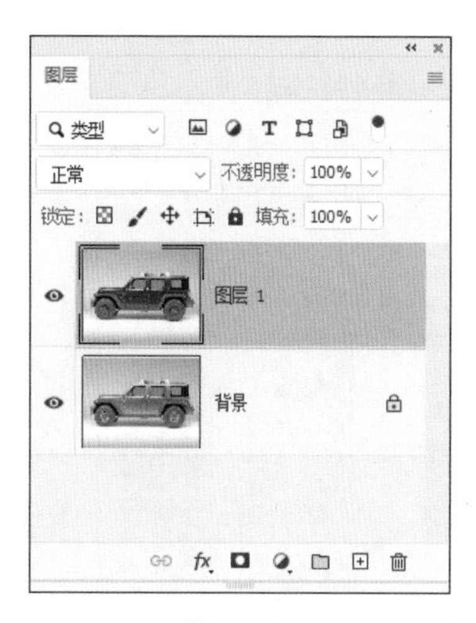

图　4-54

02 编辑放大镜。打开“4.4c.jpg”素材，选择“魔棒工具”，在放大镜的镜片处单击以创建选区，如图 4-55；新建一个图层，按快捷键 Ctrl+Delete 在选区内填充背景色（白色），按快捷键 Ctrl+D 取消选区，如图 4-56 和图 4-57 所示。

图　4-55

图　4-56

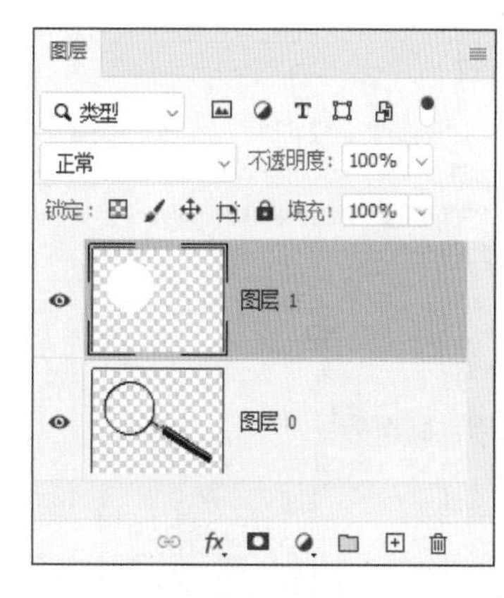

图　4-57

03 链接图层并移动。按 Ctrl 键的同时选中“图层 0”和“图层 1”，再单击“图层”面板下方的“链接图层”图标，如图 4-58 所示，将这两个图层链接到一起（链接的图层将保持关联，对其中一个图层移动或变换时，另一个图层也会同时变换）；使用“移动工具”将它们移动到汽车文档中，得到“图层 2”和“图层 3”，如图 4-59 和图 4-60 所示。

04 创建剪贴蒙版。将“图层 3”移动到“图层 1”的下方，如图 4-61 所示；选中“图层 1”，执行“图层”→“创建剪贴蒙版”命令（快捷键 Alt+Ctrl+G）。现在，放大镜内部显示红色汽车，而外面显示的是另外一辆绿色汽车，如图 4-62 和图 4-63 所示。

05 查看效果。选择“移动工具”，在画面中单击并拖动鼠标，移动放大镜镜片所在的“图层 3”，放大镜下面总是显示另一种颜色的汽车，画面效果十分神奇，如图 4-64 和图 4-65 所示。

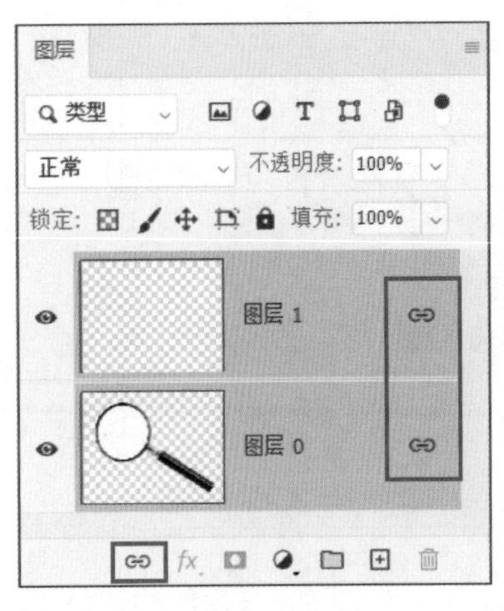

图 4-58

图 4-59

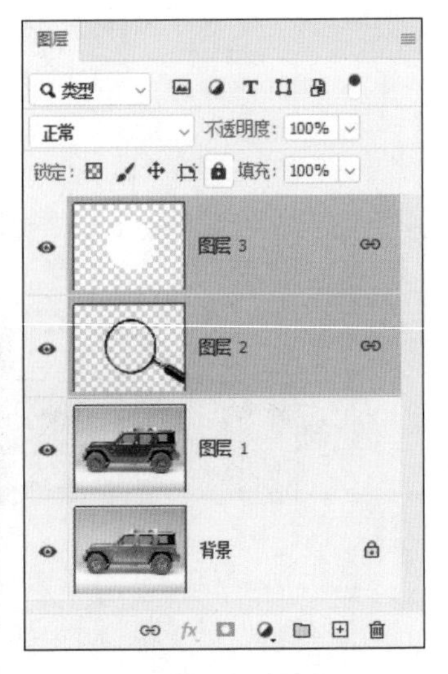

图 4-60

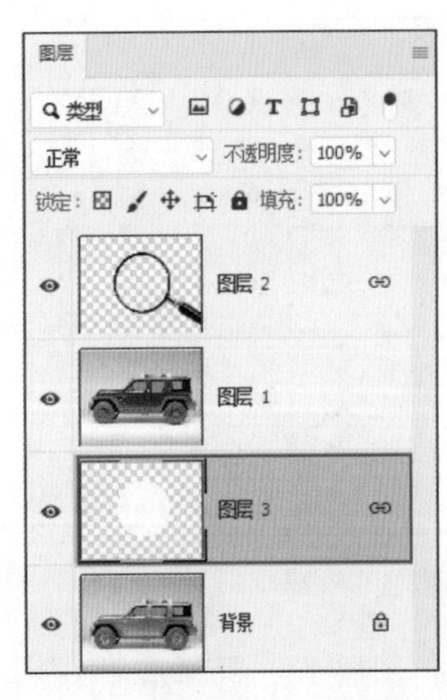

图 4-61

图 4-62

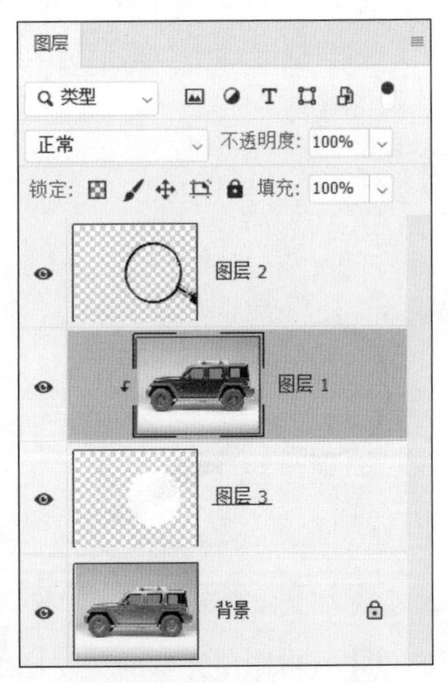

图 4-63

图 4-64

图 4-65

06 请自行思考一下两个问题。

（1）如果想让放大镜里显示的红车变大，该如何操作呢？

（2）如果想让放大镜里车的颜色不是红色，而是其他颜色（如蓝色或紫色等），该如何操作呢？

知识解析——剪贴蒙版

剪贴蒙版可以使用某个图层的内容来遮盖其上方的图层。在剪贴蒙版组中，最下面的图层称为“基底图层”,它的名称带有下划线；位于它上面的图层称为“内容图层”,它（们）的缩览图是缩进的,带有向下箭头形状↲的图标（指向基底图层）如图 4-46 和图 4-67 所示。

图　4-66

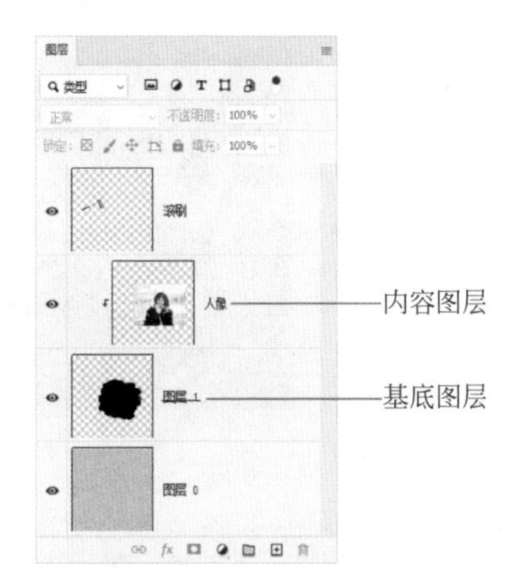

图　4-67

基底图层的内容决定其蒙版，它的非透明内容将在剪贴蒙版中裁剪（显示）它上方图层的内容，而剪贴图层中的所有其他内容会被遮盖（隐藏）。我们可以在剪贴蒙版中使用多个图层，但它们必须是连续的。

1. 创建剪贴蒙版

（1）在“图层”面板中排列图层，以使带有蒙版的基底图层位于要遮盖的图层下方。

（2）要创建剪贴蒙版，请执行下列操作之一。

① 在“图层”面板中，按住 Alt 键的同时将鼠标指针置于要包含在剪贴蒙版中的基底图层和此基底图层上方的第一个图层之间的线上（鼠标指针会变成↲□形状），然后单击。

② 选择“图层”面板中的基底图层上方的第一个图层,并执行“图层”→“创建剪贴蒙版”命令或右击，在弹出的菜单中选择“创建剪贴蒙版”。

③ 选中基底图层上方的第一个图层，按快捷键 Alt+Ctrl+G。

（3）若要向剪贴蒙版添加其他图层，可使用步骤（2）中描述的 3 种方法之一，并同时在“图层”面板向上前进一级。剪贴蒙版中的图层分配的是基底图层的不透明度和模式属性。

2. 移去剪贴蒙版中的图层

要从剪贴蒙版中移去图层，请执行下列操作之一。

按住 Alt 键的同时将鼠标指针放在“图层”面板中分隔两组图层的线上（鼠标指针会

变成形状)，然后单击。

在“图层”面板中，选择剪贴蒙版中的图层，并执行“图层”→“释放剪贴蒙版”命令。此命令从剪贴蒙版中移去所选图层以及它上面的任何图层。

4.5 快速蒙版案例：人像合成

学习目标：掌握 Photoshop 中快速蒙版的原理、编辑技巧和对象选择工具的使用。

实例位置：实例文件→第 4 章→4.5 人像合成→4.5a、4.5b。

完成效果：如图 4-68 所示。

4.5 快速蒙版案例：人像合成 .mp4

图 4-68

◆ 案例概述

本案例通过对人像的抠取，合成分身的效果，帮助读者快速了解快速蒙版的原理、创建和编辑方法。首先通过“对象选择工具”选取人像,然后在“快速蒙版”编辑状态下（原图像表示选中的区域，红色表示非选区），使用“画笔工具”修复选区中的瑕疵，最后通过选区创建图层蒙版，完成人像的抠取。

◆ 案例制作

01 打开素材。执行“文件”→“打开”命令（快捷键 Ctrl+O），打开本案例“4.5a.jpg”素材。

02 抠取人像。选择“对象选择工具”，单击并按住左键框选人物图形，松开鼠标后软件会自动识别人像轮廓，如图 4-69 和图 4-70 所示。

03 修复选区瑕疵。调整“对象选择工具”选项栏的选区选项为“添加到选区”或“从选区中减去”，来增加或删除选择区域，修复抠图选区，如图 4-71 和图 4-72 所示。多框选几次就能非常精准。

04 继续完善选区。对于图像中特殊区域，如果没办法选中或删除，如图 4-73 所示，可以进入“快速蒙版”，将选区作为蒙版进行编辑。单击工具栏中的“快速蒙版”模式按钮（快捷键 Q），选择“画笔工具”，用白色绘制，可在图像中选择更多的区域；用黑色绘制，可以在图像中取消选择区域，如图 4-74 所示。所有瑕疵修复完毕后，再次按 Q 键即可退出“快速蒙版”的编辑状态，如图 4-75 所示。

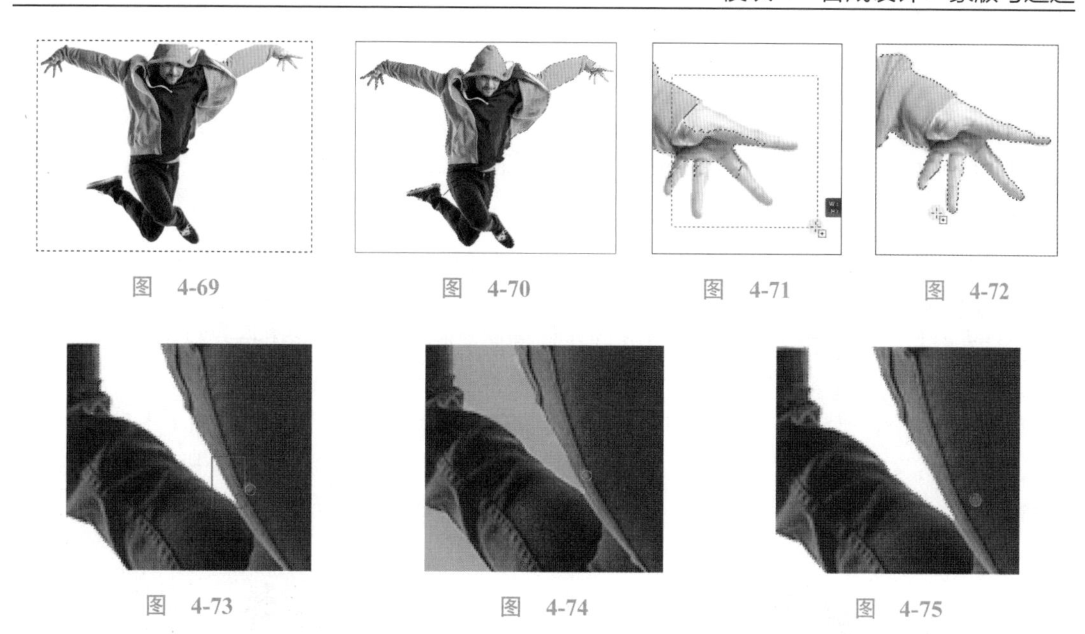

图　4-69　　图　4-70　　图　4-71　　图　4-72

图　4-73　　图　4-74　　图　4-75

05 从选区创建图层蒙版。单击“图层”面板中的“添加图层蒙版”按钮◻。图层蒙版在有选区的地方自动显示为白色，在没有选区的地方显示为黑色，图层蒙版上的黑色将未选择的区域隐藏，效果如图 4-76 和图 4-77 所示。

图　4-76

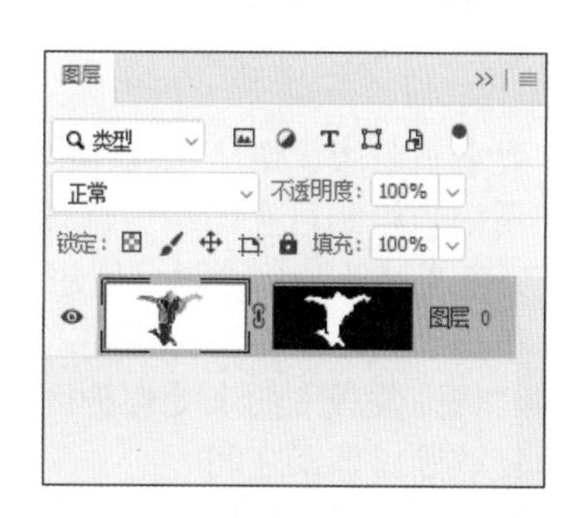

图　4-77

06 合成人像。打开本案例“4.5b.jpg”素材。选择“移动工具”✥，将抠取人像的“图层 0”和其蒙版一起拖动到文档中，生成新“图层 1”，按快捷键 Ctrl+T 调整至合适的大小和位置，完成案例制作，如图 4-78 和图 4-79 所示。

图　4-78

图　4-79

知识解析——快速蒙版

快速蒙版又称为临时蒙版，可以将任何选区作为蒙版编辑，还可以使用多种工具和滤镜来修改蒙版，常用于选取复杂图像或创建特殊图像的选区。

1. 创建并且编辑快速蒙版

要使用“快速蒙版”模式快速地创建并编辑选区，需要从某个选区开始，然后从中添加或删减选区，以形成蒙版，也可以完全在“快速蒙版”模式下创建蒙版。受保护区域和未受保护区域以不同颜色区分。当离开“快速蒙版”模式时，未受保护区域成为选区。

（1）使用任一选区工具，选择要更改的图像部分，如图 4-80 所示。

（2）单击工具栏中的“快速蒙版”模式按钮（快捷键 Q）。颜色叠加（类似于红片）覆盖并保护选区外的区域，如图 4-81 所示。选中的区域不受该蒙版的保护。默认情况下，“快速蒙版”模式会用“红色”“50%”和“不透明”的叠加为受保护区域着色。

图 4-80

图 4-81

（3）要编辑蒙版，请从工具栏中选择“绘画工具”，工具栏中的色板自动变为黑白色。

（4）用白色绘制可在图像中选择更多的区域；要取消选择区域，请用黑色在它们上面绘制；用灰色或其他颜色绘制可创建半透明区域，这对羽化或消除锯齿效果有用。

（5）单击工具栏中的“标准模式”按钮，关闭快速蒙版并返回到原始图像。选区边界现在包围“快速蒙版”的未受保护区域。如果羽化的蒙版被转换为选区，则边界线正好位于蒙版渐变的黑白像素之间。

（6）将所需的更改应用到图像中，更改只影响选中区域。

（7）执行“选择”→“取消选择”命令，取消选择该选区。

2. 更改快速蒙版选项

（1）在工具栏中双击“快速蒙版”模式按钮。

（2）从下列显示选项中选取。

① 被蒙版区域。将被蒙版区域设置为黑色（不透明），并将所选区域设置为白色（透明）。用黑色绘制可扩大被蒙版区域；用白色绘制可扩大选中区域。选定此选项后，“快速蒙版”按钮将变为一个带有灰色背景的白圆圈。

② 所选区域。将被应用蒙版的区域设置为白色（透明），并将所选区域设置为黑色（不透明）。用白色绘制可扩大被应用蒙版的区域；用黑色绘制可扩大选中区域。选定此选项后，工具栏中的“快速蒙版”按钮将变为一个带有白色背景的灰圆圈。

（3）要选取新的蒙版颜色，请单击颜色框并选取新颜色。

（4）要更改不透明度，请输入介于 0%~100% 的值。

颜色和不透明度的设置都只是影响蒙版的外观，对蒙版下面的区域没有影响。更改这些设置能使蒙版与图像中的颜色对比更加鲜明，从而具有更好的可见性。

4.6　蒙版综合案例：杯中窥人

学习目标： 掌握 Photoshop 中多种蒙版的综合运用以及对象选择工具的使用。

实例位置： 实例文件→第 4 章→4.6 杯中窥人→4.6a、4.6b、4.6c 素材。

完成效果： 如图 4-82 所示。

4.6 蒙版综合案例：杯中窥人 .mp4

◆ 案例概述

本案例通过蒙版的综合运用，制作杯中窥人的效果，帮助读者快速地理解和运用图层蒙版、剪贴蒙版和快速蒙版。在案例的制作过程中，使用“对象选择工具”和“快速蒙版”来抠取杯子主体，通过剪贴蒙版控制人物图像的显示范围，运用图层蒙版遮挡、淡化人像边缘，让其融入周围环境中。

图　4-82

◆ 案例制作

01 打开素材并修复水印。执行“文件”→“打开”命令（快捷键 Ctrl+O），打开“4.6a.jpg”素材。选择“矩形选框工具”框选出素材左下角的水印区域，如图 4-83 所示，执行“编辑”→“内容识别填充”命令，参数选择默认，单击“确定”按钮完成修复，按快捷键 Ctrl+D 取消选区，如图 4-84 和图 4-85 所示。

图　4-83

图　4-84

图　4-85

02 抠取杯子主体。选择“对象选择工具”，单击并按住鼠标左键框选杯子上部，如图 4-86 所示，松开鼠标后，软件会自动识别杯子的轮廓。针对选区中的瑕疵，如图 4-87 所示，按 Q 键进入“快速蒙版”，选择“画笔工具”，用白色绘制可在图像中选择更多的区域，用黑色绘制可以在图像中取消选择区域，如图 4-88 所示。所有瑕疵修复完毕后，再次按 Q 键退出“快速蒙版”。按快捷键 Ctrl+J 复制选区，得到“图层 1”，如图 4-89 所示。

03 打开并移动素材。打开“4.6b.jpg”素材，选择“移动工具”，将其拖动到杯子文档中，得到“图层 2”，按快捷键 Ctrl+T 调整至合适的大小和位置，如图 4-90 所示。

图 4-86

图 4-87

图 4-88

图 4-89

04 剪贴蒙版控制显示范围。选中“图层 2”，执行“图层”→“创建剪贴蒙版”命令（快捷键 Alt+Ctrl+G），创建名为“图层 1”的剪贴蒙版，将人像控制在杯子内，如图 4-91 和图 4-92 所示。

图 4-90

图 4-91

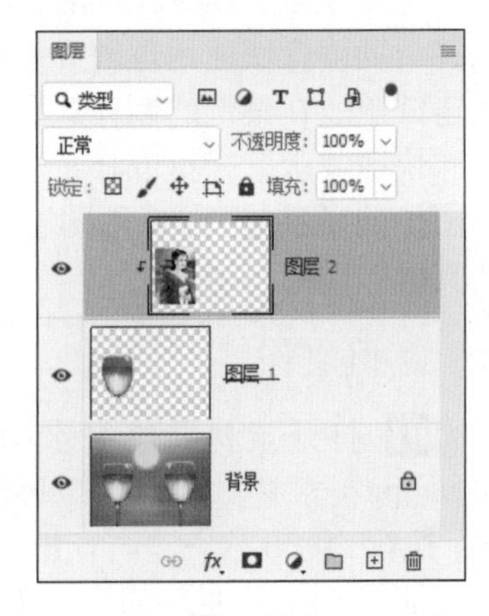

图 4-92

05 图层蒙版淡化图像边缘。单击“图层”面板中的“添加图层蒙版”按钮，为“图层 2”添加图层蒙版。选择“渐变工具”，在工具属栏中设置“白色 - 黑色”的径向渐变，然后在“图层 2”的图层蒙版中从中间位置向外拖动鼠标，如图 4-93 所示，填充渐变，淡化人物图像边缘，使其与周围图像融合，效果如图 4-94 和图 4-95 所示。

图 4-93

图 4-94

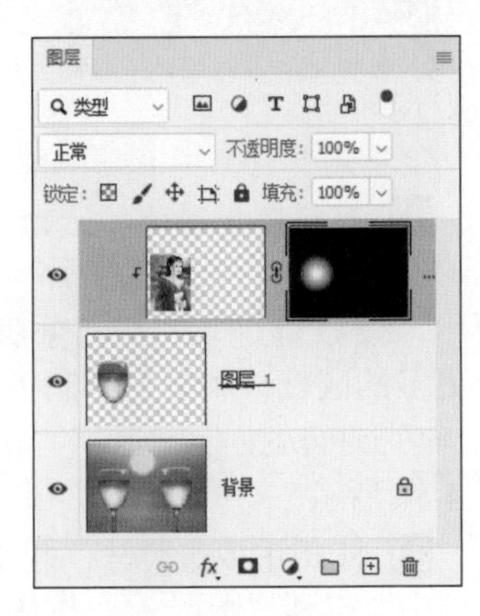

图 4-95

06 使用同样的方法，利用本案例“4.6c.jpg”素材完成右侧杯子效果的制作，效果如图 4-96 和图 4-97 所示。

图　4-96

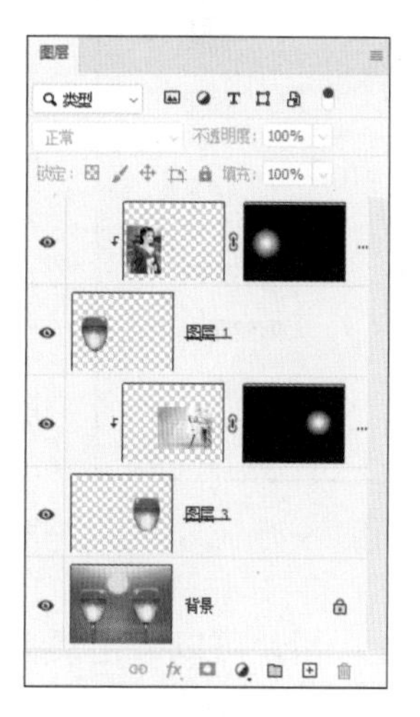

图　4-97

知识解析——蒙版

蒙版是合成图像的重要工具，使用它可在不破坏原始图像的基础上实现特殊的图层叠加效果。Photoshop 中蒙版共有 4 种，分别是图层蒙版、矢量蒙版、剪贴蒙版和快速蒙版，如图 4-98 所示。

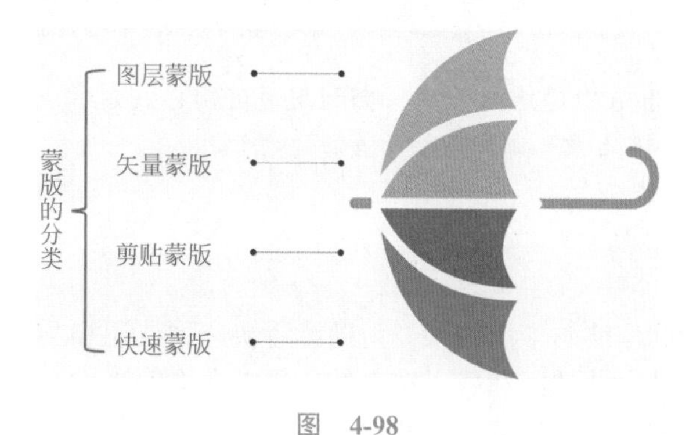

图　4-98

蒙版还具有保护、隔离的功能，是一种遮罩，将图像中不需要编辑的图像区域进行保护（黑色对应区域被保护，常用于选区变化和应用矢量蒙版中）。

1. 图层蒙版与剪贴蒙版的区别

图层蒙版与剪贴蒙版的区别是显而易见的。

（1）从形式上看，图层蒙版只作用于一个图层，好像是在图层上面进行遮挡了一样。但剪贴蒙版却是对一组图层进行影响，而且是位于被影响图层的最下面。

（2）图层蒙版本身不是被作用的对象，而剪贴蒙版本身又是被作用的对象。

（3）图层蒙版仅仅是影响作用对象的不透明度，而剪贴蒙版除了影响所有顶层的不透

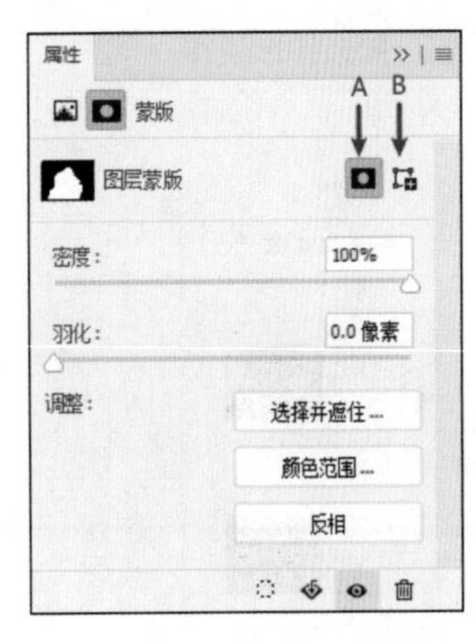

图 4-99

明度外，其自身的混合模式及图层样式都将对顶层产生直接影响。

2.“蒙版”面板

“蒙版”面板可进行蒙版的管理。在为图层添加蒙版后，“属性”面板提供用于调整蒙版的附加控件，如图 4-99 所示。可以像处理选区一样，更改蒙版的不透明度，以增加或减少透过蒙版显示出来的内容；翻转蒙版；或者调整蒙版边界。

使用“属性”面板可以调整选定图层或矢量蒙版的不透明度。

“密度”滑块控制蒙版不透明度。不透明度到达 100% 时，蒙版将不透明并遮挡图层下面的所有区域。随着不透明度值的降低，蒙版下的更多区域变得可见。

“羽化”滑块可以柔化蒙版的边缘。羽化模糊蒙版边缘以在蒙住和未蒙住区域之间创建较柔和的过渡。在使用滑块设置的像素范围内，沿蒙版边缘向外应用羽化。

“选择并遮住”选项提供了多种修改蒙版边缘的控件，如“平滑”“收缩”和“扩展”。可以使用“选择并遮住”工作区中的选项修改蒙版边缘，并以不同的背景查看蒙版。

“颜色范围”选项可以用于基于图像中的取样颜色创建选区，从而创建“调整图层”蒙版。

“反相”选项，可以使应用蒙版的区域和未应用蒙版的区域相互调换。

4.7 通道案例：波尔卡点

学习目标：理解 Photoshop 中通道的作用，会利用通道制作波尔卡点效果。
实例位置：实例文件→第 4 章→4.7 波尔卡点。
完成效果：如图 4-100 所示。

4.7 通道案例：波尔卡点 .mp4

◆ 案例概述

本案例通过设计制作波尔卡点效果，帮助读者快速地认识和理解通道的概念以及其存储选区和载入选区的作用。在案例制作过程中，先在通道中利用“高斯模糊”和“彩色半调”滤镜制作波尔卡点效果，通道载入得到选区，然后对选区填充渐变，最后添加图层样式得到最终效果。

图 4-100

◆ 案例制作

01 新建文件。执行“文件”→“新建”命令（快捷键 Ctrl+N），在“新建文档”对话框中，设置文档名称为“波卡尔点”，设置宽度、高度均为“12 厘米”、分辨率为“200 像素 / 英寸”、颜色模式为“RGB 颜色”、背景内容为“白色”，单击“创建”按钮。

02 创建新通道并绘制圆形。打开“通道”面板，单击“创建新通道”按钮⊞，创建 Alpha1 通道，如图 4-101 所示；使用“横排文字工具” T，输入文字“9”，设置字体为“黑体”、字号为“300 点”、“仿粗体”、字体颜色为“白色”，如图 4-102 所示。选择“移动工具” ✥将字体调整到页面中心，按快捷键 Ctrl+D 取消选区，如图 4-103 所示。

03 添加模糊效果。执行“滤镜”→“模糊”→“高斯模糊”命令，在打开的“高斯模糊”对话框中设置“半径”为 20 像素，单击“确定”按钮，效果如图 4-104 所示。

04 制作彩色半调效果。执行“滤镜”→“像素化”→“彩色半调”命令，在打开的“彩色半调”对话框中设置最大半径为“15 像素”，如图 4-105 所示，单击“确定”按钮，效果如图 4-106 所示。

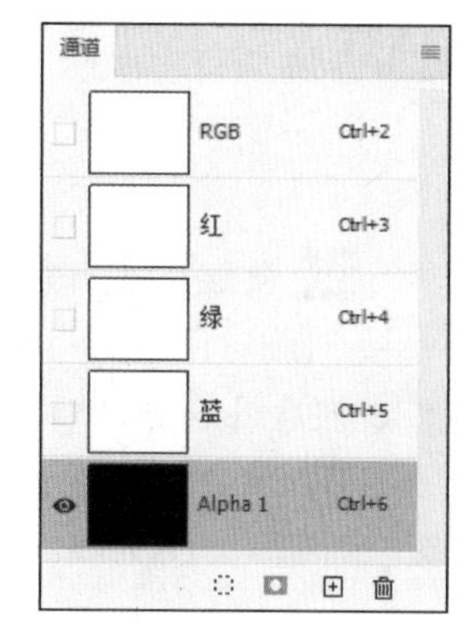

图　4-101

图　4-102

图　4-103

图　4-104

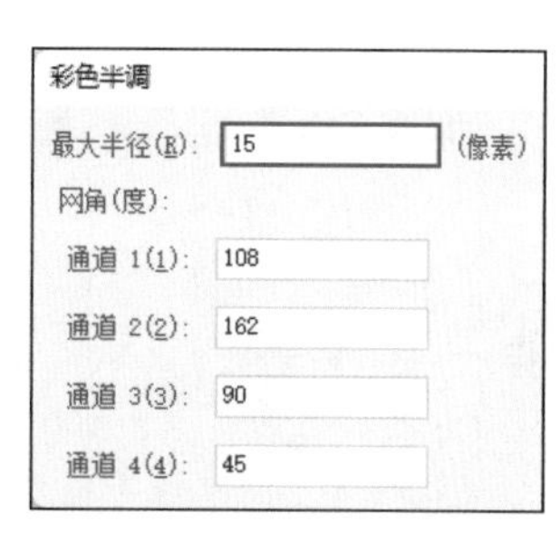

图　4-105

Tip　彩色半调滤镜是模拟在图像的每个通道上使用放大的“半调网屏”效果。对于每个通道，滤镜将图像划分为多个小矩形，并用圆形（网点，也称“半调点”）替换每个矩形，圆形的大小与矩形的亮度成比例。

05 将通道载入选区。按 Ctrl 键的同时单击 Alpha 1 通道缩览图，将 Alpha 1 通道载入选区，如图 4-107 所示；再单击“通道”面板的 RGB 复合通道，回到 RGB 模式，如图 4-108 所示。

图　4-106

图　4-107

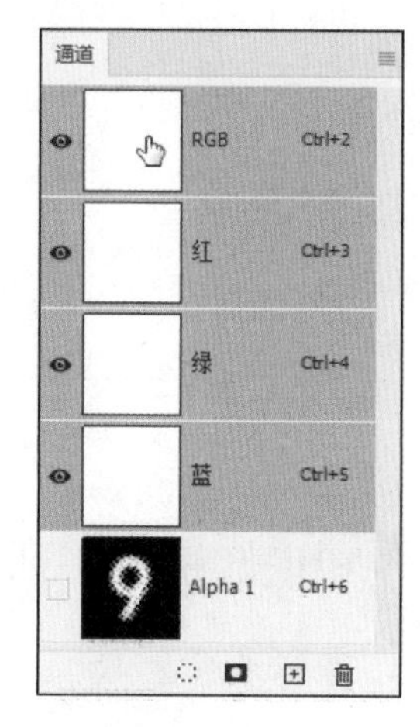

图　4-108

Tip 将通道载入选区时载入的是白色部分，若要得到黑色点状区域，则需要对选区“反选”。

06 新建图层并填充。单击“图层”面板底部的⊞按钮，新建“图层 1”，选择“渐变工具”▣，打开工具选项栏上的“渐变编辑器”，在“预设”栏中选择一个自己喜欢的渐变，然后为选区添加“线性渐变”效果，效果如图 4-109 所示。

07 填充背景。选中“背景”图层，将背景色设为“浅灰色”（RGB: 241, 241, 241），按快捷键 Ctrl+Delete 填充背景色，如图 4-110 和图 4-111 所示。

图 4-109

图 4-110

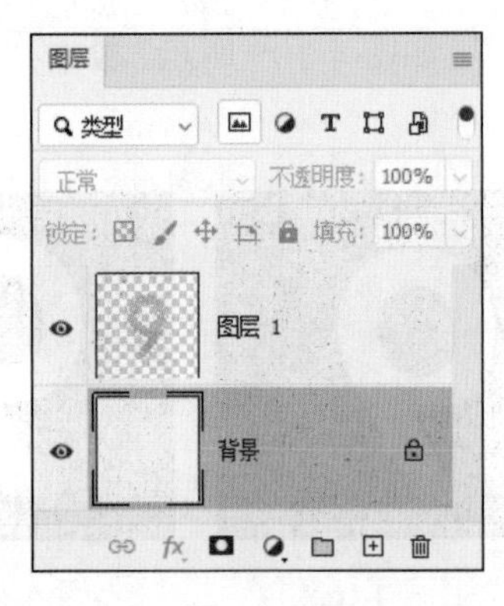

图 4-111

08 添加图层样式。双击“图层 1”，打开“图层样式”对话框，设置“投影”选项卡参数（设置不透明度为“15%”、角度为“120°”、距离为“4 像素”、大小为“4 像素”），如图 4-112 所示，单击“确定”按钮，完成最终效果制作，如图 4-113 和图 4-114 所示。

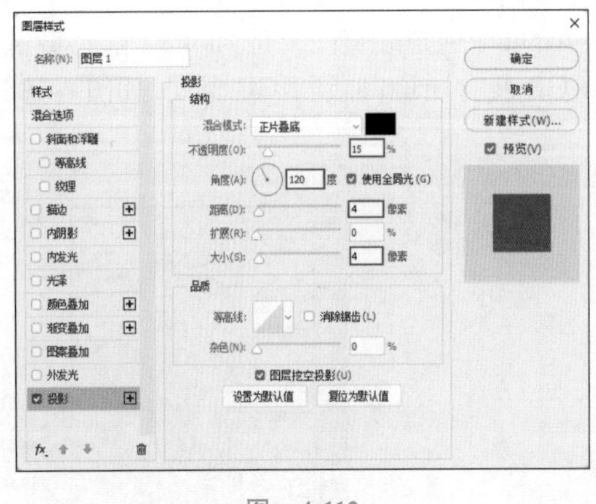

图 4-112

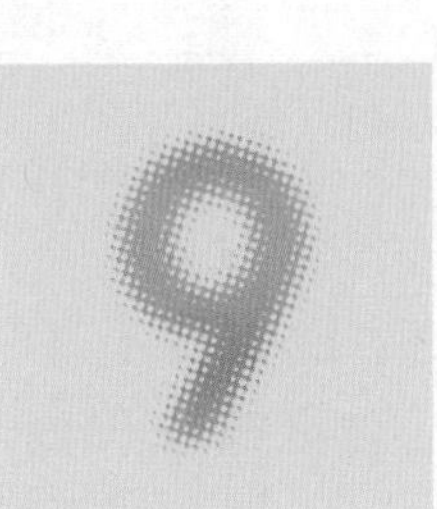

图 4-113

图 4-114

知识解析——通道

1. 波尔卡点

波尔卡点一般是同一大小、同一种颜色的圆点以一定的距离均匀地排列而成，常用于服装、艺术、装饰等设计，如图 4-115 和图 4-116 所示。

图　4-115

图　4-116

使用“彩色半调”制作出的效果应用十分广泛，大多数用作装饰纹理，使用其制作出来的波尔卡点效果，还是普通艺术品中的一种重要表现形式。读者可以尝试制作以下形状的波尔卡点效果，如图 4-117～图 4-119 所示。

图　4-117

图　4-118

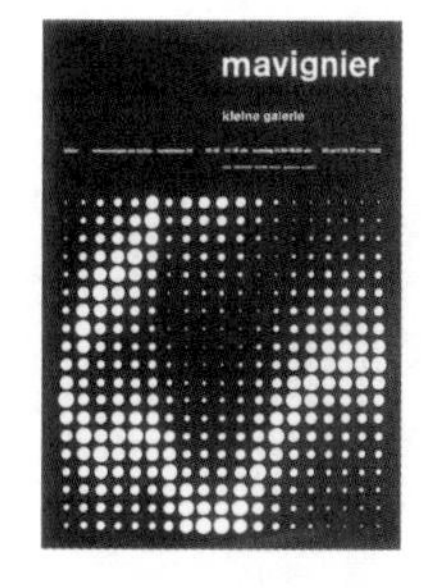

图　4-119

2. 关于通道

通道是存储不同类型信息的灰度图像，分为颜色通道、Alpha 通道和专色通道 3 种。

颜色通道是在打开新图像时自动创建的。图像的颜色模式决定了所创建的颜色通道的数量。例如，RGB 图像的每种颜色（红色、绿色和蓝色）都有一个通道，并且还有一个用于编辑图像的复合通道。

Alpha 通道将选区存储为灰度图像。可以添加 Alpha 通道来创建和存储蒙版，这些蒙版用于处理或保护图像的某些部分。

专色通道指定用于专色油墨印刷的附加印版。如果要印刷带有专色的图像，就需要在图像中创建一个存储该颜色的专色通道。

一个图像最多可有 56 个通道。所有的新通道都具有与原图像相同的尺寸和像素数量。

通道可以保存图像的颜色信息，还可以存储选区和载入选区备用。通道作为图像的组成部分，是与图像的格式密不可分的，图像颜色、格式的不同决定了通道的数量和模式，对于不同图像模式的图像，其通道的数量是不一样的。在 Photoshop 中，颜色通道包含 RGB 图像的颜色通道（图 4-120）、CMYK 图像的颜色通道（图 4-121）、Lab 图像的颜色通道（图 4-122）、灰色图

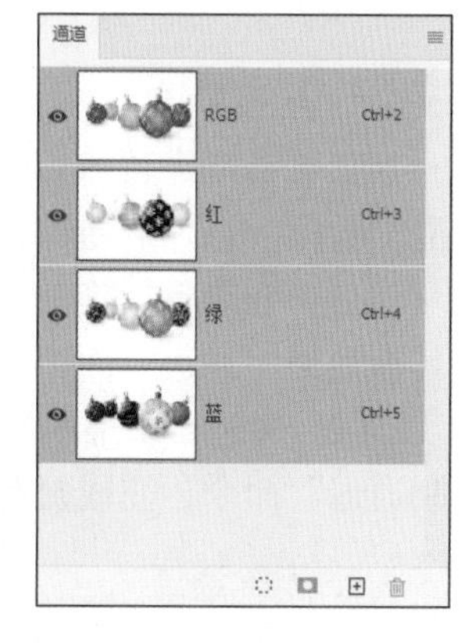

图　4-120

像的颜色通道（图 4-123）、位图图像的颜色通道和索引图像的颜色通道等。

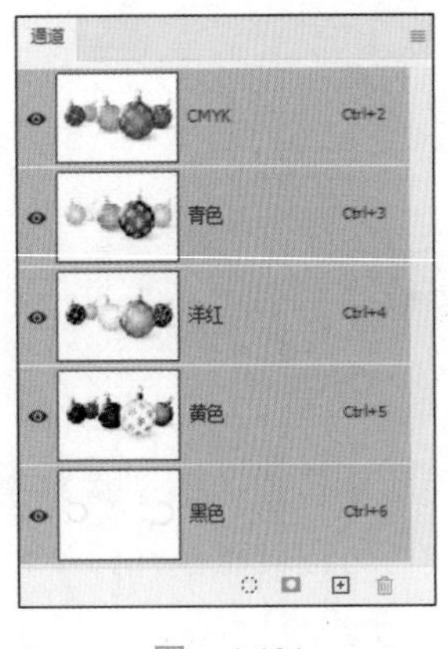

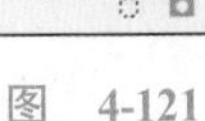
图 4-121

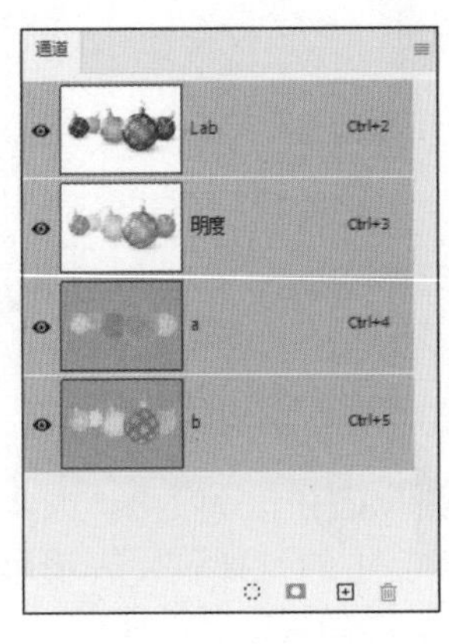

图 4-122

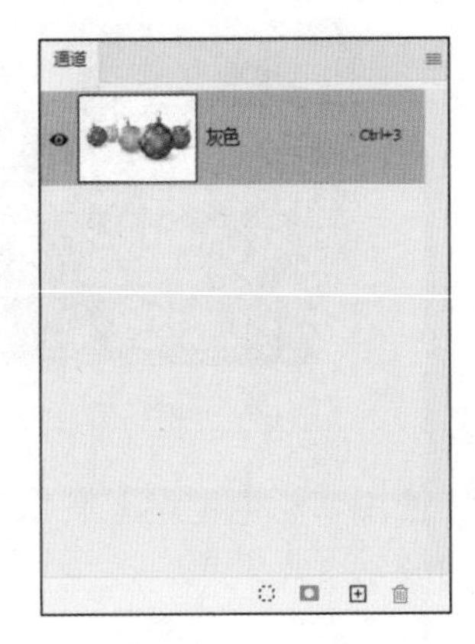

图 4-123

3. “通道”面板概述

“通道”面板列出了图像中的所有通道，如图 4-124 所示，对于 RGB、CMYK 和 Lab 图像，将最先列出复合通道。通道内容的缩览图显示在通道名称的左侧，在编辑通道时会自动更新缩览图。

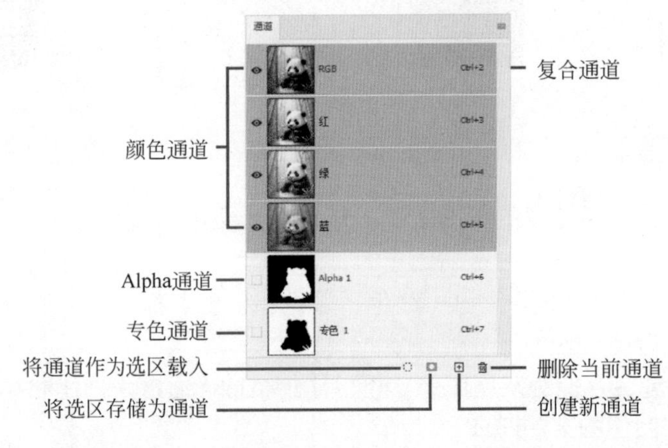

图 4-124

4. 复制通道

在对通道进行操作时，为了防止操作错误，可在对通道进行操作前复制通道。在“通道”面板中选择该通道，然后执行下列操作之一。

（1）通过鼠标拖动复制。在“通道”面板中选择需要复制的通道，按住鼠标不放，将其拖动到“通道”面板下方的⊞按钮上，释放鼠标，即可查看新复制的通道。

（2）通过右键菜单复制。在需要复制的通道上右键单击，在弹出的快捷菜单中选择“复制通道”命令，完成复制操作。

5. 删除通道

存储图像前，可能想删除不再需要的专色通道或 Alpha 通道。复杂的 Alpha 通道将极大地增加图像所需的磁盘空间。在“通道”面板中选择该通道，然后执行下列操作之一：通过鼠标拖动删除、通过右键菜单删除、通过删除按钮删除。

6. 分离与合并通道

打开需要分离通道的图像，在“通道”面板右上角单击 ≡ 按钮，在弹出的子菜单中选择“分离通道”，如图 4-125 所示。此时，Photoshop 将立刻对通道进行分离操作。原文件被关闭，单个通道出现在单独的灰度图像窗口，如图 4-126 所示。也可以从“通道”面板的子菜单中选取“合并通道”将多个灰度图像合并为一个图像的通道。

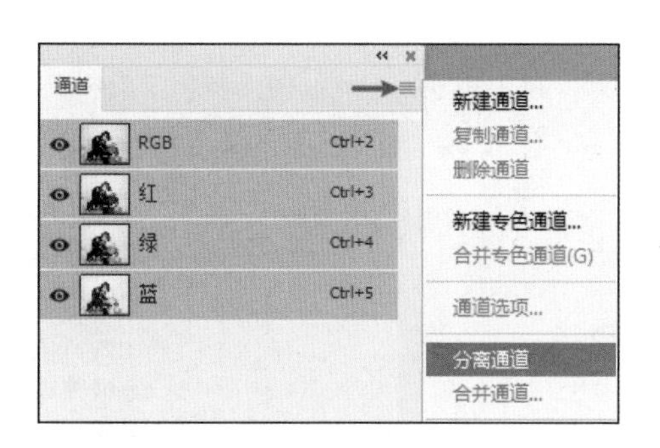

图　4-125

图　4-126

7. 通道与选区的关系

Alpha 通道可以将选区存储于通道中。选区在 Alpha 通道中是一种与图层蒙版类似的灰度图像，因此，可以像编辑蒙版或其他图像那样使用绘画工具、调整工具、滤镜、选框和套索工具，甚至矢量的钢笔工具来编辑它，而不必仅仅局限于原有的选区编辑工具（如“套索”和“选择”菜单中的命令）。

在 Alpha 通道中，白色代表了可以被完全选中的区域；灰色代表了可以被部分选中的区域，即羽化的区域；黑色代表了位于选区之外的区域。图 4-127 所示的是用 Alpha 通道中的选区抠出的图像，如果要扩展选区范围，可以用画笔等工具在通道中涂抹白色；如果要增加羽化范围，可以涂抹灰色；如果要收缩选区范围，则涂抹黑色。

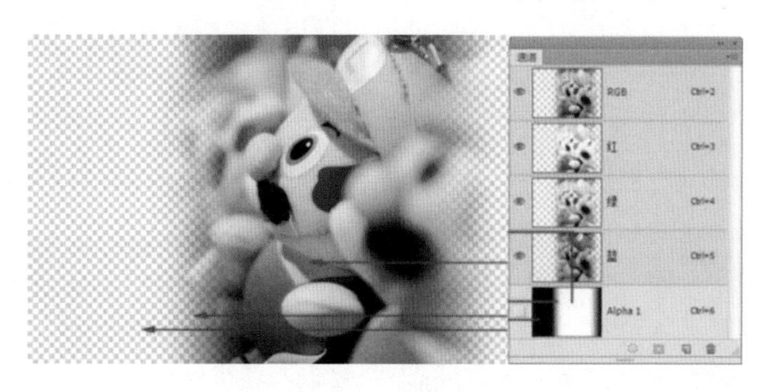

图　4-127

1）存储选区

单击“通道”面板底部“将选区存储为通道”按钮■，可将选区存储为新的或现有Alpha通道中的蒙版。

2）载入选区

选择Alpha通道，单击面板底部的“将通道作为选区载入”按钮◌，再单击面板顶部旁的“复合通道”，可以将选区载入图像中；或者按住Ctrl键的同时单击包含要载入的选区通道，也可以将选区载入图像中。

Tip 在通道中，灰度图像里的纯白色为选区部分，纯黑色为非选区部分，灰色则是介于非选区与选区之间的部分。

4.8 通道案例：玉蝴蝶

学习目标： 了解Photoshop中通道用以保存颜色信息和选区信息的功能，会进行通道计算。

实例位置： 实例文件→第4章→4.8玉蝴蝶→4.8蝴蝶。

完成效果： 如图4-128所示。

4.8 通道案例：玉蝴蝶 .mp4

◆ 案例概述

图 4-128

玉作为中华文化的宝贵遗产，自八千年前延续至今。中国人喜欢玉，不仅因为玉的美丽和外在价值，更重要的是在于其内在文化和道德属性——玉是君子德行的参照物，是中华礼仪文化的物质载体。君子比德，温其如玉，孔子曰：“君子无故，玉不去身。”在他看来，玉具有仁、智、义、礼、乐、忠、信、天、地、德、道等品性和象征。玉和君子结合以后更加具有了旺盛的生命力。作为一种载体，它体现了理想的人格和对如玉人生的完美追求。

本案例借助蝴蝶剪纸图案，利用通道制作出玉的效果，帮助读者快速地认识和了解通道及通道的计算。在案例制作中，首先在通道中运用“高斯模糊”和“位移”等滤镜，其次利用“计算”命令对两个通道进行运算以产生新通道，然后将通道中的图像应用到图层中，最后通过锁定透明像素为图像添加渐变效果。

◆ 案例制作

01 新建文件。执行“文件”→“新建”命令（快捷键Ctrl+N），在“新建文档”对话框中，设置名称为“玉蝴蝶”、宽度为“20厘米”、高度为“15厘米”、分辨率为“200像素/英寸”、颜色模式为“RGB颜色”、背景色为“白色”，单击“创建”按钮。

02 提取“蝴蝶”选区。打开“4.8蝴蝶”素材，选择“魔棒工具”，在工具选项栏中设置容差为“32 像素”，不勾选“连续”复选框，在素材中白色区域单击，如图 4-129 所示，选中所有白色区域。按快捷键 Shift+Ctrl+I 反选选区，然后将蝴蝶选区拖动至新建文件中。执行“选择”→“变换选区”命令，按住 Alt 键的同时调整选区大小，按 Enter 键提交变换，如图 4-130 所示。

图 4-129

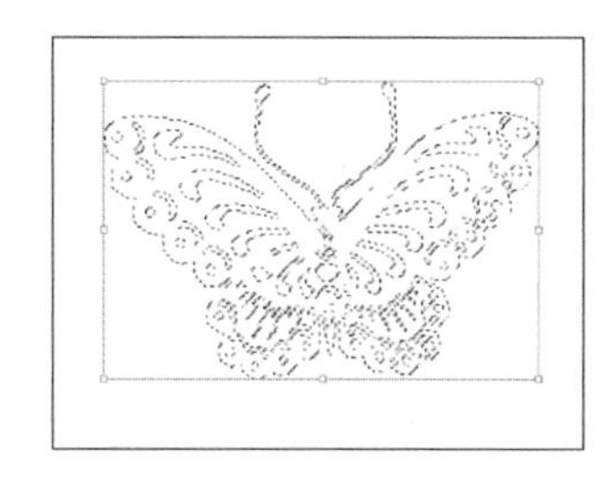

图 4-130

03 将选区保存为通道。单击“通道”面板底部的“将选区存储为通道”按钮，将蝴蝶选区存储为新的 Alpha 通道，如图 4-131 所示，按快捷键 Ctrl+D 取消选区。双击 Alpha 1（文字），更改新通道名称为 butterfly，如图 4-132 所示。

图 4-131

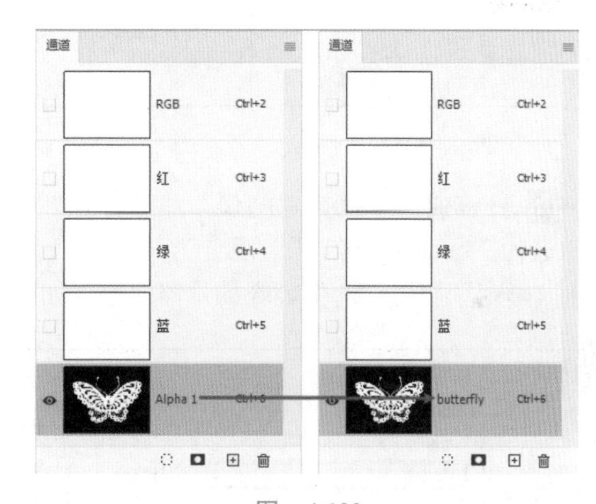

图 4-132

04 模糊对象。选择 butterfly 通道，执行“滤镜”→“模糊”→“高斯模糊”命令，在打开的“高斯模糊”对话框中设置半径为“8.6 像素”，如图 4-133 所示，单击“确定”按钮，效果如图 4-134 所示。

图 4-133

图 4-134

05 复制并位移通道。将 butterfly 通道拖动至“创建新通道”按钮[+]上，产生“butterfly 拷贝”通道，如图 4-135 所示。选中该通道并执行“滤镜”→“其他”→“位移”命令，在“位移”对话框中设置水平为“+5 像素”、垂直为“+5 像素”，如图 4-136 和图 4-137 所示，单击“确定”按钮。

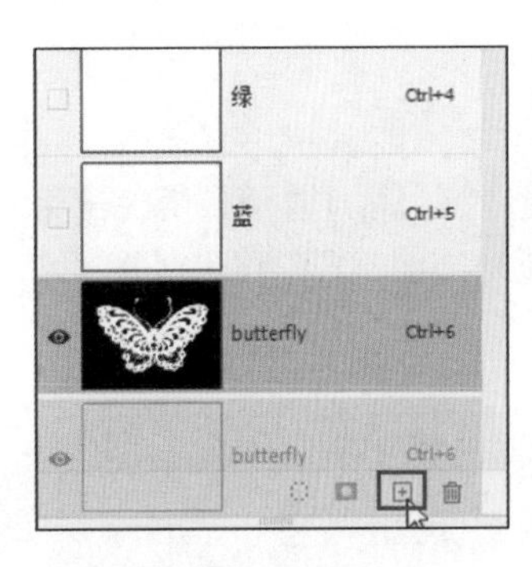

图 4-135

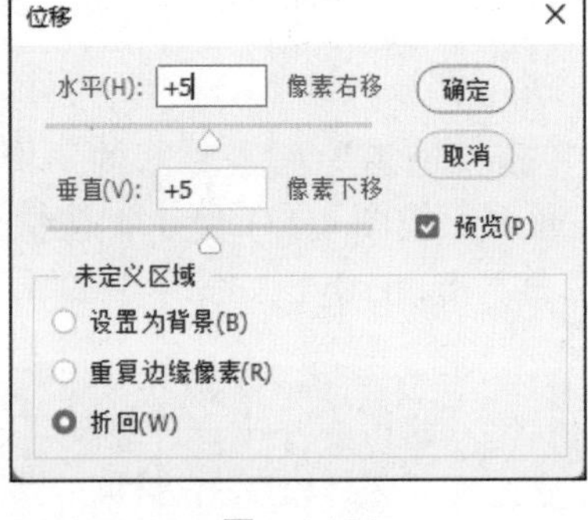

图 4-136

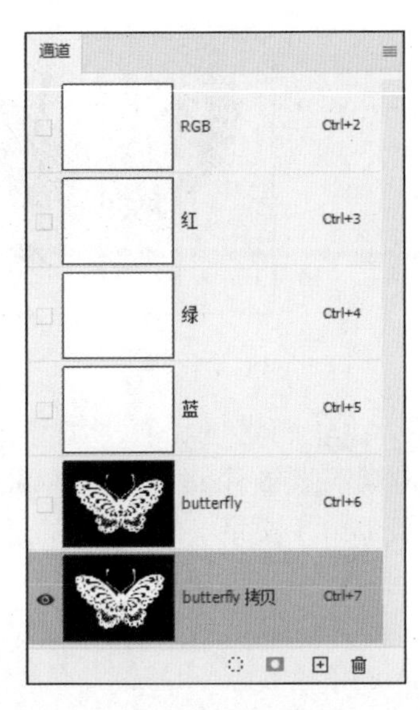

图 4-137

06 计算通道。执行“图像”→“计算”命令，设置源 1 的通道为“butterfly”、源 2 的通道为“butterfly 拷贝”、混合为“差值”、“结果”为“新建通道”，如图 4-138 所示，单击“确定”按钮，产生蝴蝶的骨骼效果，如图 4-139 所示。

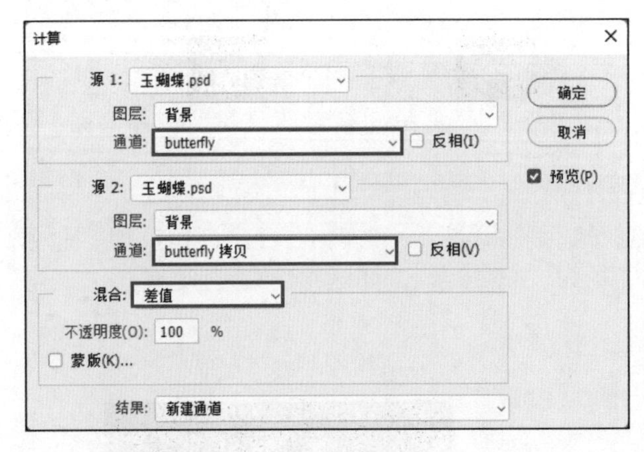

图 4-138

图 4-139

07 调整曲线。通过计算通道，在“通道”面板中产生了 Alpha1 通道。选中 Alpha1 通道，执行“图像”→“调整”→“曲线”命令（快捷键 Ctrl+M），在打开的“曲线”对话框中调整曲线的形状，如图 4-140 所示，以产生晶莹剔透的效果，如图 4-141 所示。

08 再次计算通道。执行“图像”→“计算”命令，打开“计算”对话框，设置源 1 的通道为“butterfly”、源 2 的通道为“Alpha1”、混合为“强光”，如图 4-142 所示，单击“确定”按钮，产生 Alpha2 通道，如图 4-143 和图 4-144 所示，此时玉的外观已呈现出来。

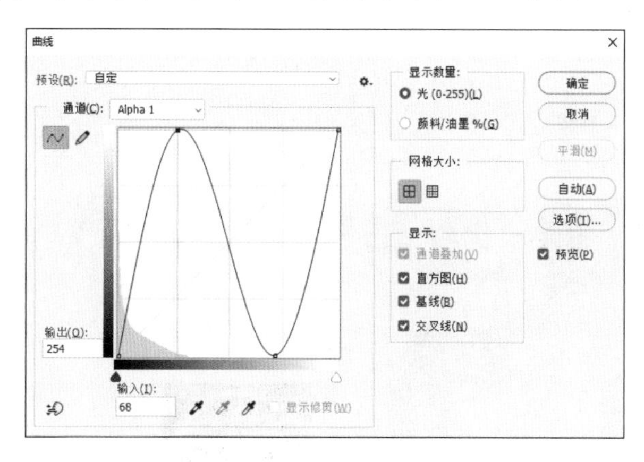

图　4-140

图　4-141

09 应用通道到图层。选择 Alpha 2 通道，单击“通道”面板底部的“将通道作为选区载入”按钮◌，然后单击“通道”面板顶部的“RGB 复合颜色”通道；在“图层”面板中新建“图层 1”，按快捷键 Ctrl+Delete 填充背景色（白色），按快捷键 Ctrl+D 取消选区。选中“背景”图层，按快捷键 Alt+Delete 填充前景色（黑色），如图 4-145 和图 4-146 所示。

10 添加渐变色。选择“渐变工具”，设置为“白色到蓝色”的“径向渐变”；选中“图层 1”，单击“图层”面板中的“锁定透明像素”按钮，如图 4-147 所示，然后拖动鼠标为图像添加渐变色。玉蝴蝶制作完成，如图 4-148 所示。

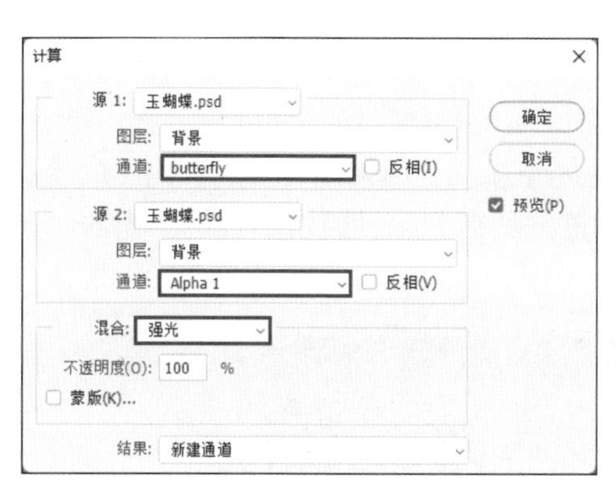

图　4-142

图　4-143

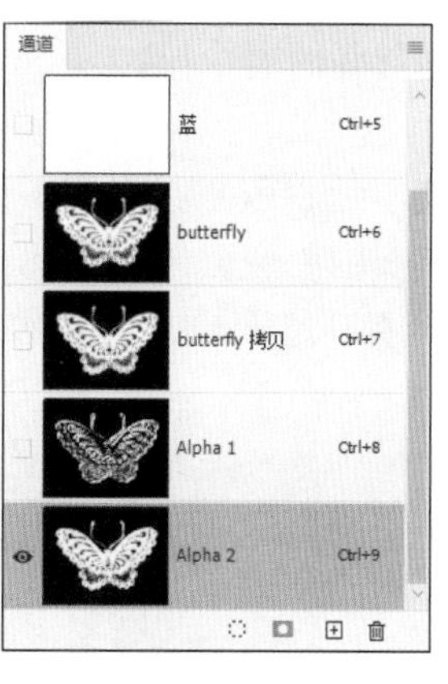

图　4-144

图　4-145

图　4-146

图　4-147

图　4-148

拓展练习

读者可运用其他的剪纸图案，同时借鉴本案例的方法制作其他效果，如图 4-149 所示。在制作过程中需注意步骤 04 中“高斯模糊”滤镜的半径不一定全都设为 8.6 像素，要根据不同图形设置合适的半径以产生模糊效果。

图 4-149

知识解析——通道的运算及 Alpha 通道

1. 本案例通道计算解析

通道内保存着颜色信息和选区信息，可以对多个通道进行计算操作，这个操作类似于图层间的混合模式，不同的混合模式采用不同的计算方式。

例如，差值混合模式是查看两个通道中的颜色信息，从亮度值大的颜色中减去亮度值小的颜色。在本例中，通过对 butterfly 通道和“butterfly 拷贝”通道进行差值运算得到蝴蝶白色羽化的立体框架。强光混合模式则复合或过滤颜色，具体取决于混合色。如果混合色（光源）比 50% 灰色亮，则图像变亮，就像过滤后的效果；如果混合色（光源）比 50% 灰色暗，则图像变暗，就像复合后的效果。在本例中，通过对 butterfly 通道和 Alpha1 通道进行“强光”运算得到蝴蝶框架的内部图案。

2. 混合图层和通道

可以使用与图层关联的混合效果，将图像内部和图像之间的通道组合成新图像。其使用的命令为“应用图像”命令（在单个或复合通道中）或“计算”命令（在单个通道中）。“计算”命令首先在两个通道的相应像素上执行数学运算（这些像素在图像上的位置相同），然后在单个通道中组合运算结果。下列两个概念是理解计算命令工作方式的基础。

- 通道中的每个像素都有一个亮度值。“计算”和“应用图像”命令处理这些数值以生成最终的复合像素。
- 这些命令叠加两个或更多通道中的像素。因此，用于计算的图像必须具有相同的像素尺寸。

3. 使用应用图像命令混合通道

选取要与目标组合的源图像、图层和通道，执行“图像”→“应用图像”命令，可以将一个图像的图层和通道（源）与当前图像（目标）的图层和通道混合。要使用源图像中的所有图层，请选择“合并图层”。如果要通过蒙版快速混合图像混合，请选择“蒙版”，然后选择包含蒙版的图像和图层。对于“通道”，可以选择任何颜色通道或 Alpha 通道以用作蒙版，也可使用基于当前选区或选中图层（透明区域）边界的蒙版。

4. 蒙版和 Alpha 通道

蒙版可以存储在 Alpha 通道中。蒙版和通道都是灰度图像，因此可以使用绘画工具、编辑工具和滤镜，像编辑任何其他图像一样对它们进行编辑。在蒙版上用黑色绘制的区域将会受到保护；而蒙版上用白色绘制的区域是可编辑区域。使用快速蒙版模式可将选区转换为临时蒙版以便更轻松地编辑。快速蒙版将作为带有可调整的、不透明的颜色叠加出现，可以使用任何绘画工具编辑快速蒙版或使用滤镜修改它。退出快速蒙版模式之后，蒙版将转换为图像上的一个选区。

要长久地存储一个选区，可将该选区存储为 Alpha 通道。Alpha 通道将选区存储为“通道”面板中的可编辑灰度蒙版，如图 4-150 所示。将选区存储为 Alpha 通道后，就可以随时重新加载此选区，甚至可以将此选区加载到其他图像。

图　4-150

5. 创建 Alpha 通道蒙版

可以创建一个新的 Alpha 通道，然后使用绘画工具、编辑工具和滤镜并通过该 Alpha 通道创建蒙版；也可以将 Photoshop 内的现有选区存储为 Alpha 通道，该通道将出现在“通道”面板中。

1）使用当前选项创建 Alpha 通道蒙版

（1）单击“通道”面板底部的“创建新通道”按钮＋。

（2）在新通道上绘制蒙版图像区域。在为蒙版创建通道之前，先选择图像的区域，然后在通道上绘制以调整蒙版。

2）创建 Alpha 通道蒙版并设置选项

（1）按 Alt 键或单击“通道”面板底部的“创建新通道”按钮＋，或从“通道”面板的子菜单中选取“新建通道”。

（2）在“新建通道”对话框中指定选项。

（3）在新通道上绘制蒙版图像区域。

6. 存储和载入选区

可以将任何选区存储为新的或现有的 Alpha 通道中的蒙版，然后从该蒙版重新载入选区。通过载入选区使其处于活动状态，然后添加新的图层蒙版，可将选区用作图层蒙版。

1）将选区存储到新通道

请执行下列任一操作。

单击“通道”面板底部的“存储选区”按钮，新通道即出现，并按照创建的顺序而命名。

执行“选择”→“存储选区”命令。在“存储选区”对话框中指定“通道”选项，然后单击“确定”按钮。

2）从“通道”面板载入存储的选区

在完成 Alpha 通道的修改后，可以将选区载入图像中，在“通道”面板中执行下列任一操作。

（1）选择 Alpha 通道，单击面板底部的“载入选区”按钮，然后单击面板顶部旁的“复合颜色通道”。

（2）将包含要载入的选区的通道拖动至“载入选区”按钮上方。

（3）按住 Ctrl 键的同时单击包含要载入的选区的通道。

（4）若要将蒙版添加至现有选区，按快捷键 Ctrl+Shift 的同时单击通道。

（5）要从现有选区中减去蒙版，按快捷键 Ctrl+Alt 的同时单击通道。

（6）若要载入存储的选区和现有的选区的交集，按快捷键 Ctrl+Alt+Shift 的同时单击通道。

复习思考题

1. 在 Photoshop 中，蒙版一共有 4 种，试述矢量蒙版、图层蒙版、剪贴蒙版和快速蒙版的不同之处及其各自作用。

2. 通道存储不同类型信息的灰度图像，可以分为哪几类？

3. 通道是 Photoshop 中的重要概念，试述其主要用途。

模块 5　图片后期：修图与调色

模块概述：人人都能出彩

本模块主要介绍 Photoshop 中的修图和调色功能。通过学习本模块，读者可以了解使用污点修复、修复画笔、修补工具、仿制图章、内容识别填充和人像磨皮等工具修复照片的方法和技巧；还会学习使用亮度和对比度、色相 / 饱和度、色阶、色彩平衡和曲线等对图片调色，体验使用 Photoshop 进行照片的后期处理。

◆ 知识目标——精图像处理，懂软件操作

1. 了解使用污点修复画笔工具、修复画笔工具、修补工具、仿制图章工具等修复图片的方法和技巧；
2. 了解使用内容识别填充修复图片的方法和技巧；
3. 理解并记忆磨皮的原理，会使用计算通道磨皮法缔造完美皮肤；
4. 记忆 Portraiture 插件的安装方法，会使用该插件进行人像智能磨皮；
5. 理解亮度和对比度、自然饱和度、色相 / 饱和度、色阶、色彩平衡和曲线等图像调色原理；
6. 理解调整图层的原理和用途，会应用调整图层调整颜色和色调；
7. 理解并会使用填充图层和“平均”滤镜创建统一颜色。

◆ 能力目标——有创意思维、能精准设计

1. 具备数码图片处理、修复的能力；
2. 具备图片调色和图像色彩修饰的能力；
3. 具备人像磨皮、美白等调整的能力；
4. 具备在合成图像中匹配颜色的能力。

◆ 素质目标——重社会责任、诚实守信

具有艺术创新和版权意识、美学鉴赏和表达能力、精益求精和批判精神、民族自信和文化传承的职业素养。

5.1　修图案例：利用污点修复画笔清理瑕疵

学习目标： 理解和掌握 Photoshop 中使用污点修复画笔工具修复图片的方法和技巧。

实例位置： 实例文件→第 5 章→ 5.1 利用污点修复画笔清理瑕疵→ 5.1 素材。

完成效果： 原图如图 5-1 所示，效果如图 5-2 所示。

5.1 修图案例：利用污点修复画笔清理瑕疵 .mp4

图　5-1

图　5-2

◆　案例概述

作为世界文化遗产的故宫，拥有世界上规模最大、保存最完整的古代木质宫殿建筑群，尤其是位于其 4 个城角的角楼，个个都极具东方特色，成为故宫地标性建筑。故宫角楼有着九梁十八柱、七十二条脊，集精巧的建筑结构和精湛的建筑艺术于一身，各部分比例协调，檐角秀美，造型玲珑别致，令人赞叹与敬仰。

本案例通过修复故宫角楼照片中的瑕疵，帮助读者快速学会使用污点修复画笔工具修复照片。污点修复画笔工具可分析画笔周围的位置，并寻找有效混合该周边细节以去除的最佳方式。

◆　案例制作

01 打开素材。执行“文件”→“打开”命令（快捷键 Ctrl+O），打开本案例“5.1 素材 - 故宫角楼”。

02 使用单独图层进行修整。选择“背景”图层，按快捷键 Ctrl+J 复制得到“图层 1”，以创建“背景”图层的副本并使后续图像修整与原图像分离。

03 选中“污点修复画笔工具”，在工具选项栏中将类型改为“近似匹配”，按右方括号或左方括号键数次以放大或缩小画笔笔尖，然后在要移除的区域上进行涂抹操作，如图 5-3，修复效果如图 5-4。

图　5-3

图　5-4

04 移除右侧远处的警示牌。在“污点修复画笔工具”的工具选项栏中，将类型改为“内容识别”，然后放大图像，并涂抹墙壁上的警示牌，如图 5-5 所示，修复效果如图 5-6 所示（注意，图像边缘处不要涂抹）。

图　5-5

图　5-6

Tip　在“污点修复画笔工具”工具选项栏的“类型”选项中，“内容识别”选项会比较附近的图像内容，并不留痕迹地填充选区，同时保留让图像栩栩如生的关键细节，如阴影和对象边缘；“创建纹理”选项使用选区中的像素创建纹理；“近似匹配”使用选区边缘周围的像素，找到要用作修补的区域。

05 移除左侧远处的警示牌。在修整相似对比亮度和颜色区域时，“污点修复画笔工具”可能因为疏忽而加入一些不需要的周边细节。为了对工具加以限制，可使用“套索工具”将不需要复制的区域排除，如图 5-7 所示，再使用“污点修复画笔工具”进行修复，如图 5-8。案例最终完成效果如图 5-2 所示。

图　5-7

图　5-8

知识解析——污点修复画笔工具

“污点修复画笔工具”主要用于快速修复图像中的斑点或小块杂物等。只需在工具栏中选择“污点修复画笔工具”，在需要修复的区域进行拖动或单击，即可进行对污点的修复。“污点修复画笔工具”可以快速移除照片中的污点和其他不理想的部分，如图 5-9 所示。

“污点修复画笔工具”选项栏参数设置介绍如图 5-10 所示。

图　5-9

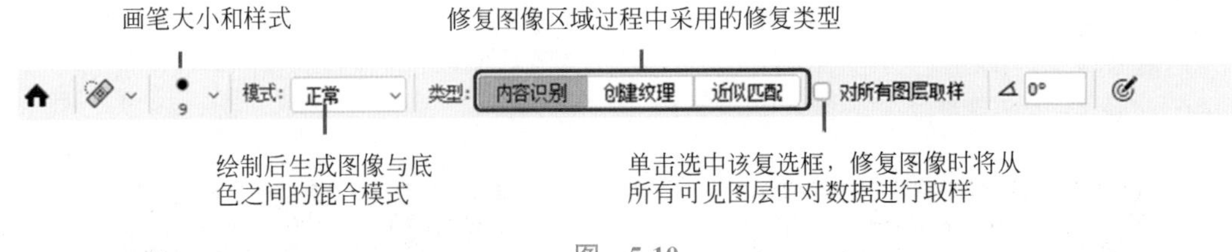

图 5-10

5.2 修图案例：利用修复画笔修整图片

学习目标： 理解和掌握使用 Photoshop 中修复画笔工具修复图片的方法和技巧。

实例位置： 实例文件→第 5 章→5.2 利用修复画笔修整图片→5.2 素材。

完成效果： 原图如图 5-11 所示，效果如图 5-12 所示。

5.2 修图案例：利用修复画笔修整图片.mp4

图 5-11

图 5-12

◆ 案例概述

本案例通过修整照片，删除其多余的人物，帮助读者快速地学会使用“修复画笔工具”修整图片。“修复画笔工具”与“污点修复画笔工具”类似，但是它可以选择取样的位置，从而使提取的细节与要修整的区域平滑混合，因此对于要求颜色无缝混合的处理工作是一个非常有用的工具。

◆ 案例制作

01 打开素材。执行“文件”→“打开”命令（快捷键 Ctrl+O），打开本案例“5.2 素材”。

02 使用单独图层进行修整。选择“背景”图层，按快捷键 Ctrl+J 复制得到“图层 1”，以创建“背景”图层的副本并让后续的图像修整与原图像分离。

03 移除远处人物。选择“修复画笔工具”，调整笔刷大小与修整区域匹配（按右方括号键放大画笔笔尖或按左方括号键缩小画笔笔尖），按住 Alt 键的同时单击要复制细节的区域以设置取样点，然后涂刷图片中想要覆盖或移除的人物，如图 5-13 和图 5-14 所示。

图　5-13

图　5-14

04 移除近处人物。为了避免颜色溢出，首先使用“前景色”拾色器对周围区域的颜色取样，再选择“画笔工具”，将提取的颜色涂刷至使用“修复画笔工具”时原始颜色溢出的区域，如图 5-15 和图 5-16 所示。最后使用“修复画笔工具”将所需的细节复制到重新着色后的区域，以获得更好的修复效果，如图 5-17 所示。

图　5-15

图　5-16

图　5-17

Tip　一些较大对象的颜色或亮度值与周围区域不同时，在修复过程中原始颜色可能会溢出至修复区域。要解决此问题，可先使用与周围区域更匹配的颜色覆盖此对象，再使用“修复画笔工具”添加细节。

知识解析——修复画笔工具

“修复画笔工具”可用于校正瑕疵，使其避免出现在周围的图像中。与“仿制图章工具”一样，“修复画笔工具”可以利用图像或图案中的样本像素来绘制（需要按住 Alt 键的同时单击进行取样）。但是，“修复画笔工具”还可将样本像素的纹理、光照、透明度和阴影与所修复的像素进行匹配，从而使修复后的像素不留痕迹地融入图像的其余部分，如图 5-18 所示。

图　5-18

“修复画笔工具”选项栏参数设置介绍如图 5-19 所示。

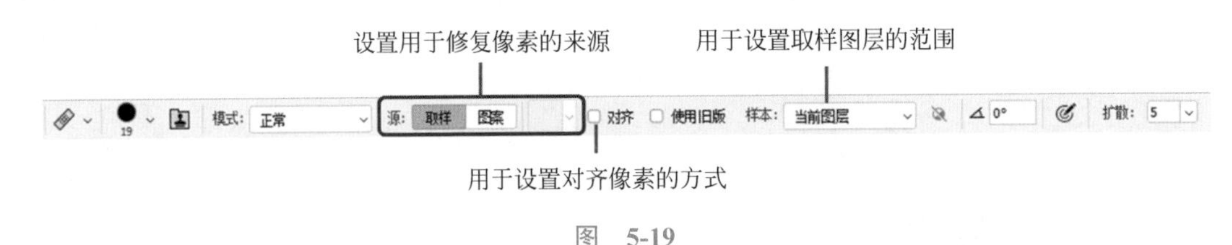

图 5-19

“修复画笔工具”的工作方式与“污点修复画笔工具”类似，它使用图像或图案中的样本像素进行绘制，并将样本像素的纹理、光照、透明度和阴影与所修复的像素相匹配。两者不同之处是“污点修复画笔工具”不要求指定样本点，它将自动从所修复区域的周围取样。

Tip 修复大片区域或需更大程度地控制来源取样时，建议使用“修复画笔工具”而不是“污点修复画笔工具”。

5.3 修图案例：利用修补工具隐藏不需要的内容

学习目标： 理解和掌握使用 Photoshop 中修补工具修复图片的方法和技巧。

实例位置： 实例文件→第 5 章→5.3 利用修补工具隐藏不需要的内容→5.3 素材。

完成效果： 原图如图 5-20 所示，效果如图 5-21 所示。

5.3 修图案例：利用修补工具隐藏不需要的内容.mp4

图 5-20

图 5-21

◆ 案例概述

本案例是将图片中间的马移动到右侧，并且将原位置的马移除。通过本案例的制作，帮助读者快速学会和使用修补工具移动图片中对象的位置和修复图片。修补工具对于修补选定区域非常有用，该工具利用内容识别技术，可以使选定区域与图片中的其余部分平滑混合，创造出逼真的混合效果。

◆ 案例制作

01 打开素材。执行“文件”→“打开”命令（快捷键 Ctrl+O），打开本案例“5.3 素材”。

02 使用单独图层进行修复。选择“背景”图层，按快捷键 Ctrl+J 复制得到“图层 1”。

03 移动马到右侧。选择“修补工具”，在工具选项栏中选择“目标”，如图 5-22 所示。选取出中间马的区域，如图 5-23 所示，并将其拖动到图片的右侧区域，松开鼠标时，所选像素将被复制到该区域。按快捷键 Ctrl+D 取消选区，效果如图 5-24 所示。

图　5-22

图　5-23

图　5-24

04 创建修补选区并移除中间的马。选择“修补工具”，在工具选项栏中设置“修补”选项为“内容识别”，如图 5-25 所示。并选取中间马的一半身体，如图 5-26 所示，再将所选区域拖动至包含匹配细节的其他区域，如图 5-27 所示，即可覆盖要移除的对象，效果如图 5-28 所示。

图　5-25

图　5-26

图　5-27

图　5-28

05 再次修复马的另外一半。继续选择“修补工具”选取另外一半马身的区域，如图 5-29 所示，将所选区域拖动至附近相似的其他区域，如图 5-30 所示，松开鼠标后工具会完成对目标处图像的修复。按快捷键 Ctrl+D 取消选区，效果如图 5-31 所示。本案例完整修复效果如图 5-21 所示。

Tip

之所以将中间的马分 2 次进行修复，是因为整匹马一起修复，图片中没有包含匹配细节的其他合适区域，会造成修复效果不理想，无法创造出逼真的混合效果。

图　5-29

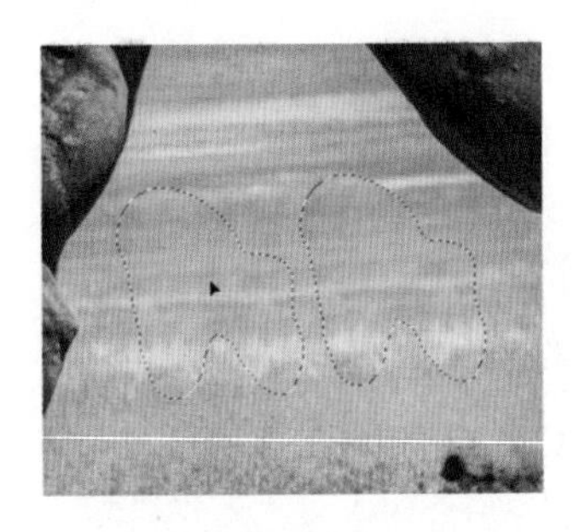

图　5-30

图　5-31

知识解析——修补工具

“修补工具”是一种使用频繁的修复工具，可以利用内容识别技术，创造出逼真的混合效果。其工作原理与“修复画笔工具”的相同，操作方法与“套索工具”的一样，即绘制一个自由选区，然后将该区域内的图像拖动到目标位置，从而完成对目标图像的修复，如图 5-32 和图 5-33 所示。通过使用“修补工具”，可以用其他区域或图案中的像素来修复选中的区域，像“修复画笔工具”一样，“修补工具”会将样本像素的纹理、光照和阴影与源像素进行匹配。

“修补工具”选项栏参数设置介绍如图 5-34 所示。

“透明”选项非常适用于具有清晰分明纹理的纯色背景或渐变背景（如一只小鸟在蓝天上飞翔）。

如果在工具选项栏中选中了“源”，将选区边框拖动至想要从中进行取样的区域，松开鼠标时，将使用样本像素修补原来选中的区域。

图　5-32

图　5-33

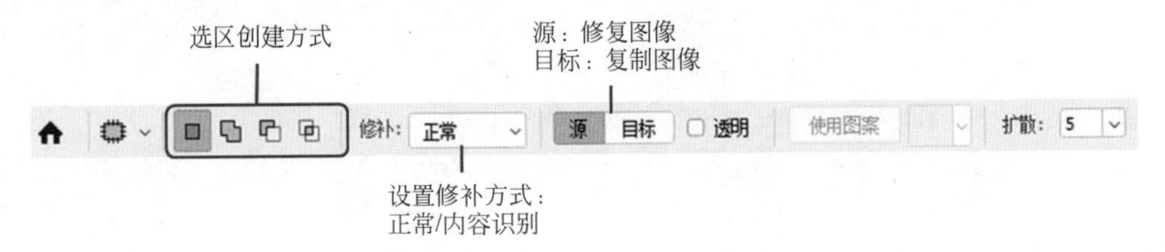

图　5-34

如果在工具选项栏中选定了“目标”，将选区边界拖动到要修补的区域，松开鼠标时，将使用样本像素修补新选中的区域。

5.4　修图案例：利用仿制图章工具移除对象

学习目标： 理解和掌握使用 Photoshop 中仿制图章工具修复图片的方法和技巧。

实例位置： 实例文件→第 5 章→5.4 利用仿制图章工具移除对象→5.4 素材。

完成效果： 原图如图 5-35 所示，效果如图 5-36 所示。

5.4 修图案例：利用仿制图章工具移除对象 .mp4

图　5-35

图　5-36

◆　案例概述

本案例通过移除斑马线上的人物，帮助读者快速地认识和使用仿制图章工具移除对象。当需要将图片某部分的细节和颜色准确复制到另一个区域时，仿制图章是一个很有用的工具。

◆　案例制作

01 打开素材。执行“文件”→“打开”命令（快捷键 Ctrl+O），打开本案例“5.4 素材”。

02 使用空图层进行修复。单击“图层”面板底部的“创建新图层”按钮⊞，创建“图层 1”，单击“图层”面板顶部的“锁定位置”按钮✣，以确保新“图层 1”与“背景”图层始终不会错位。

03 在工具栏选择“仿制图章工具”，并在工具选项栏中将“样本”选项设为“当前和下方图层”，如图 5-37 所示，以便从下方图层中复制细节并放到新图层中。

图　5-37

04 定义样本区域，将新的细节涂刷到对象上。按住 Alt 键的同时并单击细节区域，设定取样点，如图 5-38 所示，仿制图章指针内会显示修整所用细节的预览，这有助于确保所用细节与图片的其他部分对齐。用笔刷涂刷要修复的区域，如图 5-39 所示。在操作时，会有十字符号✚显示这些细节从哪里复制而来，修复效果如图 5-40 所示。

05 检查结果是否有重复细节。使用“仿制图章工具”移除对象，有时会导致取样区域的细节与修复区域的细节重复，如图 5-41 所示。此时可以使用左方括号键或右方括号键来缩小或放大仿制图章工具的笔刷，消除明显重复的细节，如图 5-42 和图 5-43 所示。

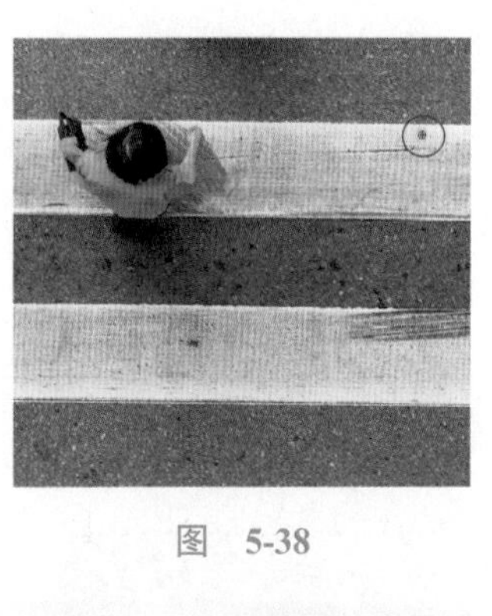

图 5-38

图 5-39

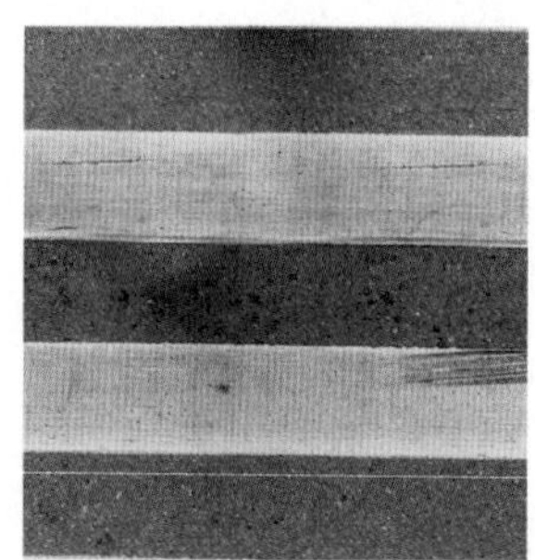

图 5-40

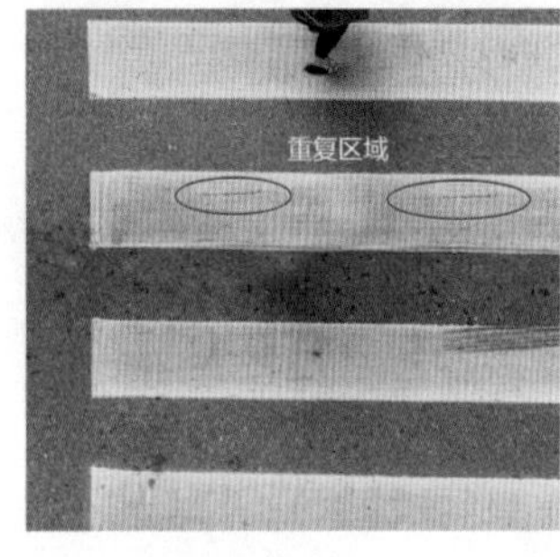

图 5-41

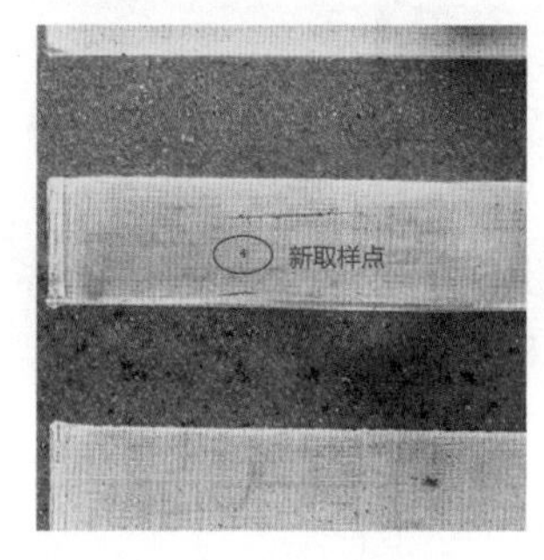

图 5-42

图 5-43

知识解析——仿制图章工具

“仿制图章工具”能将图像的一部分绘制到同一图像的另一部分或绘制到具有相同颜色模式的任何已打开文档的另一部分，也可以将一个图层的一部分绘制到另一个图层，如图 5-44 和图 5-45 所示。“仿制图章工具”对复制对象或移除图像中的缺陷很有用。

使用“仿制图章工具”时，要从其中拷贝（仿制）像素的区域上设置一个取样点（按住 Alt 键的同时单击），并在另一个区域上绘制。要在每次停止并重新开始绘制时使用最新的取样点进行绘制，请选择“对齐”选项。取消选择“对齐”选项将从初始取样点开始绘制，而与停止并重新开始绘制的次数无关。

图 5-44

图 5-45

可以对“仿制图章工具”使用任意的画笔笔尖，这将能够准确控制仿制区域的大小，也可以使用不透明度和流量设置来控制仿制区域的绘制。

“仿制图章工具”选项栏参数设置介绍如图 5-46 所示。

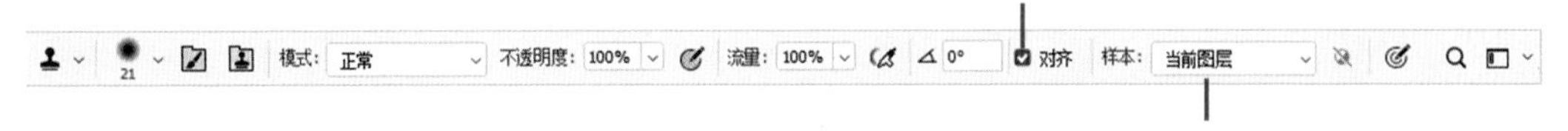

图　5-46

污点修复画笔工具、修复画笔工具、修补工具和仿制图章工具，这 4 种工具虽然各有各的用处，但工作原理相似。修复图像时，要根据修复对象的特征，综合运用这几种修复工具。

（1）“修复画笔工具”、“修补工具”具有自动匹配颜色过渡的功能，使修复后的效果自然融入周围图像中，保留图像原有的纹理和亮度。

（2）“仿制图章工具”只是将图像中某个部分的像素复制到另外一部分。当修复大面积相似颜色的瑕疵时，“修复画笔工具”是非常有优势的；而当在图像中边缘的部分进行修复还是需要使用“仿制图章工具”。

（3）“污点修复画笔工具”继承了“修复画笔工具”的自动匹配的优秀功能，而且将这个功能进一步加强了，可以进行近似匹配，即使用选区边缘周围的像素来查找要用于选定区域修补的图像区域。这个工具不需要定义原点，只要确定好修复的图像位置，就会在确定的修复位置边缘自动找寻相似的像素进行自动匹配。

5.5　修图案例：使用内容识别填充移除对象

学习目标： 理解和掌握使用 Photoshop 中“内容识别填充”工具修复图片的方法和技巧。

实例位置： 实例文件→第 5 章→5.5 使用内容识别填充移除对象→5.5 素材。

完成效果： 原图如图 5-47 所示，效果如图 5-48 所示。

5.5 修图案例：使用内容识别填充移除对象 .mp4

图　5-47

图　5-48

◆ 案例概述

本案例通过移除图片中的鞋子，帮助读者快速地理解和掌握使用“内容识别填充”移除图片中多余对象的方法和技巧。“内容识别填充”可分析整个图像以查找最合适的细节，从而替换所选区域，并提供精细调整结果所需的工具和控件，这让它成为在复杂背景中移除较大对象和人的有效工具。

◆ 案例制作

01 打开素材。执行“文件”→“打开”命令（快捷键 Ctrl+O），打开本案例“5.5 素材”。

02 选取对象。“内容识别填充”的使用总是以选择开始。使用“套索工具”选择图像中要移除的鞋子，包括周边区域中的一些叠加，如图 5-49 和图 5-50 所示。

图 5-49

图 5-50

03 应用“内容识别填充”。执行“编辑”→“内容识别填充”命令，“内容识别”工作区在应用默认填充的情况下打开，如图 5-51 所示，将“取样区域选项”设置为“矩形”以达到更好的修复效果，如图 5-52 和图 5-53 所示。

图 5-51

图 5-52

图 5-53

Tip

了解“内容识别填充”工作区

左侧是取样区域上的绿色覆盖层，它是 Photoshop 为创建填充选择的取样图像区域；

左上角是用于修改取样区域的工具以及初始选择；

中心区域显示了填充的实时预览，该预览会对取样选项进行更改时实时更新；

右侧是一些用于修改取样覆盖层外观的选项，以及一些用于修改填充创建方式的控件。

04 精细调整结果。使用“取样画笔工具”及其“添加”或“减去”选项来添加或移除用于填充原材料的图像细节。在工具选项栏中选择“减去”选项，并在绿色的覆盖层上进行涂刷操作，将图像中的“腿部”区域从取样区域移除，如图 5-54 所示。因为场景中存在图案元素，因此勾选“缩放”选项进行调节，如图 5-55 所示。

05 输出填充。在“输出设置”中，选择输出到“新建图层”，以实现最大灵活性。单击“确定”按钮完成内容识别及填充，如图 5-56 所示，再按快捷键 Ctrl+D 取消选区，完成对象的移除。

图 5-54

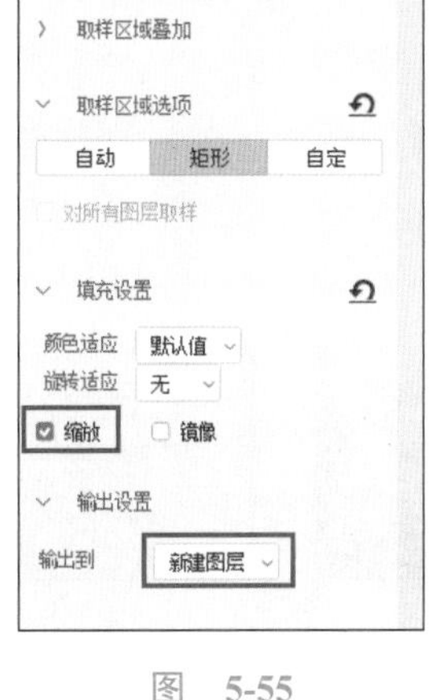

图 5-55

图 5-56

知识解析——内容识别填充

“内容识别填充”通过从图像其他部分取样的内容来无缝填充图像中的选定部分，如图 5-57 所示。“内容识别填充”工作区可提供交互式编辑体验，以实现终极图像控制。在调整采样区域时使用实时全分辨率预览，“内容识别填充”会使用和调整相关设置以获得令人惊叹的效果。

图 5-57

1. 使用工具来微调取样和填充区域

1）取样画笔工具

使用“取样画笔工具”绘制（图 5-58），以添加或删除用于填充选区的取样图像区域，如图 5-59 所示。

（1）要添加到默认取样区域，请在工具选项栏中选择“添加”⊕模式，然后在图像区域中轻刷。

（2）要从默认取样区域中删除，请在工具选项栏中选择“减去”⊖模式，然后在图像区域中轻刷。

（3）要在“添加”和“减去”模式之间切换，请在使用“取样画笔工具”轻刷的同时按住 Alt 键。

（4）要增加或减小取样画笔大小，请使用工具选项栏中的“大小”选项或使用左或者右方括号键。

2）选区优化工具

使用“套索工具”或“多边形套索工具”修改窗口中的原始选区（填充区域），如图 5-60 和图 5-61 所示。

图 5-58

图 5-59

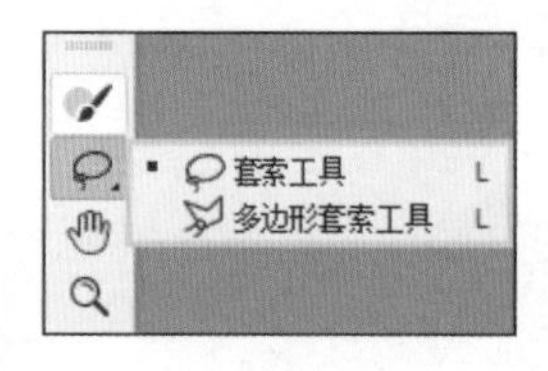

图 5-60

图 5-61

（1）按 E 键可切换“套索工具”选择模式——“新建选区”“添加到选区”“从选区中减去”和“与选区交叉”。

（2）选中“套索工具”具后，可以选择工具选项栏中的“扩大”“缩小”选项，将选区扩大或缩小指定数量的像素。

（3）要将此工作区中已完成的所有更改复位至原始选区，请单击工具选项栏中的“重置”图标。

3）导航工具

抓手工具：用于在文档窗口和“预览”面板中平移图像的不同部分。使用任何其他工具时按住空格键，可快速切换至“抓手工具”。

缩放工具：用于在文档窗口或“预览”面板中放大或缩小图像视图。

要在“预览”面板中更改放大率，请拖动面板底部的缩放滑块，或在文本框中手动输入缩放百分比值。

2. 调整“内容识别填充”设置

1）取样区域叠加

（1）显示取样区域：选择此选项可将取样区域或已排除区域显示为文档窗口中图像的叠加。

（2）不透明度：设置文档窗口中所显示叠加的不透明度。要调整不透明度，请拖动滑块或输入百分比值。

（3）颜色：为文档窗口中所显示的叠加指定颜色。

（4）指示：显示取样或已排除区域中的叠加。从下拉列表中选择一个选项——取样区域或已排除区域。

2）取样区域选项

确定图像中希望 Photoshop 查找源像素来填充内容的取样区域。

（1）自动：选择此选项可使用类似于填充区域周围的内容。

（2）矩形：选择此选项可使用填充区域周围的矩形区域。

（3）自定：选择此选项可手动定义取样区域。使用“取样画笔工具”添加到取样区域。

（4）对所有图层取样：选择此选项可从文档的所有可见图层对源像素进行取样。

3）填充设置

（1）颜色适应：允许调整对比度和亮度以取得更好的匹配度。此设置用于填充包含渐变颜色或纹理变化的内容，可从下拉列表中选择适当的选项——无、默认、高或非常高。

（2）旋转适应：允许旋转内容以取得更好的匹配度，如图 5-62 和图 5-63 所示。此设置用于填充包含旋转或弯曲图案的内容，可从下拉列表中选择适当的选项——无、低、中、高或全部。

（3）比例：此选项允许调整内容大小以取得更好的匹配度，非常适合填充包含具有不同大小或透视的重复图案的内容，如图 5-64 和图 5-65 所示。

（4）镜像：选择此选项可允许水平翻转内容以取得更好的匹配度，此选项用于水平对称的图像。使用“镜像”选项以填充水平对称的图像，如图 5-66 和图 5-67 所示。

4）输出设置

输出到：将“内容识别填充”应用于当前图层、新图层或复制图层。

图　5-62

图　5-63

图　5-64

图　5-65

图　5-66

图　5-67

5.6　磨皮案例：缔造完美皮肤

学习目标：会运用 Photoshop 的计算通道磨皮法缔造完美皮肤。

实例位置：实例文件→第 5 章→ 5.6 缔造完美皮肤→ 5.6 素材。

完成效果：原图如图 5-68 所示，效果如图 5-69 所示。

5.6 磨皮案例：缔造完美皮肤 .mp4

图　5-68

图　5-69

◆ 案例概述

本案例通过计算通道磨皮法对人像进行磨皮，帮助读者理解和掌握快速修复人像图片、缔造完美皮肤的方法。计算通道磨皮法非常适合脸部多斑的人物，因为用通道、滤镜、计算等很容易把人物脸部的斑点暗部处理得非常明显，后期只要把斑点的选区调出，再调整“曲线”、提亮皮肤，即可实现能够保持细节的美白。最后，还需要通过“高反差保留”滤镜加强脸部的细节，让皮肤显得更加自然、细致。

◆ 案例制作

01 打开素材。执行“文件”→“打开”命令（快捷键 Ctrl+O），打开本案例“5.6 素材”，如图 5-70 所示。

02 分析通道。在“通道”面板中，选择“最脏”的通道进行处理，此处选择“蓝色”通道，如图 5-71 所示（红色通道较亮，一般不选择；通常在绿色和蓝色通道中选择）。

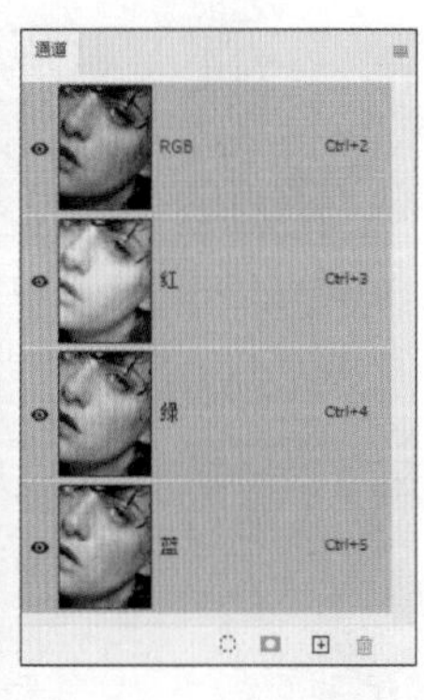

图　5-70

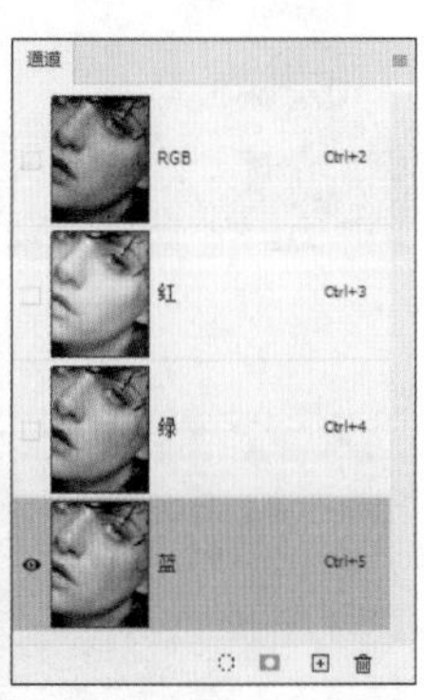

图　5-71

03 拷贝蓝色通道。将“蓝色”通道拖到“通道”面板下方的⊞按钮上，释放鼠标，得到“蓝拷贝”通道，如图 5-72 所示。

04 滤镜分离脸部斑点。对“蓝拷贝”通道，执行“滤镜”→“其他”→“高反差保留”命令，半径设为“20 像素”，将人物脸部斑点与面部的其他区域分开，如图 5-73 所示。

05 涂抹保留区域。选择“画笔工具”，前景色设为“中性灰色”（RGB: 159, 159, 159），将眼睛、鼻孔、嘴巴全部涂抹到，如图 5-74 所示（因为这部分区域不用修改，所以填色保留）。

06 通道计算。执行“图像”→“计算”命令，设置源 1 通道为“蓝拷贝”、源 2 通道为

“蓝拷贝”、混合为“强光”、结果为“新建通道”，如图 5-75 所示，单击“确定”按钮，产生 Alpha1 通道，如图 5-76 所示。

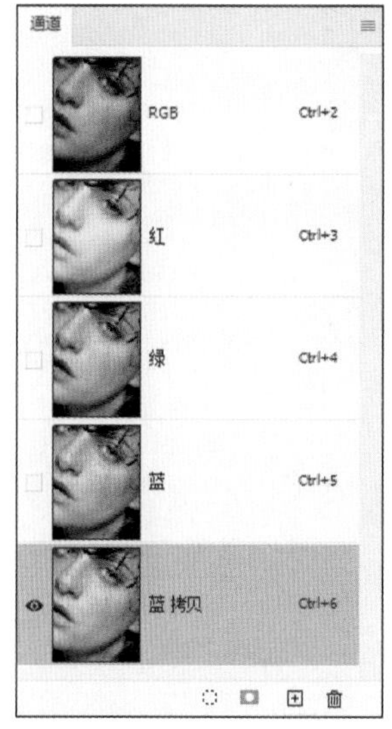

图　5-72

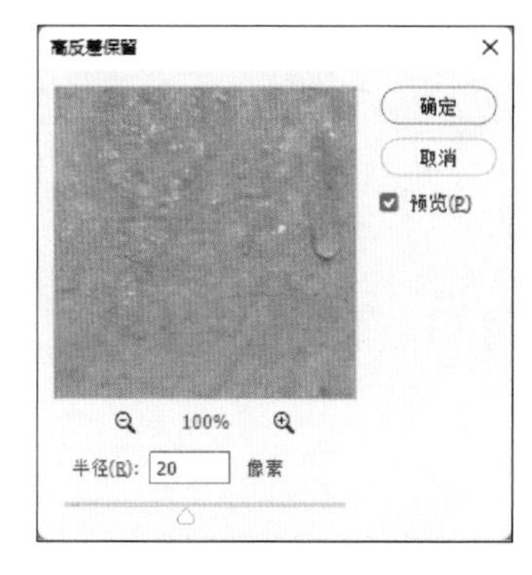

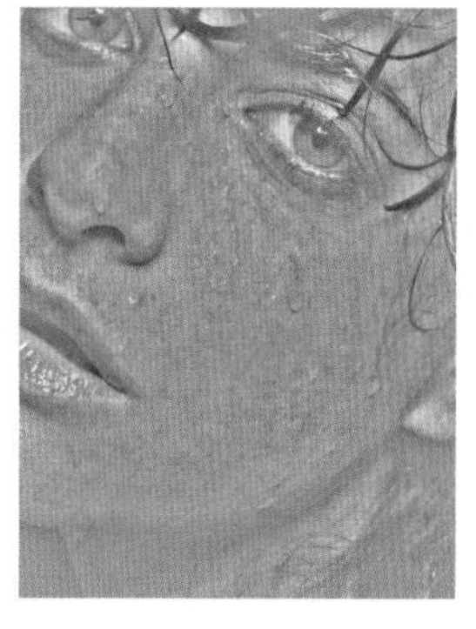

图　5-73

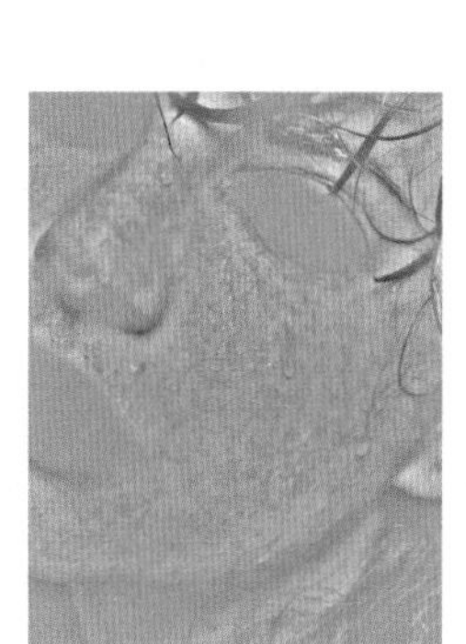

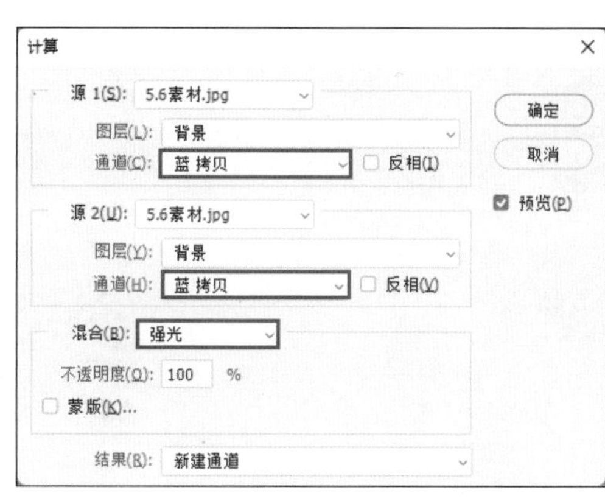

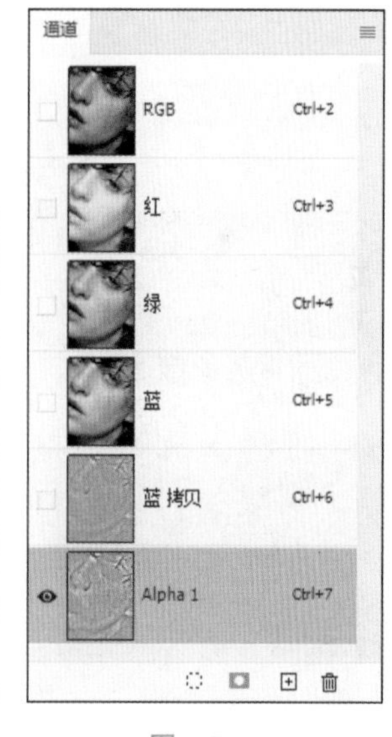

图　5-74　　图　5-75　　图　5-76

07 重复步骤 06 的“计算”命令 2 次，把脸上的斑点与脸颜色差距拉大，得到 Alpha3 通道，如图 5-77 所示。

08 提亮皮肤斑点。按住 Ctrl 键的同时单击 Alpha 3 通道缩览图，将通道载入选区；按快捷键 Shift+Ctrl+I 反选选区（因为需要选取的是斑点区域，其呈现深黑色），如图 5-78 所示；按快捷键 Ctrl+2 回到 RGB 复合通道，如图 5-79 所示；单击“图层”面板底部的“新建调整图层”按钮◐，添加“曲线”调整图层，将曲线上调以提亮选区图像，如图 5-80 所示，效果如图 5-81 所示。此时，可看到大部分的雀斑也都去除了，但还需要再进一步细化。

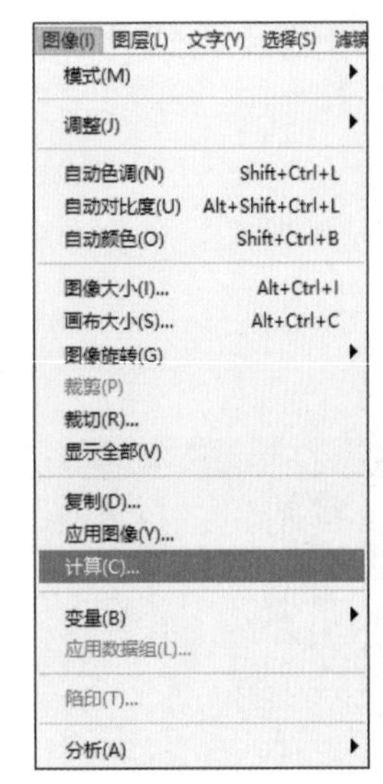

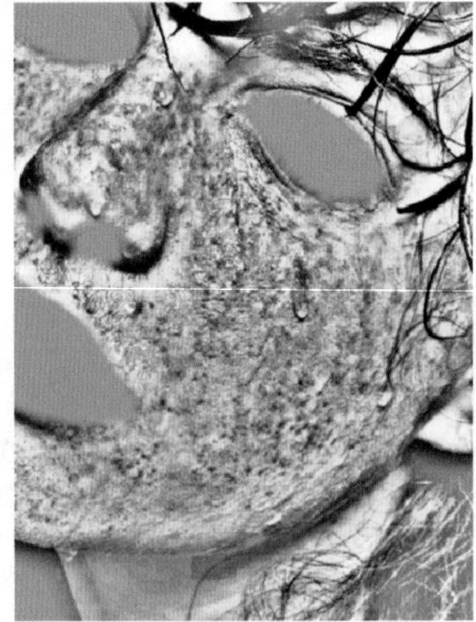
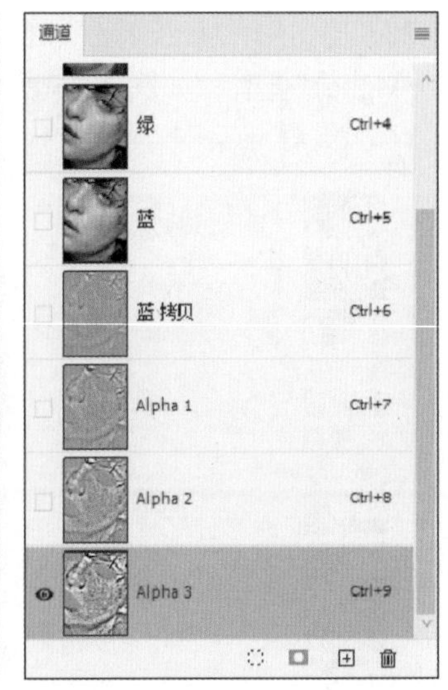

图 5-77

图 5-78

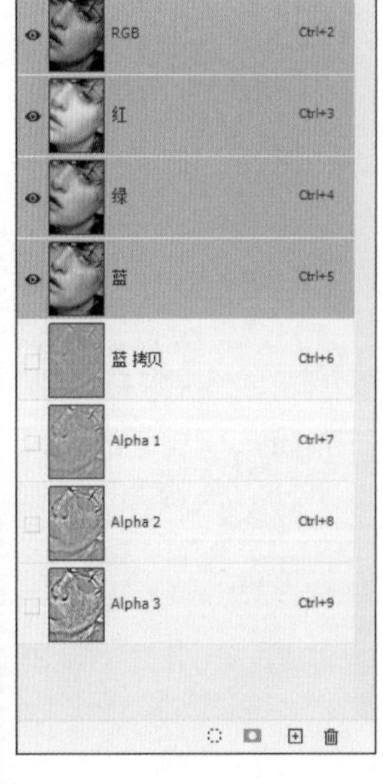

图 5-79

图 5-80

09 模糊脸部皮肤。按快捷键 Alt+Ctrl+Shift+E 两次，盖印图层至最上方，得到“图层 1”和“图层 2”。单击“图层 2”左侧眼睛图标，将其隐藏，然后选中“图层 1”，执行“滤镜”→“模糊”→“表面模糊”命令，半径设为“20 像素”，阈值设为“25 色阶”，如图 5-82 所示，单击“确定”按钮后效果如图 5-83 所示（对于不同的图像，需要选取呈现效果比较好的数值），最后将“图层 1”的不透明度改为“60%”，如图 5-84 所示，完成效果如图 5-85 所示。

10 加强脸部细节。选中并单击“图层 2”左侧眼睛图标以将其显示出来，执行“滤镜”→“其他”→“高反差保留”命令，设半径为“0.6 像素”，如图 5-86 所示和图 5-87 所示，将“图层 2”的混合模式改为“线性光”，如图 5-88 所示。此时，皮肤不丢失细节，看上去依旧真实，最终磨皮效果如图 5-89 所示。

图 5-81

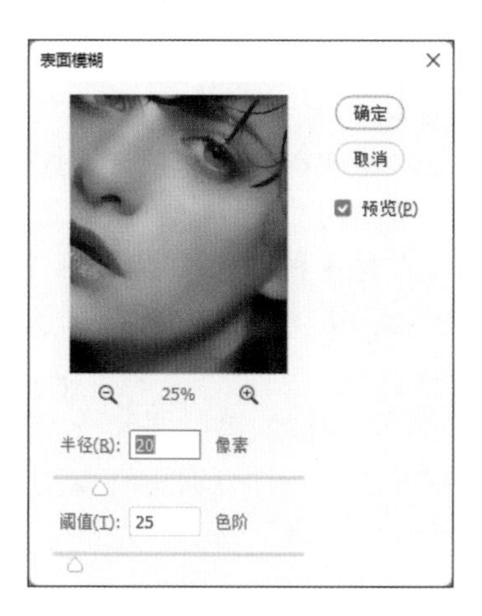

图 5-82

图 5-83

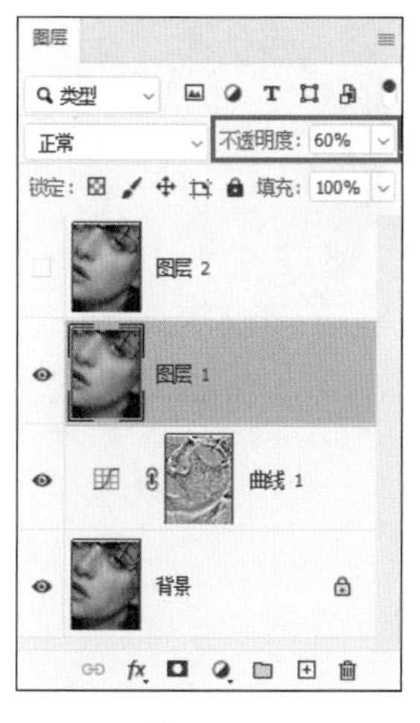

图 5-84

图 5-85

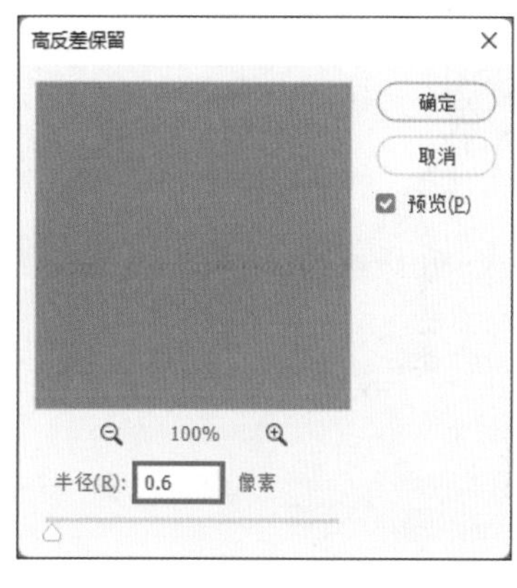

图 5-86

图 5-87

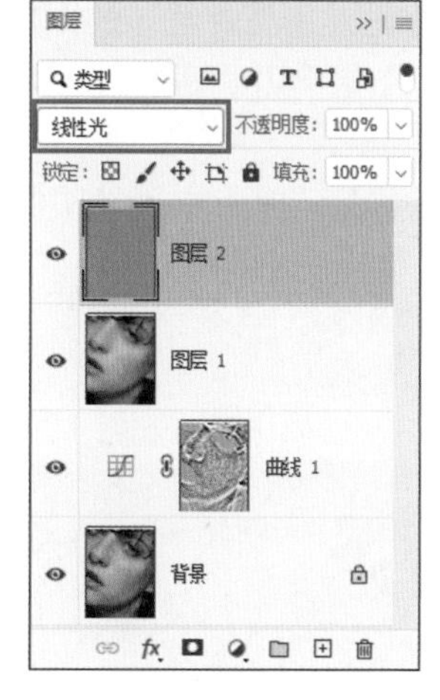

图 5-88

图 5-89

知识解析——磨皮与盖印图层

1. 磨皮

磨皮的主要目的是为了打散人物面部皮肤的色块，让人物脸部更加细致，轮廓更加清晰，皮肤的明暗过渡自然。在人像后期的制作中，磨皮是其中一个必需的步骤。它的方法有很多，如中性灰、高低频、双曲线是 3 种商业级的技巧，效果较好，但是耗时长、难度大；高斯模糊磨皮法、蒙尘划痕磨皮法、历史记录画笔磨皮法等，虽然操作简单，但是效果有时会不理想。

不管使用哪种方法磨皮，目的是一样的，就是要缔造完美皮肤。本节主要讲解一种常用、制作效率高、呈现效果好的磨皮方法——计算通道磨皮法，它主要是利用通道将面部的瑕疵分离出来，然后针对这些区域专门处理。该磨皮法的本质是基于分区调整的原理，比较适合面部斑点较多且较为密集的皮肤。

图 5-90 所示的人像图片是经过"计算通道磨皮法"磨皮前后的对比图。

图　5-90

2. 盖印图层

（1）盖印图层是 Photoshop 中的术语，也叫盖印可见图层或图层盖印。盖印图层可以灵活选择，如果只想把单独的几个图层效果盖印，我们就把其他图层隐藏起来。

（2）盖印图层是新建一个透明图层并与要盖印的图层合并，原有图层将保留。合并图层不会新建图层，而是直接与原有图层合并，因此，在某种程度上，合并图层是具有破坏性的。

（3）在 Photoshop 中，盖印图层就是把所有可见图层生成一个新图层，而原有的图层仍然保留。盖印图层是多图层共同结合的效果。

Tip

图层操作的相关快捷键如下。

合并图层：Ctrl+E

复制合并图层：Alt+Ctrl+E

合并可见图层：Shift+Ctrl+E

盖印图层：Alt+Ctrl+Shift+E

5.7　磨皮案例：Portraiture 插件磨皮

5.7 磨皮案例：Portraiture 插件磨皮 .mp4

学习目标： 掌握 Portraiture 插件的安装及人像智能磨皮方法。

实例位置： 实例文件→第 5 章→5.7 Portraiture 插件磨皮→5.7 素材 1~5.7 素材 4。

完成效果： 如图 5-91 和图 5-92 所示。

图　5-91

图　5-92

◆ 案例概述

Portraiture 是一款非常出色的 Photoshop 磨皮插件，减少了人工选择图像区域的重复劳动，实现了一键全自动磨皮，帮助在人像修饰方面取得优秀的成果。它能智能地对图像中的皮肤、头发、眉毛、睫毛等部位进行平滑处理，呈现出的效果相当优秀。本案例主要讲解 Portraiture 插件的使用方法。

◆ 案例制作

01 打开素材。执行“文件”→“打开”命令（快捷键 Ctrl+O），打开本案例“5.7 素材 1”。

02 使用单独图层进行修整。选择“背景”图层，按快捷键 Ctrl+J 复制得到“图层 1”。

03 应用滤镜。执行“滤镜”→“Imagenomic”→“Portraiture”命令，如图 5-93 所示。打开 Portraiture 插件（Portraiture 插件是外挂滤镜，需要单独安装才能使用），如图 5-94 所示。

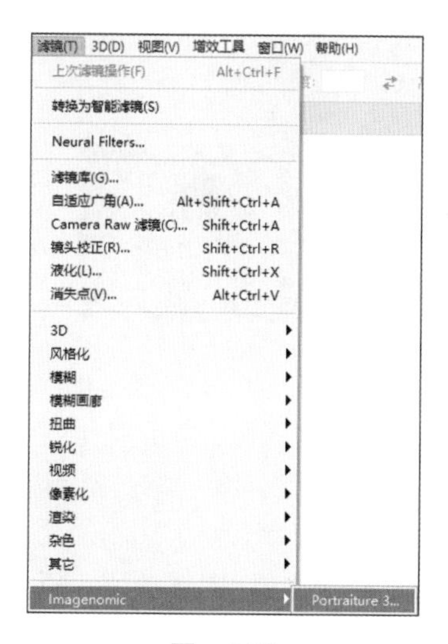

图　5-93

图　5-94

04 进入 Portraiture 插件的操作界面，在左侧的工具栏中可以看到“平滑”工具，其中包括“常规”“适中”和“增强”三种效果。滑动下面的参数条，可以控制平滑效果的强弱。其中，“阈值”用来控制磨皮的强度，如图 5-95 所示。

05 在进行磨皮之前，可以先设置一下预览窗口。右下角有 3 种显示方式，包括“全窗口预览”“水平分割预览（上下对比）”和“垂直分割预览（左右对比）”。这里选用了“垂直分割预览”，如图 5-96 所示。如果左右对比效果不明显，我们也可以单击画面并保持不动，就能显示出原图效果；释放鼠标，显示的画面就是调整后的效果。

图 5-95

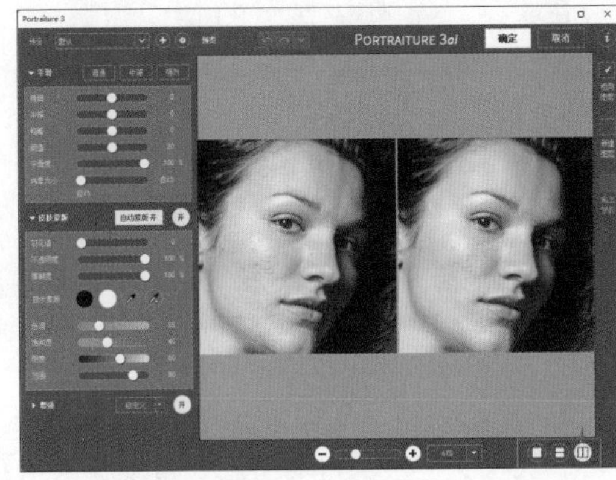

图 5-96

06 除了默认的 3 种“平滑”效果，上方的“预设”下拉列表中，还包括几种“增强”的平滑效果，如图 5-97 所示。也可以在“增强显示—自定义”列表中选择“魅力色调”“色调”“高调色调”和“低调色调”这几种效果，如图 5-98 所示。

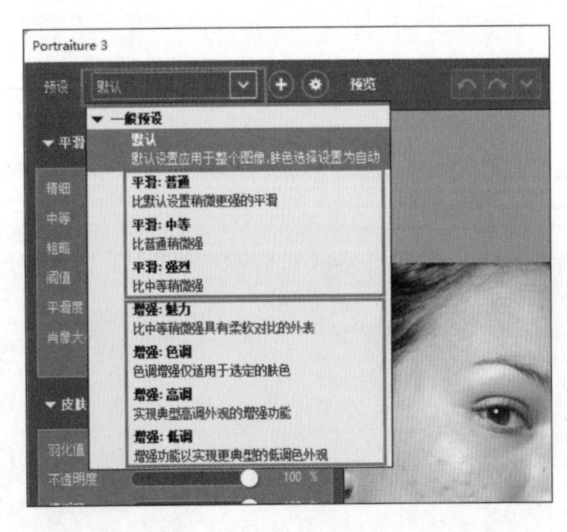

图 5-97

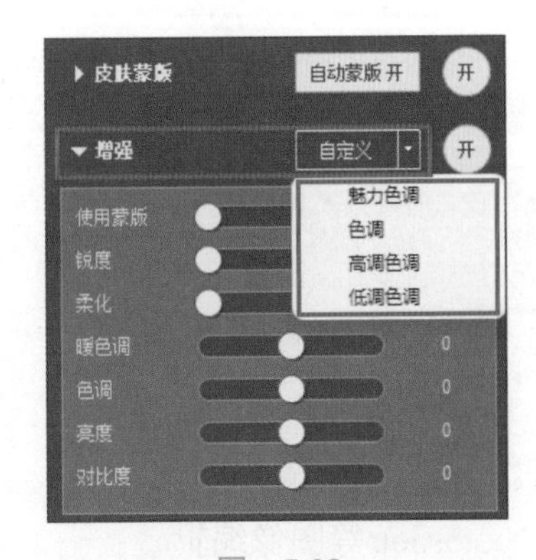

图 5-98

07 这里选择了“增强：魅力”平滑效果，该效果可以很直观地看出人物的发质显得更加柔和了，但面部的肤质有些失色，如图 5-99 所示；可以使用工具栏中的参数条，将此平滑效果调整到适合的强度，如图 5-100 所示。

08 调整完人物皮肤的平滑参数后，还可以切换到“突出显示”列表，使用其中的“暖色”“染色”“亮度”和“对比度”来调整人像的整体风格，力求达到更好的效果，如图 5-101 所示。

图　5-99

图　5-100

09 调整完毕后，单击上方的“确定”按钮，得到效果如图 5-102 所示，这就是使用 Portraiture 插件控制人物皮肤平滑效果的全过程。在 Portraiture 插件中，自带多样的平滑预设。大家可以根据图片的类型、风格和人物的特点，选择合适的预设效果，再通过调整工具栏中的参数条，从而达到更加理想的效果。

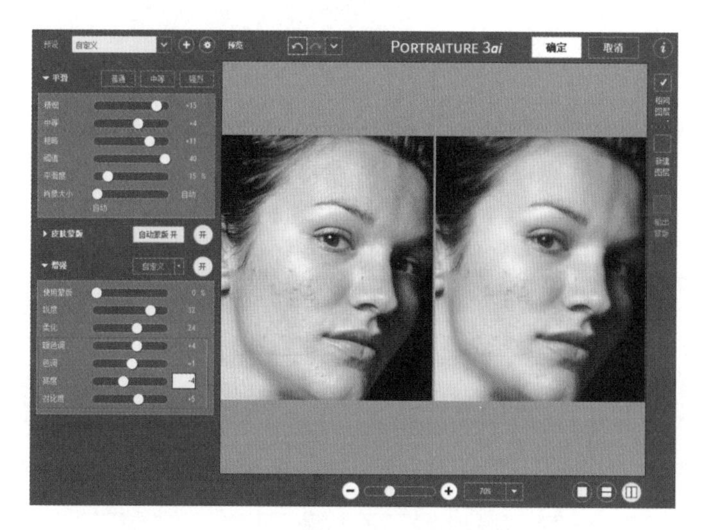

图　5-101

图　5-102

10 Portraiture 的皮肤蒙版功能是一种确定皮肤、头发等效果区域的功能。这里的蒙版与 Photoshop 等图像编辑软件中常说的蒙版相同，指的是未被选定的区域。在皮肤蒙版中，未被选定的皮肤、头发等区域会被遮盖，因此不会被施加效果。下面讲解 Portraiture 的皮肤蒙版功能，如图 5-103 所示。

11 打开素材。执行“文件”→“打开”命令（快捷键 Ctrl+O），打开本案例“5.7 素材 2”，如图 5-104 所示。按快捷键 Ctrl+J 复制“背景”图层得到“图层 1”，如图 5-105 所示。

12 打开与关闭皮肤蒙版。皮肤蒙版功能是可以自行关闭与开启的，如果希望将效果应用到整个图像，可将皮肤蒙版关闭。另外，开启皮肤蒙版功能后，Portraiture 会自动进行蒙版的设置，如果不想用自动设置的蒙版，可单击“自动蒙版关闭”按钮，如图 5-106 所示。如果不想使用蒙版功能，如图 5-107 所示，可将皮肤蒙版设为关闭。

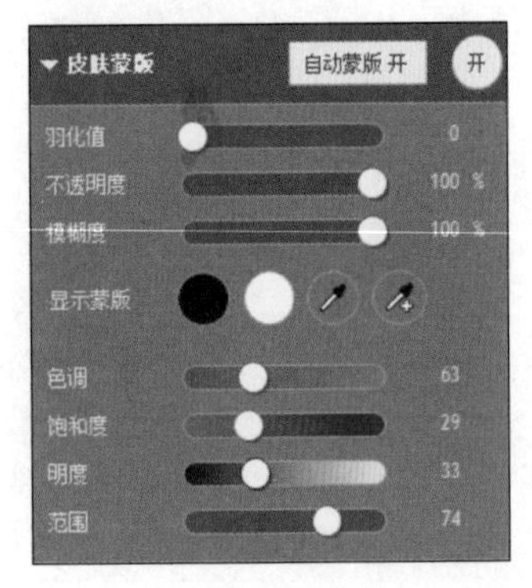

图 5-103

图 5-104

图 5-105

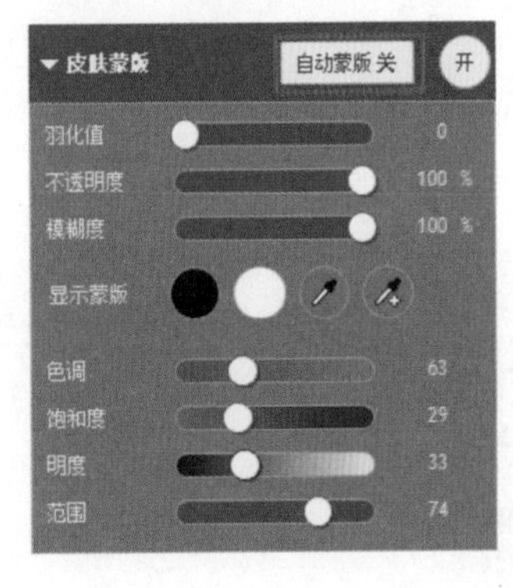

图 5-106

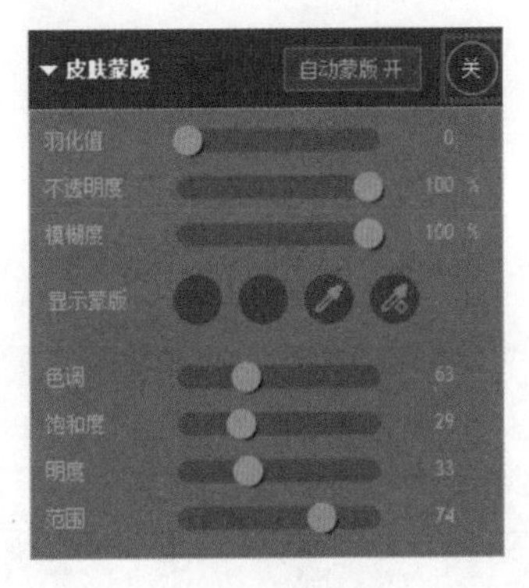

图 5-107

13 皮肤蒙版的使用。羽化、不透明度、模糊是调整蒙版本身的属性，即蒙版边缘是否羽化，蒙版是否透明等；色相、饱和度、明度、范围这些参数调整的是蒙版的应用范围。可通过设定色相、饱和度等参数的数值来设定蒙版的范围，但操作起来会比较烦琐且不准确，建议采用吸取颜色的方法设定蒙版的范围。

可通过第一个吸管吸取主要的肤色，然后再通过第二个带有加号的吸管吸取其他的肤色以及头发、眉毛等的颜色，如图 5-108 和图 5-109 所示。吸取的颜色会作为调整

图 5-108

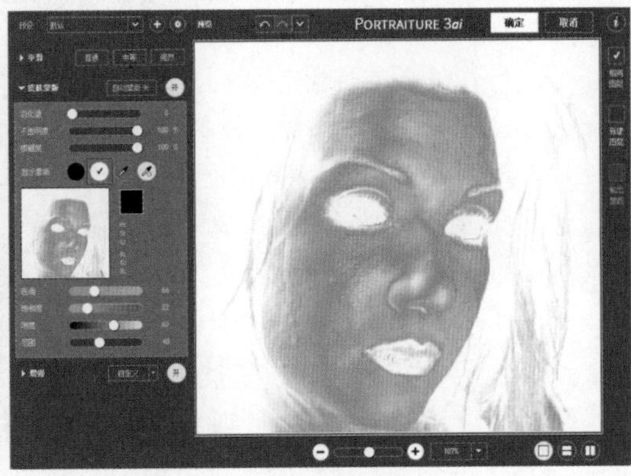

图 5-109

效果的区域，除此以外的区域将会成为蒙版。吸取颜色后，可以单击显示蒙版区域处的黑色或白色按钮，显示蒙版区域，来查看可添加滤镜效果的区域。

注意：皮肤蒙版仅能用于吸取头发、皮肤等部分，不能吸取其他如树叶、花朵等，因其仅针对皮肤、头发、眉毛等部位使用。

综上所述，Portraiture 的皮肤蒙版功能，可设定调整区域的皮肤、头发、眉毛等部位的范围，避免将磨皮、增强等效果应用到所有的皮肤区域。如果只想平滑部分的皮肤，可使用皮肤蒙版调整区域的设定。

知识解析——人像智能磨皮美化

Portraiture 是一款智能磨皮的滤镜插件，该插件能够给 Photoshop 和 Lightroom 添加智能磨皮美化功能，可以帮助用户快速对图片中人物的皮肤、头发、眉毛等部位进行美化，省去了手动调整的麻烦，从而能大大提高图片处理的效率，如图 5-110 所示。

图　5-110

1. 蒙版工具

它可以快速发现图像的大部分皮肤的色调范围，提供无比精细的、更具活力的效果，可以指定不同细节尺寸的平滑度，并精确地调整锐度、柔软度、冷暖度、亮度和对比度。

2. 效果预设

与所有 Imagenomic 插件一样，Portraiture 可以自定义透明度、模糊、缩放等效果，并且可保存为效果预设，方便自己调用，这样就可以大幅度提高编辑效率。

3. 插件功能

Portraiture 是一款 Photoshop 和 Lightroom 插件，能帮助实现智能磨皮美化效果。它可以平滑地去除缺陷，同时保留皮肤纹理和其他重要的人像细节，如头发、眉毛、睫毛等。

4. 功能特点

（1）2x 性能和精细的输出质量：优化了皮肤修饰工作流程，提升了修饰质量和速度，以便于支持对更高像素图像的处理，如图 5-111 所示。

（2）一键磨皮美化：精确蒙版、皮肤光滑、修复瑕疵、增强效果等功能，能快速优化出更具活力的人像。

（3）适用场景广泛：包括肖像、全身、组合拍摄、广告、时尚、美容、医疗和运动图像，如图 5-112 所示。

（4）一键式效果预设：可以根据特定要求和摄影组合，在自定义预设中查看自己的操作流程。

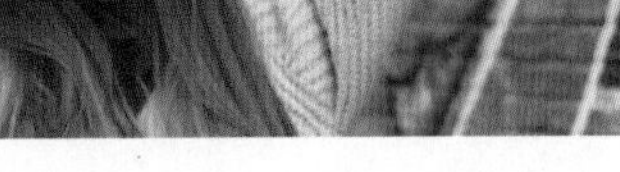

图　5-111

图　5-112

Tip

除了用 Portraiture 插件磨皮外，读者还可以使用 Photoshop 自带的滤镜进行磨皮。执行“滤镜”→“Neural Filters”命令，找到“皮肤平滑度”选项卡，调整“模糊滑块”和“平滑度滑块”可以对人像进行磨皮，如图 5-113 和图 5-114 所示。

Neural Filters 滤镜是 Photoshop 的一个新工作区（Photoshop 2021 及以上版本才能使用），它包含一个滤镜库，使用由 Adobe Sensei 提供支持的机器学习功能，可大幅减少难于实现的工作流程，只需单击几下即可。

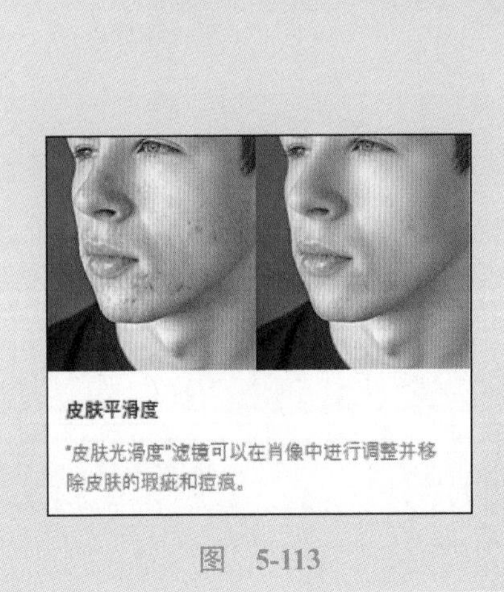

图　5-113

图　5-114

5.8　调色案例：调整图像品质

5.8.1　调整亮度和对比度

5.8.1 调整亮度和对比度 .mp4

学习目标：理解和掌握 Photoshop 中亮度和对比度的调整方法。

实例位置：实例文件→第 5 章→5.8.1 调整亮度和对比度→5.8.1 素材。

完成效果：原图如图 5-115 所示，效果如图 5-116 所示。

图 5-115

图 5-116

◆ 案例概述

使用相机和手机拍照时，并不一定总能得到完美的曝光效果，要么太暗，要么太亮；或者对比度不足，颜色暗淡；或者对比度太高，暗处太暗，亮处太亮。要修正这些曝光问题，最简单的方法就是调整亮度和对比度。

◆ 案例制作

01 打开素材。执行“文件”→“打开”命令（快捷键 Ctrl+O），打开本案例“5.8.1 素材”，会发现照片的颜色整体偏暗。

02 先选中“背景”图层，然后执行“图像”→“调整”→“亮度 / 对比度”命令。

03 在“亮度 / 对比度”对话框中，单击“自动”按钮，如图 5-117 所示，此时 Photoshop 会自动将照片调整到合适的亮度和对比度，效果如图 5-118 所示。

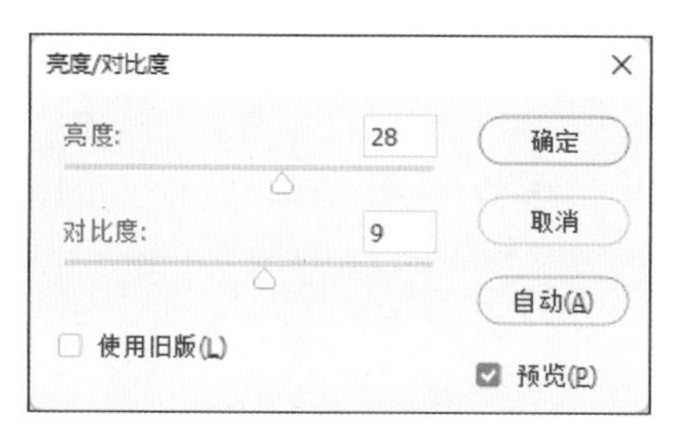

图 5-117

图 5-118

04 如果对“自动”调整的效果不满意，可以拖动“亮度”滑块更改图像的整体亮度（如调整至 50）。拖动“对比度”滑块增加或降低图像对比度（如调整 20），如图 5-119 所示。单击“确定”按钮，这些调整只会出现在所选图层中，如图 5-120 所示。

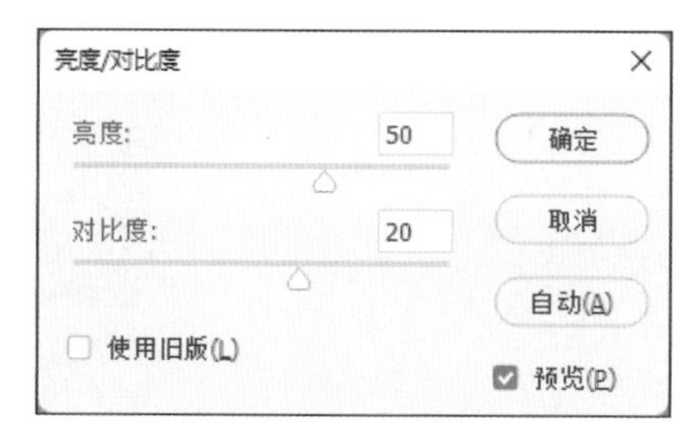

图 5-119

图 5-120

Tip　亮度控制图像的整体明暗；对比度控制图像中明暗色调的范围。增加对比度，暗色调变得更暗，亮色调变得更亮。如果对比度过高，会让人很难看清阴影区域的细节，也会导致高光区域的细节丢失，对比度过低，让人感觉颜色非常黯淡。

05 直接调整“亮度/对比度”并不是解决曝光问题的唯一方法，本节后面的内容将讲解如何通过“调整图层”来更加灵活地调整图像的品质。同样，还有解决曝光问题的其他方法，如色阶和曲线等。但是，亮度和对比度的调整是一种相对比较简单的方法，一般稍加调整就可以改善照片的效果。

知识解析——亮度/对比度

使用“亮度/对比度”调整，其面板如图 5-121，可以对图像的色调范围进行简单的调整。将“亮度”滑块向右移动会增加色调值并扩展图像高光，而将“亮度”滑块向左移动会减少色调值并扩展阴影。“对比度”滑块可用于扩展或收缩图像中色调值的总体范围。

在正常模式中，“亮度/对比度”会与“色阶”和“曲线”调整一样，按比例（非线性）调整图像图层。当选定“使用旧版”时，“亮度/对比度”在调整亮度时只是简单地增大或减小所有像素值。由于这样会造成高光修剪或阴影区域，或者使其中的图像细节丢失，因此不建议在旧版模式下对摄影图像使用“亮度/对比度”。

打开“亮度/对比度”，执行下列操作即可在“属性”面板中拖动滑块以调整亮度和对比度，如图 5-122 所示。

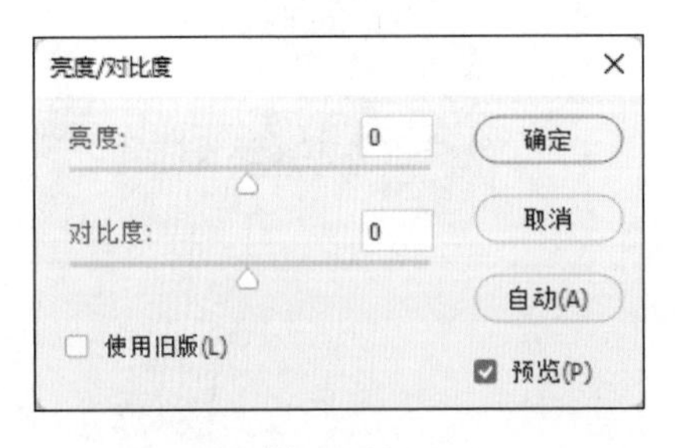

图　5-121

图　5-122

单击“调整”面板中的“亮度/对比度”按钮。

执行“图层”→“新建调整图层”→“亮度/对比度”命令。

5.8.2　调整颜色自然饱和度

学习目标： 理解和掌握 Photoshop 中自然饱和度的调整方法。

实例位置： 实例文件→第 5 章→ 5.8.2 调整颜色自然饱和度→ 5.8.2 素材。

完成效果： 原图如图 5-123 所示，效果如图 5-124 所示。

5.8.2 调整颜色自然饱和度 .mp4

图　5-123

图　5-124

◆ 案例概述

调整照片的色彩强度可以对照片产生很大影响。在本案例中，学习如何通过调整颜色自然饱和度来做到这一点。假设希望让这个人身上毛衣的颜色更饱满一些，同时又不希望她皮肤的颜色看起来太饱和，那么最好的办法就是调整整个照片的自然饱和度。

◆ 案例制作

01 打开素材。执行“文件”→“打开”命令（快捷键 Ctrl+O），打开本案例“5.8.2 素材”。想让毛衣的颜色更加鲜艳一些，而其他颜色尽量保持不变动。

02 选中“背景”图层，执行“图像”→“调整”→“自然饱和度”命令。

03 拖动滑块进行尝试。“自然饱和度”可以影响颜色的强度，主要影响图像中较暗的颜色；“饱和度”可以提高图像中所有颜色的强度，如图 5-125 所示。在这两个影响颜色强度的调整选项中，如果是调整皮肤颜色，或是需要精细地提高颜色强度，自然饱和度就是最好的选择。

04 在“自然饱和度”对话框中，将“自然饱和度”调整为“90”，如图 5-125 所示，单击“确定”按钮，此调整效果只会出现在所选图层中，效果如图 5-126 所示。“自然饱和度”的效果比较细微，在提高颜色强度的同时可以避免皮肤颜色过于饱和，即此操作成功地提高了毛衣颜色的强度，同时保持了人脸和木头颜色适中。

图　5-125

图　5-126

05 本案例主要通过调整“自然饱和度”来精细地提高颜色的强度，这会直接将调整应用到照片上。在后面的内容中，还可以通过“调整图层”来更加灵活地调整图像的颜色。

知识解析——自然饱和度

“自然饱和度”用于调整饱和度以便在颜色接近最大饱和度时最大限度地减少“修剪”。该调整增加与已饱和颜色相比不饱和颜色的饱和度。“自然饱和度”还可防止肤色过度饱和，如本案例效果图 5-124 所示。

使用“自然饱和度”调整图层来调整颜色饱和度。

（1）添加调整图层。执行下列操作之一。

执行“图层”→“新建调整图层”→“自然饱和度”命令。在新建图层对话框中输入“自然饱和度”调整图层的名称并单击“确定”按钮。

在“调整”面板中，单击“自然饱和度”图标，如图 5-127 所示，添加“自然饱和度”调整图层。

Tip 还可以执行“图像”→“调整”→“自然饱和度”命令。但请记住，该方法是对图像图层进行直接调整并“扔掉”图像信息。

图 5-127

图 5-128

（2）在“属性”面板中，如图 5-128 所示，拖动自然饱和度滑块以增加或减少色彩饱和度，而不会在颜色过于饱和时损失细节。然后，执行以下操作之一。

- 要将更多调整应用于不饱和的颜色并避免在颜色接近完全饱和时损失颜色细节，将自然饱和度滑块移动至右侧。
- 要将相同的饱和度调整量用于所有的颜色（不考虑其当前饱和度），则应拖动饱和度滑块。
- 要降低饱和度，将自然饱和度或饱和度滑块移动至左侧。

Tip 饱和度高低与人的视觉感受

一张照片的饱和度越高，其画面的“攻击性”就越强，就越能引起人的注意，但是过高的饱和度有时候会让人产生反感的情绪。

一张照片的饱和度越低，其画面就越“平和”，就越能给人安静、舒适的视觉感受，但是过低的饱和度有时候会让画面产生不通透感。

5.8.3 调整色相和饱和度

学习目标：理解和掌握 Photoshop 中色相 / 饱和度的调整方法。

实例位置：实例文件→第 5 章→5.8.3 调整色相和饱和度→5.8.3 素材。

完成效果：原图如图 5-129 所示，效果如图 5-130 所示。

5.8.3 调整色相和饱和度 .mp4

图　5-129

图　5-130

◆　案例概述

“色相 / 饱和度”不仅可以调整颜色饱和度，还可以调整颜色的其他属性，从而达到改变图像色彩的目的。在本案例中，学习如何通过“色相 / 饱和度”调整图像中的特定颜色或所有颜色，以便更好地控制颜色效果。

◆　案例制作

01 打开素材。执行“文件”→“打开”命令（快捷键 Ctrl+O），打开本案例“5.8.3 素材”。

02 选中“背景”图层，执行“图像”→“调整”→“色相 / 饱和度”命令（快捷键 Ctrl+U）。

03 拖动滑块进行尝试。在“色相 / 饱和度”面板中，拖动“色相”“饱和度”和“明度”滑块进行尝试，更改将影响图像中的所有颜色。“色相”滑块可以更改图像整体的颜色；“饱和度”滑块可以更改图像中颜色的强度，向右拖动滑块可以使图像中的所有颜色变得更加鲜艳，向左拖动滑块可以使图像中的所有颜色变得更加柔和；“明度”滑块可以更改图像中颜色的亮度。如可将色相、饱和度、亮度调整为“−180”“−10”“5”后（图 5-131）得到效果如图 5-132 所示。

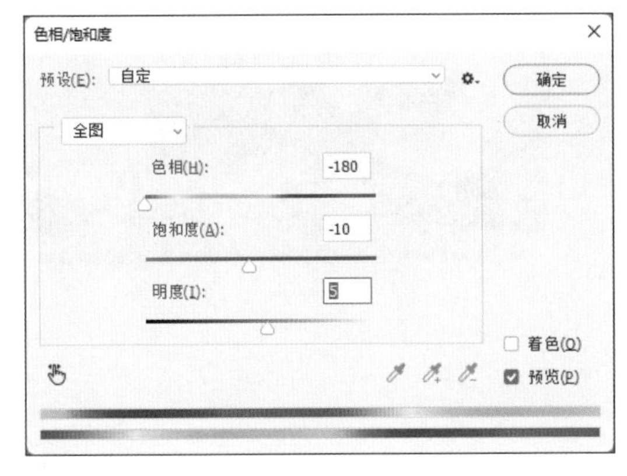

图　5-131

图　5-132

04 更改一种特定的颜色——黄色。在“色相 / 饱和度”对话框左上角的下拉列表中选择一个色域，例如“黄色”。然后拖动“色相”“饱和度”或“明度”滑块（其值分别为 0，

+50，10），如图 5-133 所示。这样所做的更改将只会影响所选的色域，并会更改图像中所有相应的颜色，如图 5-134 所示。

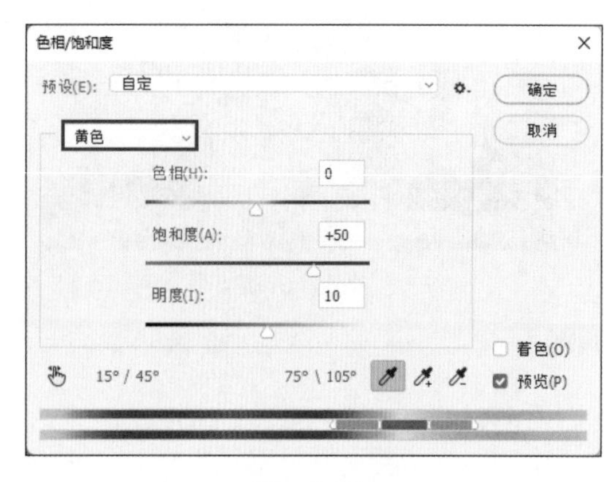

图 5-133

图 5-134

05 更改一种特定的颜色——橙黄色。在“色相 / 饱和度”对话框左下角，选择“图像调整工具”按钮，如图 5-135 所示，单击图像中“橙黄色”，在图像中向左或向右拖动，如图 5-136 所示，以降低或增加包含所单击像素的颜色范围的饱和度；按住 Ctrl 键的同时单击图像中的颜色，并在图像中向左或向右拖动以修改色相值。

06 单击“确定”按钮，此调整只会出现在所选图层中。“色相 / 饱和度”提供了很多用于控制和调整图像颜色的选项，可以用上面的方法直接进行调整，也可以通过“调整图层”进行更加灵活地调整。

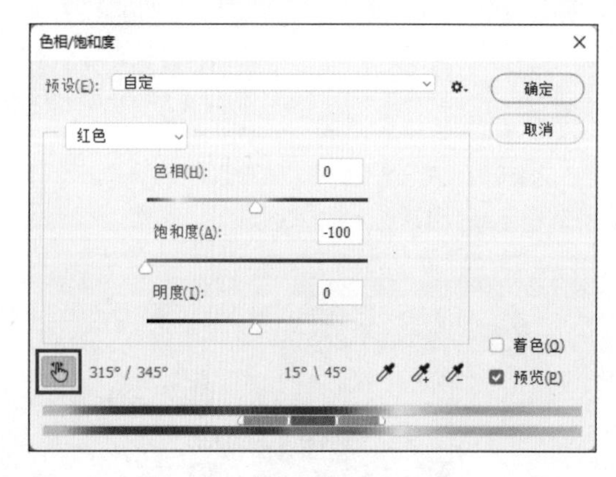

图 5-135

图 5-136

知识解析——色相 / 饱和度

“色相 / 饱和度”可以用来调整图像中特定颜色范围的色相、饱和度和明度，或者同时调整图像中的所有颜色。此调整尤其适用于微调 CMYK 图像中的颜色，以便它们处在输出设备的色域内。

应用色相 / 饱和度调整设置步骤如下。

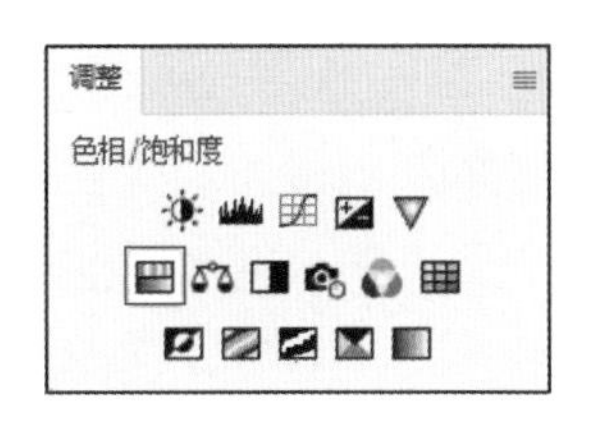

图　5-137

（1）添加调整图层。执行下列操作之一。

① 执行“图层”→“新建调整图层”→“色相 / 饱和度”命令。在新建图层对话框中单击“确定”按钮。

② 在“调整”面板中，单击“色相 / 饱和度”图标，如图 5-137 所示。

③ 单击“图层”面板底部的“新建调整图层”按钮◕，从菜单中选择“色相 / 饱和度”。

Tip　也可以执行“图像”→“调整”→“色相 / 饱和度”命令。但请记住，该方法会对图像图层进行直接调整并“扔掉”图像信息。

图　5-138

（2）在“属性”面板中，如图 5-138 所示，选择以下选项。

① 从“预设”下拉列表中选取“色相 / 饱和度”预设。

② 从“图像调整工具”右侧的菜单中选取“全图”可以一次性调整所有颜色；为要调整的颜色选择列出的任一其他预设颜色范围。

（3）调整色相的方法如下。

拖动“色相”滑块或输入一个值，直到对颜色满意为止。框中显示的值反映像素原来的颜色在色轮中旋转的度数。正值指明其是顺时针旋转，负值指明其是逆时针旋转。值的范围可以是 −180~+180。

选择“图像调整工具”，按住 Ctrl 键的同时单击图像中的颜色，向左或向右拖动以修改色相值。

（4）调整饱和度的方法如下。

输入一个值，向右拖动“饱和度”滑块以增加饱和度，或向左拖动以降低饱和度。值的范围可以是 −100（饱和度减少的百分比，使颜色变暗）~ +100（饱和度增加的百分比，使颜色变亮）。

选择“图像调整工具”并单击图像中的某个颜色，在图像中向左或向右拖动，以降低或增加包含所单击像素的颜色范围的饱和度。

（5）调整明度的方法如下。

输入一个值，向右拖动滑块以增加明度（向颜色中增加白色），或向左拖动以降低明度（向颜色中增加黑色）。值的范围可以是 −100（黑色的百分比）~+100（白色的百分比）。

要还原“色相 / 饱和度”设置，可单击“属性”面板底部的“重置”按钮。

5.8.4　了解调整图层

学习目标： 理解和掌握 Photoshop 中使用调整图层调整颜色和色调的方法。

实例位置： 实例文件→第 5 章→ 5.8.4 了解调整图层→ 5.8.4 素材。

完成效果： 如图 5-139 所示。

5.8.4 了解调整图层 .mp4

图 5-139

◆ 案例概述

在熟悉了如何直接对图像进行调整后，本案例将通过“调整图层”这种更灵活的方式进行类似调整。“调整图层”在编辑上提供更大的灵活性，并且避免直接更改原始图像，创建的“调整图层”是一种特殊图层，它本身不包含任何图像内容，但是可以将其中的调整应用到下方的图层中。本案例使用“黑白”调整图层来讲解“调整图层”的使用方法。

◆ 案例制作

01 打开素材。执行“文件”→“打开”命令（快捷键 Ctrl+O），打开本案例“5.8.4 素材 .psd”。

02 创建调整图层。选中“背景”图层，单击“图层”面板底部的“新建调整图层”按钮◐，如图 5-140 所示，从下拉菜单中选择“黑白”。将在选择的图层之上创建一个新的调整图层，该调整图层只会影响位于它下方的图层，如图 5-141 和图 5-142 所示，并自动打开“属性”面板，显示调整控件。不同类型的调整图层在“属性”面板中显示的控件也有所不同。

图 5-140

图 5-141

图 5-142

03 自定义图像的黑白效果。在“属性”面板中，选择“图像调整工具”，如图 5-143 所示。单击图像中色彩区域，向左或向右拖动控件，如图 5-144 所示，调整黑色颜色效果。

调整完毕后，单击“属性”面板右上角的双箭头，关闭面板。

04 更改调整图层应用对象。如果想让“黑白”调整图层只影响“小花束”图层，而不影响“背景”图层，可以将“黑白”调整图层调整到“小花束”图层上面，然后按快捷键 Alt+Ctrl+G 将调整图层创建为“小花束”图层的剪贴蒙版，如图 5-145 所示，效果如图 5-146 所示。

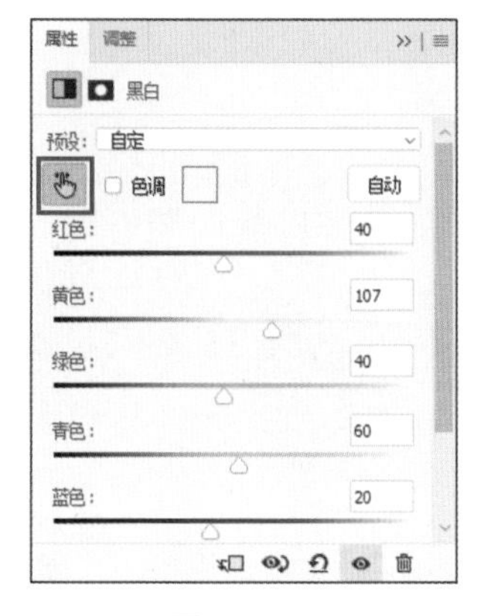

图　5-143

图　5-144

图　5-145

图　5-146

关于“调整图层”，需要记住的是，使用调整图层可以避免直接更改原始图像，并最大程度提高编辑的灵活性。这是一种极为广泛的使用方法。

知识解析——调整图层和填充图层

1. 关于调整图层

“调整图层”可将颜色和色调的调整应用于图像，而不会永久地更改像素值。例如，可以创建“色阶”或“曲线”调整图层，而不是直接在图像上调整“色阶”或“曲线”。颜色和色调的调整存储在调整图层中并应用于该图层下面的所有图层；可以通过一次调整来校正多个图层，而不用单独对每个图层进行调整；也可以随时“扔掉”更改结果并恢复原始图像。调整图层提供了以下优点。

（1）编辑不会造成破坏。可以尝试不同的设置并随时重新编辑调整图层；也可以通过降低该图层的不透明度来减轻调整的效果。

（2）编辑具有选择性。在调整图层的图像蒙版上绘制可将调整应用于图像的一部分。通过重新编辑图层蒙版，可以控制调整图像的某些部分；通过使用不同的灰度色调在蒙版上绘制，可以改变调整结果。

（3）将调整结果应用于多个图像。在图像之间拷贝和粘贴调整图层，以便应用相同的颜色和色调进行调整。

2. 创建调整图层

执行下列操作之一。

- 单击“图层”面板底部的“新建调整图层”按钮◐，然后选择调整图层类型，如图 5-147 所示。
- 执行“图层”→“新建调整图层”命令，从中选择一个选项。为图层命名并设置图层选项，然后单击“确定”按钮。
- 通过“调整”面板，如图 5-148 所示，创建调整图层。

Tip 要将调整图层的效果应用于特定的图像图层，请先选中这些图像图层，然后执行“图层”→“新建”→“从图层建立组”命令，再将模式从“穿透”更改为其他混合模式，最后将调整图层放置在该图层组的上面。

图　5-147

图　5-148

5.9　调色案例：调整照片的颜色强度

学习目标： 理解和掌握 Photoshop 中使用色相 / 饱和度调整图层定向控制颜色饱和度的方法。

实例位置： 实例文件→第 5 章→ 5.9 调整照片的颜色强度→ 5.9 素材。

完成效果： 原图如图 5-149 所示，效果如图 5-150 所示。

5.9 调色案例：调整照片的颜色强度 .mp4

图　5-149

图　5-150

◆ 案例概述

有时可为照片增加一些额外的内容，例如通过增加照片中颜色的强度或饱和度来使照片更鲜活。不仅是整张照片，也可以对照片中特定的颜色进行这样的操作，且无须建立选区。本案例通过针对性地调整“色相 / 饱和度”，使照片中的特定颜色更加生动，增强了照片的感染力。

◆ 案例制作

01 打开素材。执行“文件”→“打开”命令（快捷键 Ctrl+O），打开本案例“5.9 素材”。

02 创建调整图层。选中“背景”图层，单击“图层”面板底部的“新建调整图层”按钮◐，选择“色相 / 饱和度”，如图 5-151 所示。添加一个“色相 / 饱和度”调整图层，如图 5-152 所示，此图层可用来调整颜色，而不会永久性地改变照片。

03 设置“色相 / 饱和度”。在“图层”面板中选中“色相 / 饱和度”调整图层，打开“属性”面板，如图 5-153 所示。向右拖动“饱和度”滑块，以增加照片中所有颜色的饱和度。如果一些颜色看起来过于饱和，可将滑块向左侧拖动。

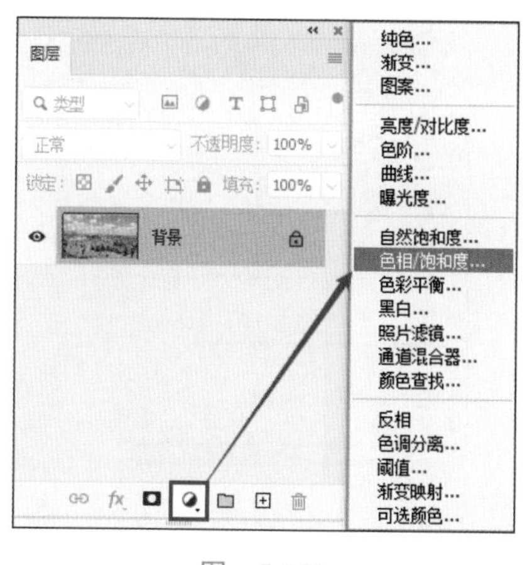

图　5-151

图　5-152

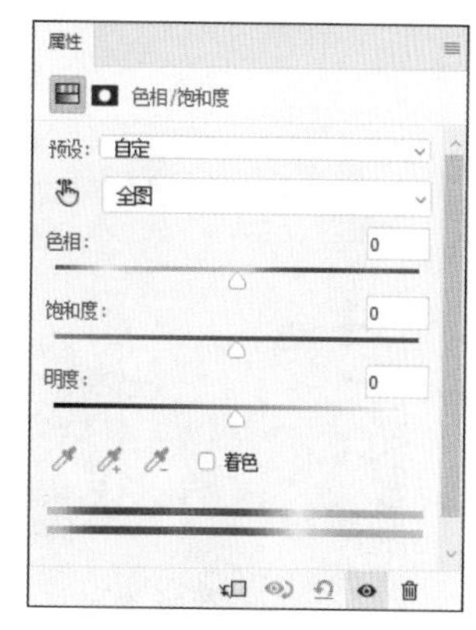

图　5-153

04 调整“天空”颜色。要调整特定色域的“色相 / 饱和度”，可以在“属性”面板中打开选项显示有“全图”的下拉列表，从中选择“蓝色”色域，如图 5-154 所示，将“饱和度”值设为“+50”，以增加照片中蓝色的饱和度，再将“明度”值设为“–30”，以降低亮度，效果如图 5-155 所示。

图 5-154

图 5-155

Tip “色相/饱和度”调整图层底部有两条色带，最上面一条色带显示的是当增加饱和度时将会受到影响的色域。可以看到，此时它不包含前景中的红色、橙色、黄色和绿色，只有蓝色区域。

05 调整“沙漠”颜色。沙漠颜色为“橙黄色”，“属性”面板相关选项内无此颜色，需要使用“图像调整工具”。在“属性”面板中，选择“图像调整工具”，单击图像中“橙黄色”色彩区域，如图 5-156 所示，按住鼠标并向右拖动，将“饱和度”值设为“35”，如图 5-157 所示，增加照片中与所单击的颜色相似的所有色域的饱和度。再次单击“图像调整工具”可以关闭该工具。

图 5-156

图 5-157

06 想要更改调整结果？如果想要更改调整结果，可以双击“色相/饱和度”调整图层最左侧的调整图标，如图 5-158 所示，在“属性”面板中重新打开“色相/饱和度”控件，如图 5-159 所示。

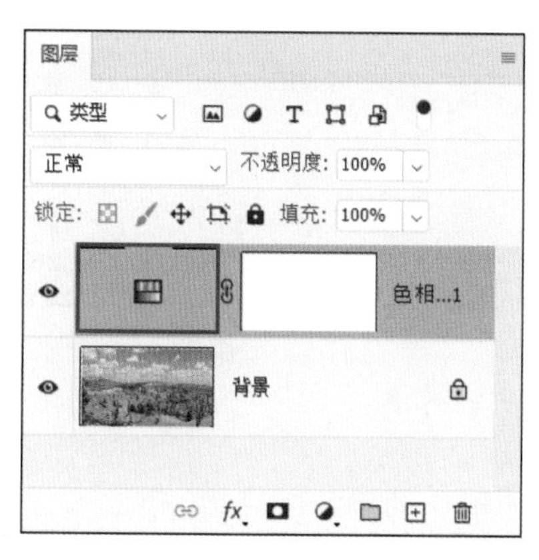

图　5-158

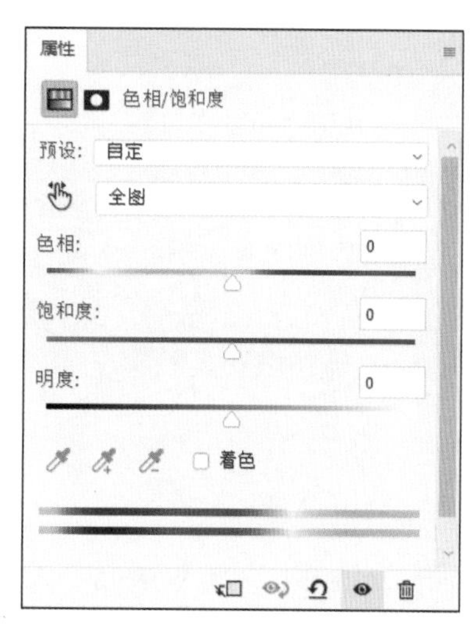

图　5-159

知识解析——色相 / 饱和度调整颜色

当对图像应用“色相 / 饱和度”调整时，可以在“属性”面板中，从“图像调整工具”右侧的下拉列表中选取一种颜色，调整滑块及其相应的色轮值（以“度”为单位）显示在两个颜色条之间，如图 5-160 所示。

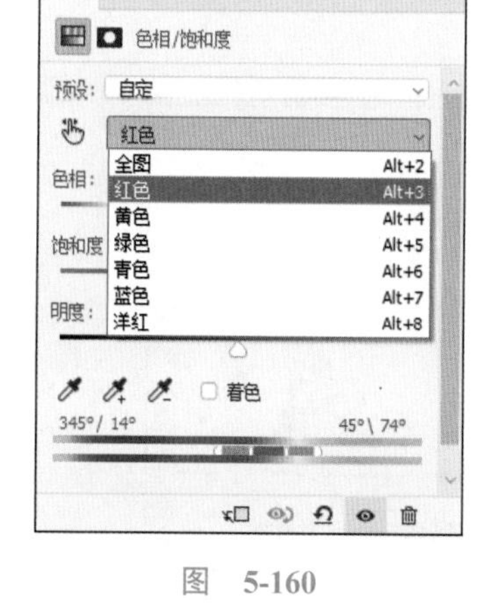

图　5-160

两个内部的垂直滑块定义颜色范围。两个外部的三角形滑块显示对色彩范围的调整在何处“衰减”（“衰减”是指对调整进行羽化或锥化，而不是明确界定的开始或停止应用调整）。

使用“吸管工具”或调整滑块来修改颜色范围。

使用“吸管工具”在图像中单击或拖动以选择颜色范围。

要扩大颜色范围，使用“添加到取样”吸管工具在图像中单击或拖动。

要缩小颜色范围，使用“从取样中减去”吸管工具在图像中单击或拖动。

当“吸管工具”处于选定状态时，也可以在按 Shift 键的同时在图像中单击来添加到颜色范围，或按 Alt 键的同时在图像中单击来从颜色范围中减去。

5.10　调色案例：使用色阶润饰图片

学习目标：理解和掌握在 Photoshop 中使用色阶功能改善暗哑照片的色彩亮度和对比度的方法。

实例位置：实例文件→第 5 章→5.10 使用色阶润饰图片→5.10 素材。

完成效果：原图如图 5-161 所示，效果如图 5-162 所示。

5.10 调色案例：使用色阶润饰图片.mp4

图 5-161

图 5-162

◆ 案例概述

本案例的照片看起来很单调，或者说是对比度不够，即照片中最亮的色调与最暗的色调之间差别不大；另外整体亮度也不太够。这种照片是通常所说的“暗哑照片”。要解决这两个问题，可以使用“色阶”调整图层提高照片的对比度和亮度，从而改善图像质量。

◆ 案例制作

01 打开素材。执行“文件”→“打开”命令（快捷键 Ctrl+O），打开本案例“5.10 素材”。

02 创建调整图层。选中“背景”图层，单击“图层”面板底部的“新建调整图层”按钮◐，从子菜单中选择“色阶”，创建色阶调整图层，如图 5-163 所示。在“属性”面板中，直方图表示照片中的色调值，如图 5-164 所示。

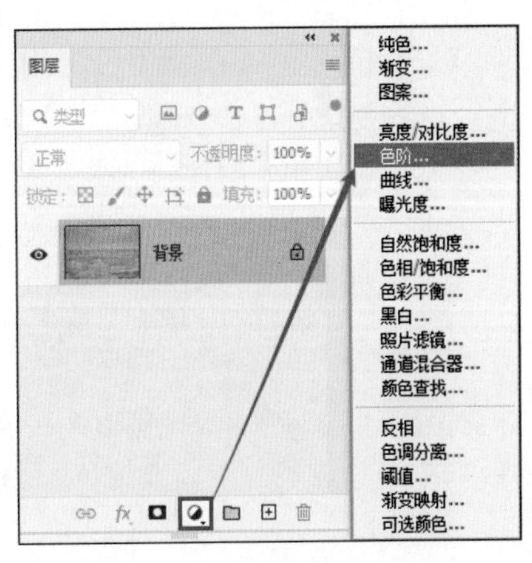

图 5-163

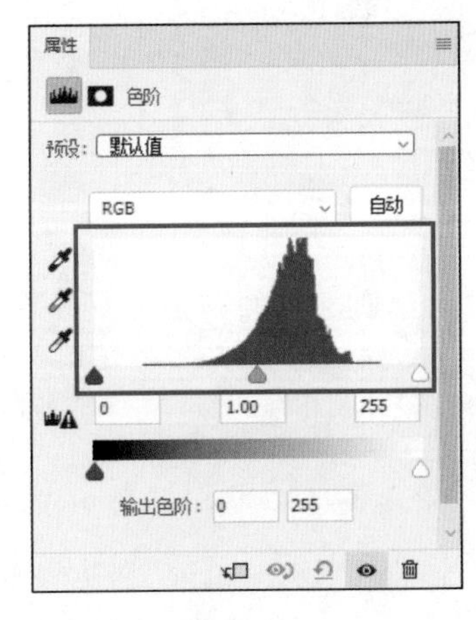

图 5-164

说明： 在色阶“属性”面板中，黑色的峰状物表示这张照片中的实际色调在灰度图中的位置，它实际上是由彼此紧挨的、垂直竖条组成的。每个竖条代表照片中某个特定的色调值。可以看到，右侧没有这样的竖条，这意味着这张照片中没有亮白色调；同样，左侧也没有竖条，表示照片中也没有深黑色调；最高的竖条都集中在灰度图的中央，这意味着照片中的灰度范围较窄，大部分为灰色调。因此照片看起来非常单调，或者说对比度不够。比较理想的情况是照片中色度值的范围更广一些，能包括一些纯白色和一些深黑色，可以通过移动直方图下方的黑色滑块和白色滑块来做到这一点。

03 调整方法（1）。将直方图下方的“输入色阶”滑块值分别设为“70”“1.3”“200”，如图 5-165 所示，调整照片的白色像素和黑色像素，从而扩展色调范围，提高照片的对比度，如图 5-166 所示。

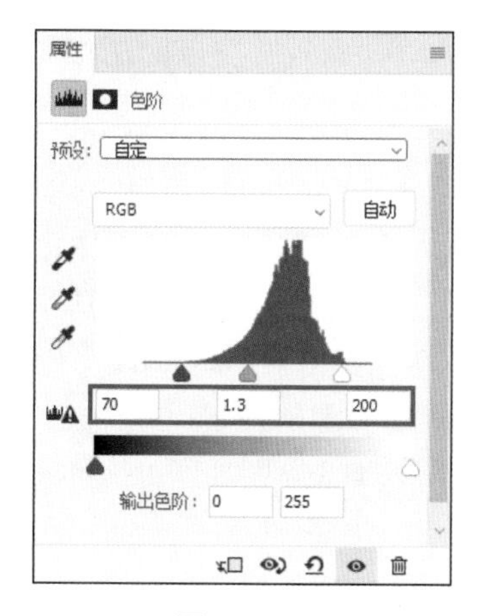

图　5-165

图　5-166

图　5-167

04 调整方法（2）。在调整色阶时，可以按住 Alt 键的同时拖动滑块，这样方便查看调整时图像丢失的部分。按住 Alt 键的同时向左拖动白色的“输入色阶”滑块（值为 200），直到在照片中看到一些白色像素，滑块右侧的所有色调都将变为不包含任何细节的纯白色，如图 5-167 和图 5-168 所示。按住 Alt 键的同时向右拖动黑色的“输入色阶”滑块（值为 70），直到在照片中看到一些黑色像素，滑块左侧的所有色调都将变为不包含任何细节的纯黑色，如图 5-169 和图 5-170 所示。要更改照片的整体亮度，可以向左拖动灰色的“输入色阶”滑块（值为 1.3）。

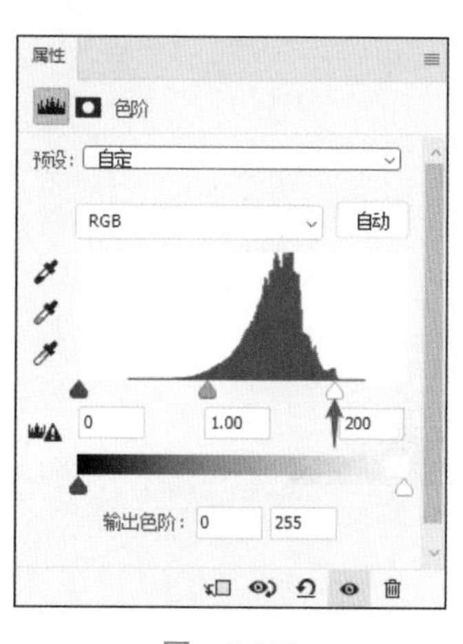

图　5-168

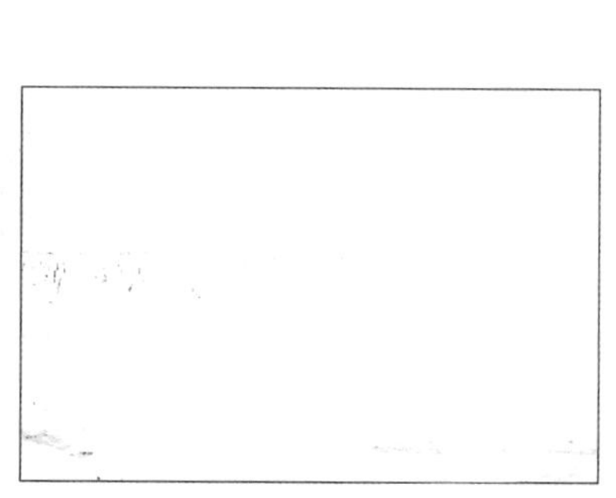
图　5-169

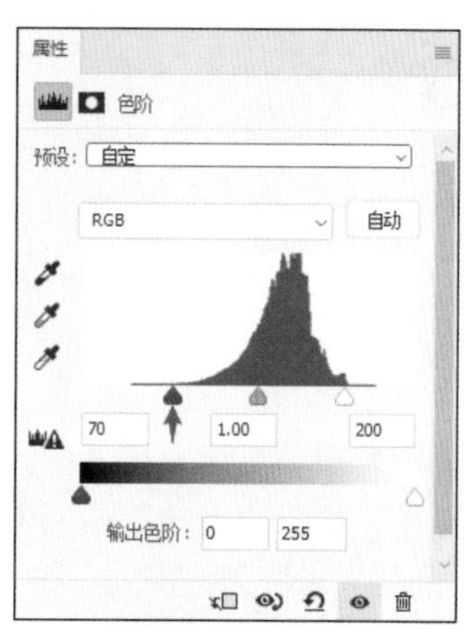

图　5-170

知识解析——色阶

“色阶”是指颜色的明暗度，在 Photoshop 中 8 位 / 通道共有 256 个色阶，从 0 到 255，0 表示最暗的黑色，255 表示最亮的白色。可以使用“色阶”调整图像的阴影、中间调和高光的强度级别，从而校正图像的色调范围和色彩平衡。“色阶”直方图用作调整图像基本色调的直观参考。

1. 使用色阶调整色调范围

外面的两个“输入色阶”滑块将黑场和白场映射到“输出”滑块的设置，如图 5-171 所示，A 为“阴影”滑块，B 为中间滑块，C 为高光滑块。默认情况下，“输出”滑块位于色阶 0（像素为黑色）和色阶 255（像素为白色）。“输出”滑块位于默认位置时，如果移动黑场输入滑块，则会将像素值映射为色阶 0，而移动白场滑块则会将像素值映射为色阶 255。其余的色阶将在色阶 0~255 重新分布。这种重新分布情况将会增大图像的色调范围，实际上增强了图像的整体对比度。

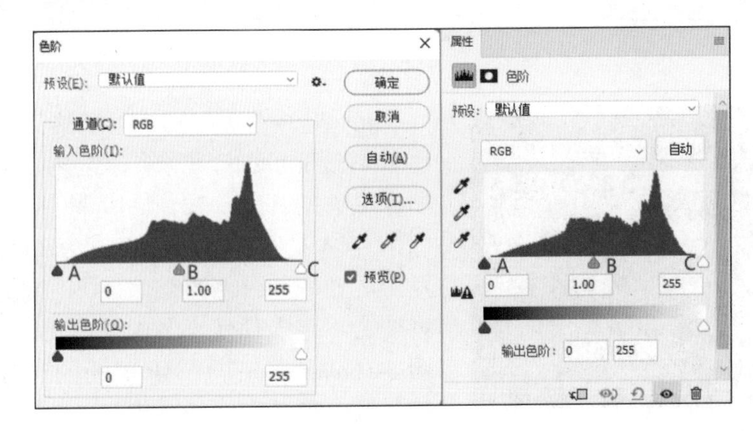

图 5-171

“中间调”输入滑块用于调整图像中的灰度系数。它会移动“中间调”（色阶值为 128），并更改灰色调中间范围的强度值，但不会明显改变高光和阴影。

Tip 如果“剪切”了阴影，则像素为黑色，没有细节。如果“剪切”了高光，则像素为白色，没有细节。

2. 使用色阶增加照片的对比度

如果图像需要整体对比度，因为它不使用全部色调范围，可单击“调整”面板中的“色阶”图标。然后，将“阴影”和“高光”输入滑块向内拖动，直到直方图的末端。如图 5-172 所示，A、B 分别为“阴影”滑块和“高光”滑块，图像图层没有延伸到图形的末端，表示图像没有使用全部色调。

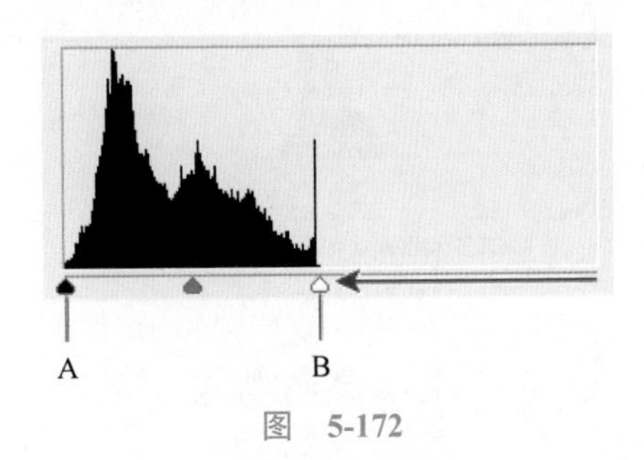

图 5-172

5.11　调色案例：在合成中匹配颜色

学习目标： 理解和掌握 Photoshop 在合成图像过程中匹配颜色的方法。

实例位置： 实例文件→第 5 章→5.11 在合成中匹配颜色→5.11 素材。

完成效果： 原图如图 5-173 所示，效果如图 5-174 所示。

5.11 调色案例：在合成中匹配颜色 .mp4

图　5-173

图　5-174

◆ 案例概述

任何合成项目的最后润色阶段均是创造统一的外观和感觉，这样颜色和色调的品质将匹配在不同的图像元素之间，本节将探讨在 Photoshop 中为合成项目创建统一颜色处理的一些方法。本案例有一个科幻合成图片，需要尝试让整个场景呈现出整体凉爽和蓝色的外观。

◆ 案例制作

01 打开素材。执行“文件”→“打开”命令（快捷键 Ctrl+O），打开本案例“5.11 太空旅行者 .psd”素材。

02 复制图层。首先隐藏 Robot & Astronaut 图层组，再选中“背景”图层，按快捷键 Ctrl+J 进行复制，将新复制的“背景拷贝”图层移至 Desert City 图层上方，如图 5-175 所示，效果如图 5-176 所示。

图　5-175

图　5-176

03 从背景创建平均颜色的图层。选中“背景拷贝”图层，执行“滤镜”→“模糊”→“平均”命令，然后将该图层的混合模式设置为“颜色”，这为复合匹配增加了统一的色彩；再将该图层的“不透明度”设置为“54%”，如图 5-177 所示，以改变平均颜色图层的效果，案例效果如图 5-178 所示。

图 5-177

图 5-178

04 建立剪贴蒙版。再次选中“背景拷贝”图层，按快捷键 Alt+Ctrl+G 创建剪贴蒙版，如图 5-179 所示，让平均颜色图层的效果仅影响其下方的 Desert City 图层，效果如图 5-180 所示。

图 5-179

图 5-180

05 创建纯色填充图层。显示 Robot & Astronaut 图层组，选中“吸管工具”拾取机器人眼睛旁边的“蓝色”至前景色，如图 5-181 所示。单击“图层”面板底部的“新建调整图层”按钮，从子菜单中选择“纯色”。在“拾色器”中，已经选择了用吸管采样的颜色，单击“确定”按钮。按快捷键 Alt+Ctrl+G 创建下方图层组的剪贴蒙版，如图 5-182 所示，控制纯色填充图层的显示范围，效果如图 5-183 所示。

06 调整图层混合模式。将“纯色填充”图层的混合模式设置为“色相”或“颜色”，如图 5-184 所示，以创建统一的色彩，效果如图 5-185 所示。

Tip “颜色”混合模式通常比较明显，对图像的影响更大；“色相”混合模式则更为微妙，不会染上色彩饱和度很低或根本没有色彩饱和度的区域，比如宇航员和机器人的灯光区域。此处笔者更喜欢“色相”混合模式。

图　5-181

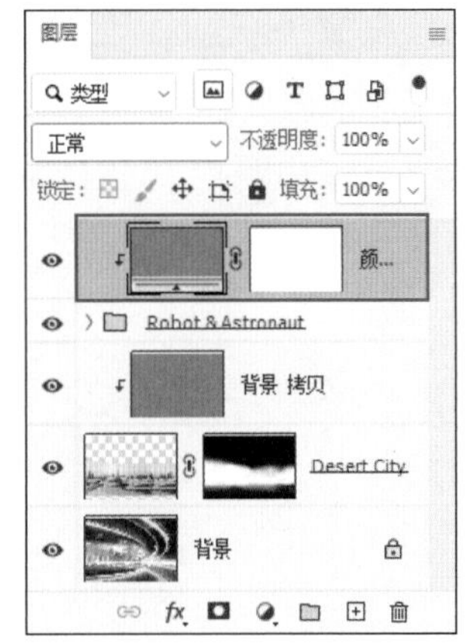

图　5-182

图　5-183

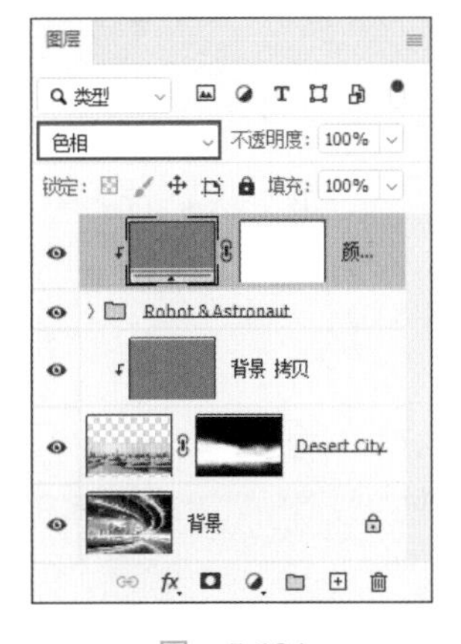

图　5-184

图　5-185

07 调整蒙版。在“图层”面板中，选择“纯色”图层上的图层蒙版缩览图，如图 5-186 所示。选择“画笔工具”，画笔属性设为“柔边圆”，前景色设置为“黑色”，在蒙版上涂抹黑色以隐藏机器人眼部和宇航员胸部的灯光区域；再将画笔的不透明度调整为“50%”，涂抹宇航员脸部，效果如图 5-187 和图 5-188 所示。

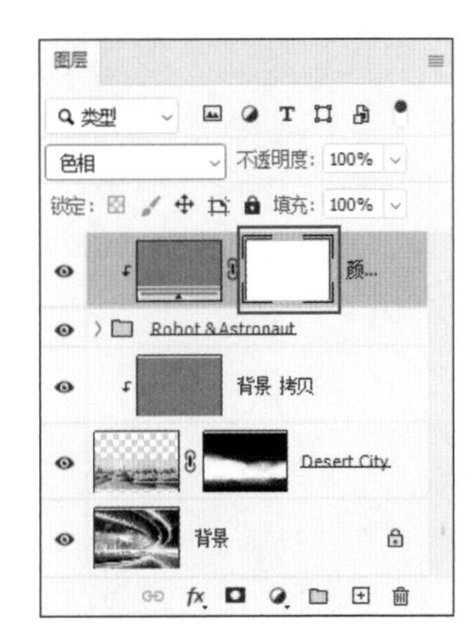

图　5-186

图　5-187

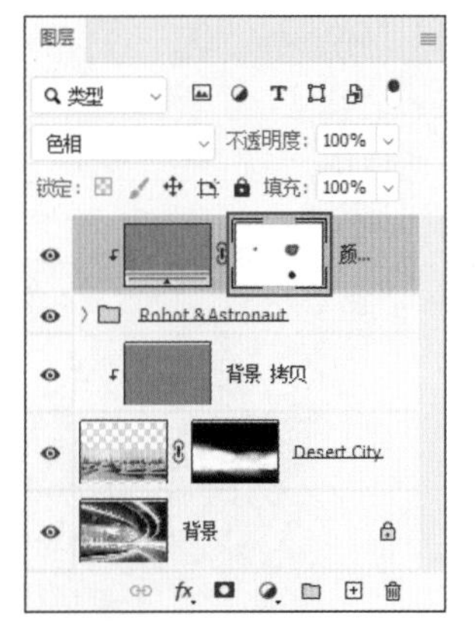

图　5-188

Tip 读者还可以使用其他调整图层（例如“照片滤镜”调整图层）来为合成图像创建统一的色彩处理。在为合成图像创建颜色处理时，实际上可以将所有内容融合在一起，从而使其可以作为统一的图像使用，这是图像调整的最后一部分，也是从多张照片创建为合成图像的重要部分。

知识解析——填充图层和“平均”滤镜

1. 关于填充图层

“填充图层”可以用纯色、渐变或图案填充图层。与调整图层不同，填充图层不影响它下面的图层。填充图层具有的不透明度和混合模式选项与图像图层相同，可以像处理图像图层一样重新排列、删除、隐藏和复制填充图层。

2. 创建填充图层

要创建填充图层，请执行下列操作之一。

（1）执行“图层”→“新建填充图层”命令，从“纯色”、“渐变”或“图案”中选取一个选项。为图层命名，设置图层相关选项，然后单击“确定”按钮。

（2）单击“图层”面板底部的“新建调整图层”按钮◑，从“纯色”、“渐变”或“图案”中选取一个填充图层类型。

纯色：用当前前景色填充调整图层，可以使用拾色器选择其他填充颜色。

渐变：单击“渐变”以显示“渐变编辑器”，或单击倒箭头并从弹出式面板中选取一种渐变。

“样式”用于指定渐变的形状；“角度”用于指定应用渐变时使用的角度；“缩放”用于更改渐变的大小；“反向”用于翻转渐变的方向；“仿色”用于通过对渐变应用仿色减少带宽；“与图层对齐”用于使用图层的定界框来计算渐变填充。可以在图像窗口中拖动以移动“渐变”中心。

图案：在“图案填充”对话框中设置好需要的图案。

3. “平均”滤镜

Photoshop 的“平均”滤镜会找出图像或选区的平均颜色，然后使用该颜色填充图像或选区以创建平滑的外观。“平均”相当于填充原图层，但“填充色”取决于该图颜色的平均色值。选中图层后，如图 5-189（原图）和图 5-190（原图层）所示，执行“滤镜”→

图 5-189

图 5-190

“模糊”→“平均”命令，可以创建出应用平均颜色的图层，如图 5-191 和图 5-192 所示。

图　5-191

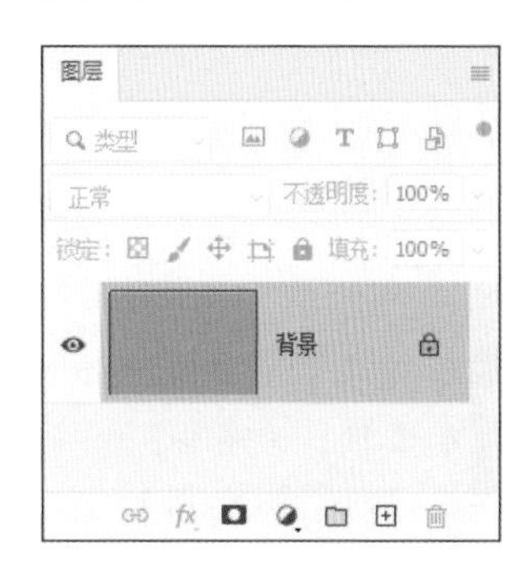

图　5-192

复习思考题

1. 使用“色阶”调整图像时，如果要增加对比度，该如何调整？如果要降低对比度，又该如何调整？

2. 在色阶的直方图中，如果山峰整体向右偏移，试说明照片的曝光情况；如果山峰紧贴直方图右端，照片的曝光情况又是如何。

3. 调整图层是 Photoshop 中的一种特殊图层，它可以使图像和调整图像彼此分离。简述调整图层的优点。

4. 如何使用“色相 / 饱和度”调整图像中特定颜色范围的色相、饱和度和明度？

模块 6　图像处理：图片处理与抠图

模块概述："照骗"的诞生

本模块主要介绍 Photoshop 中的裁剪、抠图等图像处理知识。抠图的核心在于选择，通过学习本模块，读者可以了解不同的抠图技巧和方法，从简单的选择工具，到对象选择、选择主体、选择并遮住等智能工具，再到复杂的利用蒙版、通道抠图等。每一种抠图工具都有其擅长处理的对象，而只有它们互相配合使用，才能达到出神入化的效果。

◆ 知识目标——精图像处理，懂软件操作

1. 理解图像区与成像区，会使用裁剪工具裁切图像；
2. 记忆"选择并遮住"工作区，理解其工作原理，能应用其抠取图像；
3. 理解并记忆对象选择工具以及使用"选择"→"主体"命令抠取图像的方法和技巧；
4. 会使用通道抠取婚纱、冰雕等半透明物体；
5. 理解并记忆多重合成技法，会使用其拍摄人像。

◆ 能力目标——有创意思维、能精准设计

1. 具备按规定尺寸裁剪图像的能力；
2. 具备证件照制作、排版和印刷的能力；
3. 具备对人像、头发、婚纱、冰雕等图像抠取和合成的能力；
4. 具备使用相同的构图与曝光拍摄人像和使用各种抠图工具抠取人像、制作人物分身特效的能力。

◆ 素质目标——重社会责任、诚实守信

具有艺术创新和版权意识、美学鉴赏和表达能力、精益求精和批判精神、民族自信和文化传承的职业素养。

6.1　照片处理案例：裁剪照片

学习目标： 理解和掌握 Photoshop 中使用裁剪工具裁剪并拉直照片的方法和技巧。

实例位置： 实例文件→第 6 章→6.1 裁剪照片→6.1 素材 a 和 6.1 素材 b。

完成效果： 如图 6-1 和图 6-2 所示。

6.1 照片处理案例：裁剪照片 .mp4

图　6-1

图　6-2

◆ 案例概述

我们对数码照片或者扫描图像进行处理时，经常需要裁剪图像，删除多余的内容以便使画面的构图更加完美。裁剪是移除照片的某些部分，以形成焦点或加强构图效果的过程。本案例主要讲解如何在 Photoshop 中使用裁剪工具裁剪并拉直照片，使画面更加有艺术性、美观性。

◆ 案例制作

01 打开素材。执行“文件”→“打开”命令（快捷键 Ctrl+O），打开本案例“6.1 素材 a”。

02 裁剪并拉直图像。选择“裁剪工具”，在工具选项栏的“叠加选项”下拉列表中选择“黄金比例”参考线，绘制新的裁剪区域，如图 6-3 所示；再将鼠标指针放置在角句柄靠外一点的位置，然后拖动以旋转图像至水平，如图 6-4 所示。按 Enter 键提交裁剪。

图　6-3

图　6-4

03 打开素材。执行“文件”→“打开”命令（快捷键 Ctrl+O），打开本案例“6.1 素材 b”。

04 裁剪 1 寸照片。选择“裁剪工具”，在工具选项栏中选择“宽 × 高 × 分辨率”

选项，并设置宽为“2.5 厘米”，高为“3.5 厘米”、分辨率为“300 像素 / 英寸”，如图 6-5 所示；然后绘制合适的裁剪区域，如图 6-6 所示（注意图像区与成像区的关系，详见本节知识解析），按 Enter 键提交裁剪，效果如图 6-7 所示。

图 6-5

图 6-6

图 6-7

05 保存图像。执行“文件”→“存储副本”命令（快捷键 Alt+Ctrl+S），将裁剪好的一寸照片保存为 JPG 格式。

06 裁剪特殊尺寸照片。全国英语四、六级考试照片的要求为“尺寸为 144 × 192（宽 × 高）像素，大小不超过 100KB，勿自行修改尺寸，避免造成人像比例失调”。

重新打开本案例“6.1 素材 b”。在“裁剪工具”选项栏中设置宽为“144 像素”、高为“192 像素”，绘制合适的裁剪区域，如图 6-8 所示，按 Enter 键提交裁剪，效果如图 6-9 所示。执行“文件”→“导出”→“导出为”命令，在“文件设置”中，格式选择“JPG”，品质设为“7”，如图 6-10 所示，单击“导出”按钮并保存图像。查看图片大小是否满足不超过 100KB 的要求。

图 6-8

图 6-9

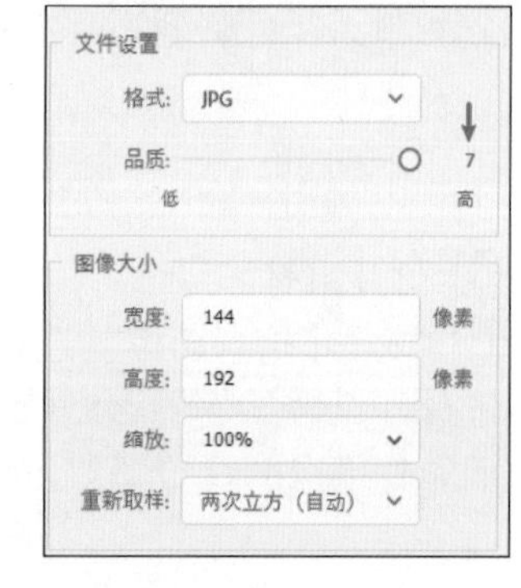

图 6-10

知识解析——裁剪并拉直照片

1. 裁剪工具

“裁剪工具”是非破坏性的，可以选择保留裁剪的像素以便稍后优化裁剪边界。“裁剪工具”还提供直观的方法，可在裁剪时拉直照片。

在工具栏中，选择“裁剪工具”，裁剪边界显示在照片的边缘上。

（可选）使用工具选项栏指定裁剪选项，如图 6-11 所示，A 用于设置“长宽比”，B 用来互换宽度和高度值，C 为叠加选项。

图　6-11

绘制新的裁剪区域，拖动角和边缘手柄，以指定照片中的裁剪边界，如图 6-12 所示。

大小和比例：选择裁剪框的比例或大小，也可以选择预设值。输入自己的值，甚至定义自己的预设值以供日后使用。

裁剪选项：单击“设置”（齿轮）菜单以指定其他裁剪选项。

叠加选项：选择裁剪时显示叠加参考线的视图，如图 6-13 所示。可用的参考线包括“三等分”参考线、“网格”参考线和“黄金比例”参考线等，可以用来帮助用户合理构图。

图　6-12

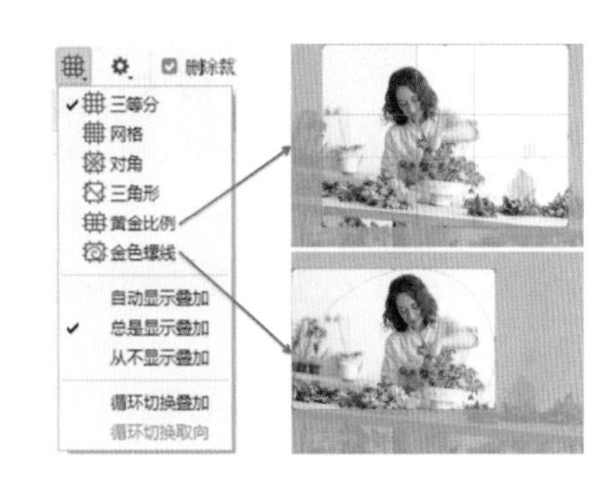

图　6-13

在裁剪时拉直照片：照片会被翻转和对齐以进行拉直，画布也会自动调整大小以容纳旋转的像素。要拉直照片，请将鼠标指针放置在角句柄靠外一点的位置，然后拖动以旋转图像，如图 6-14 所示，裁剪框内会显示网格，并且图像会在其后面旋转，按 Enter 键来裁剪照片。

图　6-14

2. 裁剪时变换透视

“透视裁剪工具” 允许在裁剪时变换图像的透视。当处理包含“梯形”扭曲的图像时用“透视裁剪工具” ，其变换透视的步骤依次为 A. 原始图像→ B. 调整裁剪选框以匹配对象的边缘→ C. 最终的图像 , 如图 6-15 所示。当从一定角度而不是以平直视角拍摄对象时，会发生“石印”扭曲。例如，如果从地面拍摄高楼的照片，则楼房顶部的边缘看起来比底部的边缘要更近一些。

要校正图像透视，请按住“裁剪工具” 的同时选择“透视裁剪工具” ，围绕扭曲的对象绘制选框。将选框的边缘和对象的矩形边缘匹配，按 Enter 键完成透视裁剪。

3. 图像区与成像区

照片的尺寸指的是照片的图像大小，而不是成像区大小。成像区只是照片的一部分区域,加上背景区域才算是一张完整的照片,如图 6-16 所示。查看或者修改照片尺寸的方法：执行菜单栏中的“图像”→“图像大小”命令，在弹出的“图像大小”对话框中显示的宽与高就是该照片的尺寸。

图 6-15

图 6-16

4. 证件照标准及规格

我国规定证件照标准及规格：照片须是直边、正面、免冠、彩色、本人、单人、半身证件照，光面相纸、背景颜色为白色或淡蓝色，着白色服装的用淡蓝色背景颜色，着其他颜色服装的最好使用白色背景，人像要清晰，层次丰富，神态自然。公职人员不着制式服装，儿童不系红领巾。相关标准及规格见表 6-1。

表 6-1 我国规定证件照标准及规格

照 片 规 格	大小 / 厘米	大小 / 像素	其 他 要 求
1 寸	2.5 × 3.5	413 × 295	
驾驶证	2.2 × 3.2		白色背景的彩色正面照片； 人头部约占照片长度的 2/3
身份证照（第二代）	2.6 × 3.2	358 × 441	分辨率 350dpi； 公民本人正面免冠彩色头像； 头部占照片长度的 2/3
2 寸	3.5 × 5.3	626 × 413	
护照（小 2 寸）	4.8 × 3.3	567 × 390	头部宽度 2.1~2.4 厘米； 头部长度 2.8~3.3 厘米
5 寸	5 × 3.5	12.7 × 8.9	1200 × 840 以上 100 万像素
6 寸	6 × 4	15.2 × 10.2	1440 × 960 以上 130 万像素
7 寸	7 × 5	17.8 × 12.7	1680 × 1200 以上 200 万像素
8 寸	8 × 6	20.3 × 15.2	1920 × 1440 以上 300 万像素
10 寸	10 × 8	25.4 × 20.3	2400 × 1920 以上 400 万像素
12 寸	12 × 10	30.5 × 20.3	2500 × 2000 以上 500 万像素
15 寸	15 × 10	38.1 × 25.4	3000 × 2000 以上 600 万像素

Tip　彩色证件照常用蓝色、红色或白色作为背景。其中，蓝色 RGB 值可设为（67, 142, 219）；红色 RGB 值可设为（255, 0, 0）；白色 RGB 值可设为（255, 255, 255）。蓝色背景常用于毕业证、工作证、简历等；红色背景常用于保险、医保、IC 卡、暂住证、结婚照；白色背景常用于护照、驾驶证、身份证等。

6.2　照片处理案例：最美证件照

学习目标： 掌握 Photoshop 中使用对象选择工具、选择并遮住等抠图的方法和技巧。

实例位置： 实例文件→第 6 章→6.2 最美证件照→6.2 素材。

完成效果： 如图 6-17 和图 6-18 所示。

6.2 照片处理案例：最美证件照 .mp4

图　6-17

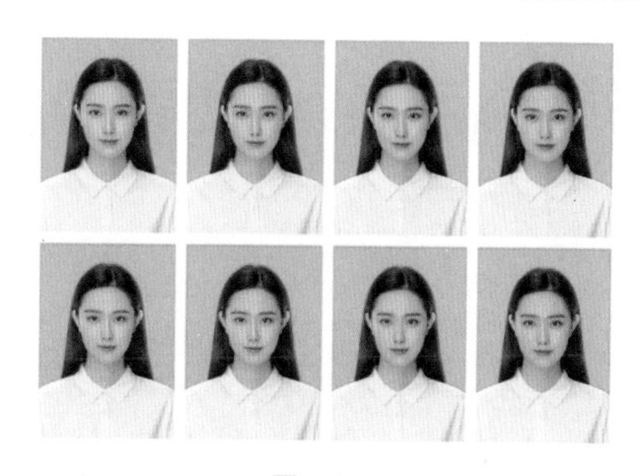

图　6-18

◆ 案例概述

在网上找工作、办理证件时，一般会被要求提供照片。相关方有时对照片的背景会有要求，如要求背景为白色、红色、蓝色、浅蓝色等。如果不想重新拍照，可以使用 Photoshop 更换照片底色或修改照片的大小和尺寸等。本案例通过 Photoshop 修改一张照片的背景颜色，并通过人像后期制作，生成高品质的一寸证件照。

◆ 案例制作

01 打开素材。执行“文件”→“打开”命令（快捷键 Ctrl+O）,打开本案例“6.2 素材”。

02 润饰图像。制作证件照的第一步通常为润饰图像，读者可以参考本书“5.7 磨皮案例：Portraiture 插件磨皮”中的方法，使用 Portraiture 插件对人像进行修复和美化。

03 裁剪照片。选择“裁剪工具”，在工具选项栏中选择“宽 × 高 × 分辨率”选项，设置为一寸照片大小（宽为 2.5 厘米、高为 3.5 厘米）。绘制合适的裁剪区域，如图 6-19 所示，按 Enter 键提交裁剪，效果如图 6-20 所示。

04 选区人物主体。选择“对象选择工具”，拖动鼠标以定义人像周围的矩形区域，如图 6-21 所示，松开鼠标后 Photoshop 会自动识别人像范围的轮廓，如图 6-22 所示。

图 6-19

图 6-20

图 6-21

图 6-22

05 调整头发边缘。单击“对象选择工具”选项栏中的“选择并遮住”按钮，进入其工作区。切换视图模式为“叠加”，如图 6-23 所示。在左侧工具栏中选择“调整边缘画笔工具”，如图 6-24 所示，精确调整边界区域，将头发边缘处透出白色背景的地方移除，如图 6-25 所示（若要更改画笔笔尖大小，按左或右方括号键即可）。

06 输出图像。在“选择并遮住”工作区的“输出设置”中，勾选“净化颜色”选项。在“输出到”下拉列表中选择“新建图层”，如图 6-26 所示，然后单击“确定”按钮，效果如图 6-27 和图 6-28 所示。

图 6-23

07 更换照片背景色。设置前景色为“蓝色”，即（RGB: 67, 142, 219）或（RGB: 0, 183, 253），在“图层”面板单击⊞按钮，新建“图层 1”。按快捷键 Alt+Delete 填充前景色，并将“图层 1”移动到“背景拷贝”图层的下方，如图 6-29 和图 6-30 所示。同时，可以使用“橡皮擦工具”修整图片边缘处的瑕疵，如图 6-31 所示。

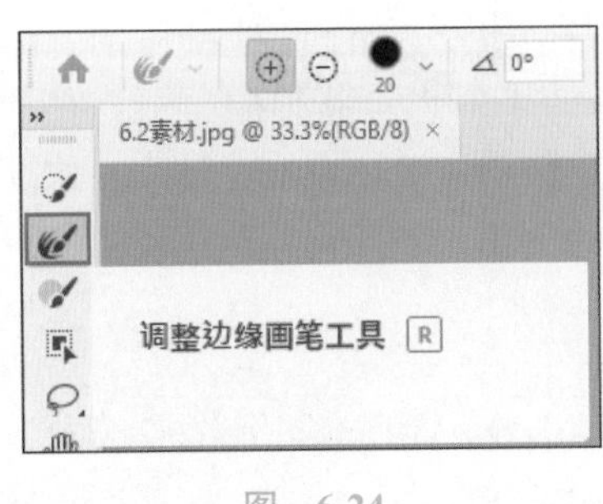

图 6-24

图 6-25

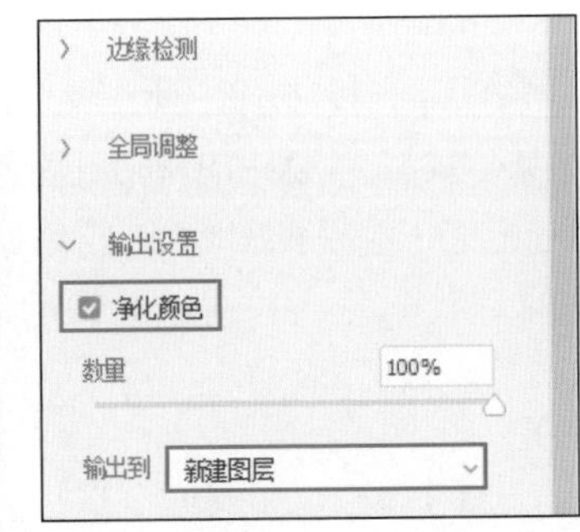

图 6-26

08 扩展画布大小。选中所有图层，按快捷键 Ctrl+E 合并图层。执行“图像”→“画布大小”命令，如图 6-32 所示，宽度和高度各向外扩展 0.2 厘米，即设置宽度为“2.7 厘米”，高度为“3.7 厘米”，如图 6-33 所示，单击“确定”按钮，效果如图 6-34 所示。再单击“图层”面板底部的⊞按钮，新建一个空白图层，并填充为“白色”，然后按快捷键 Ctrl+E 将空白图层与照片图层合并，效果如图 6-35 所示。

图 6-27

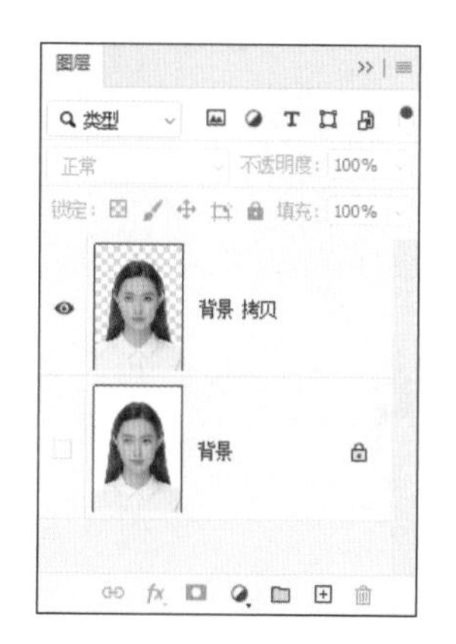

图 6-28

图 6-29

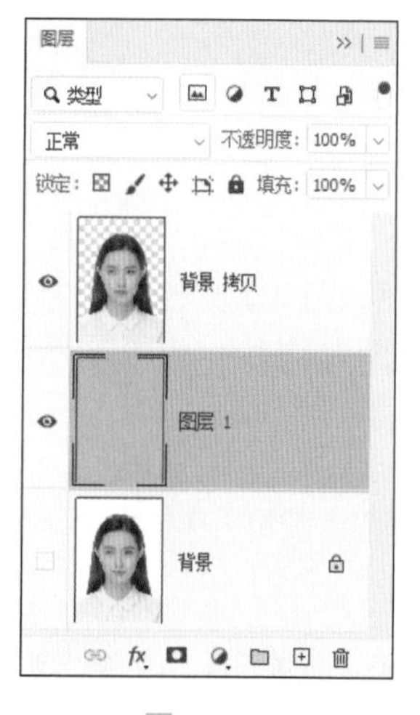

图 6-30

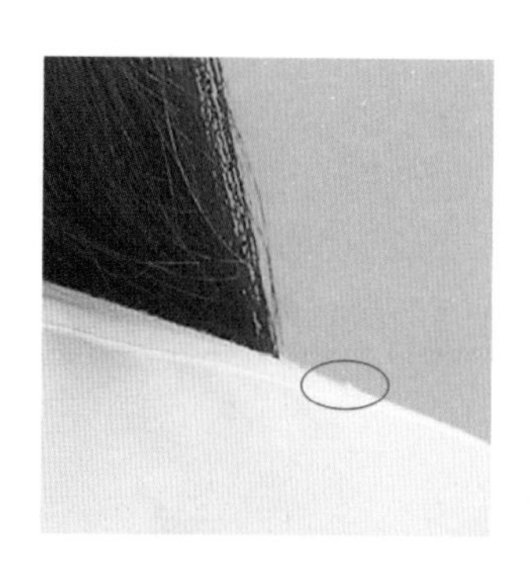

图 6-31

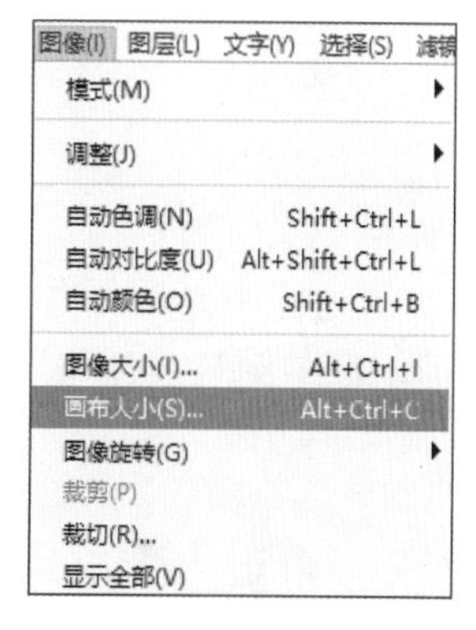

图 6-32

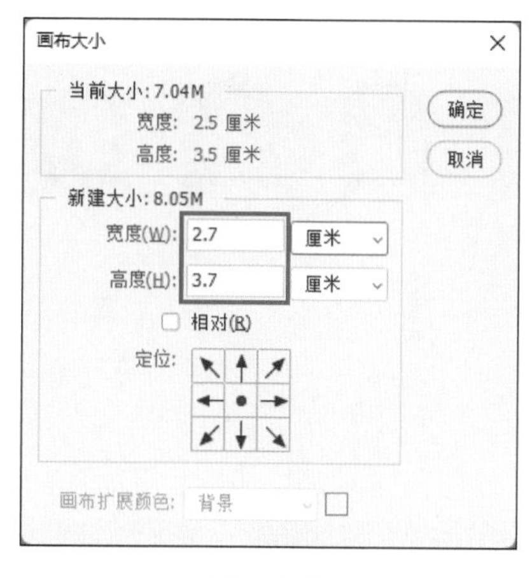

图 6-33

图 6-34

图 6-35

09 更改图片分辨率。执行“图像”→“图像大小”命令，在“画像大小”对话框中设置分辨率为“300 像素 / 英寸”，如图 6-36 所示。

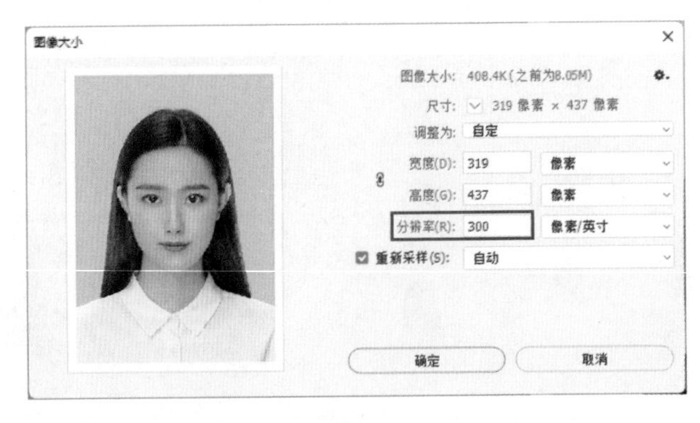

图 6-36

10 新建照片画布。执行“文件”→“新建”命令（快捷键 Ctrl+N），在“照片”选项卡中，选取“横向 6×4”尺寸，分辨率设为“300 像素 / 英寸”，文件名更改为“一版一寸照片”。

Tip 8 张一寸照片冲洗在一张相纸上，需要使用 5 英寸的高光相纸，尺寸大小为 8.9cm×12.7cm，克重一般为 200g 或 230g（每平方米），照片单张约为 2g。

11 移动图像。选择“移动工具”，将制作好的一寸照片移动到新文档中，并调整到新文档左上角的位置。按住 Alt 键的同时单击，以复制出另外 7 张图片，效果如图 6-37 所示（因为照片有扩展的边缘，所以在复制时会存在白色的间隙）。

12 裁剪图片。使用“裁剪工具”，裁剪掉多余的白色区域，最终效果如图 6-38 所示。

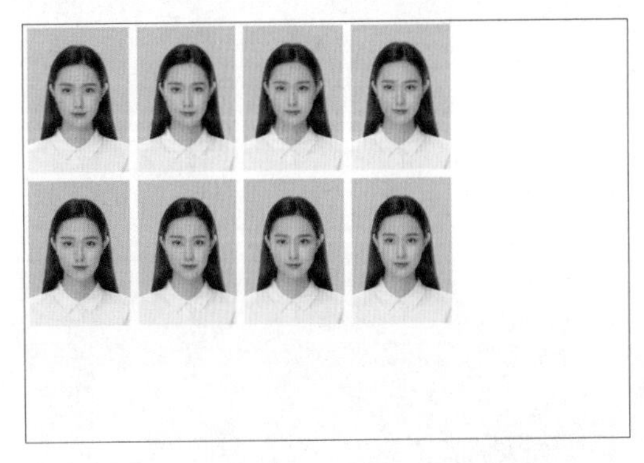

图 6-37

图 6-38

知识解析——选择并遮住

现在，在 Photoshop 中创建准确的选区和蒙版比以往任何时候都更快捷、更简单。“选择并遮住”工作区能够帮助创建精准的选区和蒙版。使用“调整边缘画笔”等工具可清晰地分离前景和背景元素，以进行更多操作，特别适合抠选毛发类的图像。

1. 启动“选择并遮住”工作区

执行“选择”→“选择并遮住”命令（快捷键 Alt+Ctrl+ R）；或启用选区工具（例如“快

速选择”“魔棒”或“套索”等工具），再单击工具选项栏中的“选择并遮住”。

2.“选择并遮住”工作区

“选择并遮住”工作区界面如图 6-39 所示。

图　6-39

1）工具栏

（1）快速选择工具：当单击或单击并拖动要选择的区域时，该工具会根据颜色和纹理相似性进行快速选择。

（2）调整边缘画笔工具：用于精确调整边界区域。例如，轻刷柔化区域（例如头发或毛皮）以向选区中加入精妙的细节。要更改画笔大小，可按左、右方括号键。

（3）画笔工具：使用“快速选择工具”（或其他选择工具）先进行粗略选择，然后使用“调整边缘画笔工具”对其进行调整，最后使用“画笔工具”来完成或清理细节。

（4）对象选择工具：用于围绕对象绘制矩形区域或套索，它会在定义的区域内查找并自动选择对象。

（5）套索工具：用于手绘选区边框。使用此工具，可以创建精确的选区。

（6）多边形套索工具：用于绘制选区边框的直边段。使用此工具，可以绘制直线或自由选区。

（7）抓手工具：用于快速在图像文档周围导航。选择此工具可拖动图像画布。按空格键可快速在原使用工具与抓手工具之间切换。

（8）缩放工具：用于放大和浏览照片。

2）工具选项栏

（1）添加或减去：用于添加或删减调整区域。如有必要，可调整画笔大小。

（2）对所有图层取样：根据所有图层，而并非仅仅是当前选定的图层来创建选区。

（3）选择主体：单击可选择照片中的主体。

（4）调整细线：只需单击一下，即可轻松查找和调整头发，与“对象识别”工具结合使用效果更佳。

3）调整选区

（1）视图模式设置。从“视图”弹出菜单中为选区选择以下一种视图模式。

洋葱皮（O）：用于将选区显示为动画样式的洋葱皮结构。

闪烁虚线（M）：用于将选区边框显示为闪烁虚线。

叠加（V）：用于将选区显示为透明颜色叠加效果，未选中区域显示为该颜色，默认颜色为红色。

黑底（A）：用于将选区置于黑色背景上。

白底（T）：用于将选区置于白色背景上。

黑白（K）：用于将选区显示为黑白蒙版。

图层（Y）：用于将选区周围变成透明区域。

按 F 键可以在各个模式之间循环切换，按 X 键可以暂时禁用所有模式。

显示边缘：用于显示调整区域。

显示原始选区：用于显示原始选区。

高品质预览：用于渲染更改的准确预览。此选项可能会影响性能。选择此选项后，在处理图像时，按住鼠标左键（向下滑动）可以查看更高分辨率的预览；取消选择此选项后，即使是向下滑动鼠标时，也会显示更低分辨率的预览。

不透明度：用于为“视图模式”设置“不透明度”。

（2）调整模式。设置“边缘检测”“调整细线”和“调整边缘画笔工具”所用的边缘调整方法。

颜色识别：可为简单背景或对比背景选择此模式。

对象识别：可为复杂背景上的毛发或毛皮选择此模式。

（3）边缘检测设置。包括以下两个参数。

半径：用于确定发生边缘调整的选区边框大小。对锐边使用较小的半径，对较柔和的边缘使用较大的半径。

智能半径：允许选区边缘出现宽度可变的调整区域。在其他用例中，如果选区是涉及头发和肩膀的人物肖像，此选项会十分有用。在边缘更加趋向一致的人物肖像中，可能需要为头发设置比肩膀更大的调整区域。

（4）全局调整设置。包括以下参数。

平滑：用于减少选区边界中的不规则区域（“山峰”和“低谷”）以创建较平滑的轮廓。

羽化：用于模糊选区与周围的像素之间的过渡效果。

对比度：其值增大时，沿选区边框的柔和边缘的过渡会变得不连贯。通常情况下，使用“智能半径”选项和调整工具效果会更好。

移动边缘：使用负值表示向内移动柔化边缘的边框，使用正值表示向外移动这些边框。向内移动这些边框有助于从选区边缘移去不想要的背景颜色。

（5）输出设置。包括以下参数。

净化颜色：用于将彩色边替换为附近完全选中的像素颜色。颜色替换的强度与选区边缘的软化度是成比例的。调整滑块以更改净化量。默认值为 100%（最大强度）。

输出到：该选项决定调整后的选区是变为当前图层上的选区或蒙版，还是生成一个新图层或文档。

6.3　抠图案例：抠取人像

学习目标： 掌握 Photoshop 中对象选择工具、快速蒙版的使用方法和技巧。
实例位置： 实例文件→第 6 章→6.3 抠取人像→6.3 素材 a 和 6.3 素材 b。
完成效果： 如图 6-40 所示。

原图

效果图

6.3 抠图案例：抠取人像 .mp4

图　6-40

◆　案例概述

抠图是指将图像的一部分内容（如人物）选中并分离出来，以便与其他素材合成。本案例将人像从图片中分离出来，然后合成到新的背景图片中，最后为图片添加文字。通过本案例的制作，可帮助读者快速地认识并使用对象选择工具、快速蒙版等进行抠图。

◆　案例制作

01 打开素材。执行“文件”→“打开”命令（快捷键 Ctrl+O），打开本案例“6.3 素材 a”。

02 选择人物主体。选择“对象选择工具”，确保选项栏勾选了“对象查找程序”（需要 Photoshop 2022 及以上版本），并将鼠标指针悬停在人物上。Photoshop 会自动选择该人物，单击以建立选区，如图 6-41 所示（或使用“对象选择工具”拖动鼠标来定义人像周围的矩形区域，松开鼠标后会建立选区）。

03 修正选区。单击工具栏中的“快速蒙版”模式按钮（快捷键 Q）可进入快速蒙版编辑模式。选择“画笔工具”，用白色绘制，可在图像中选择更多的区域，如图 6-42 所示；用黑色绘制，可以在图像中取消选择区域。所有瑕疵调整完毕后，再次按快捷键 Q 即可退出“快速蒙版”的编辑状态，如图 6-43 所示。

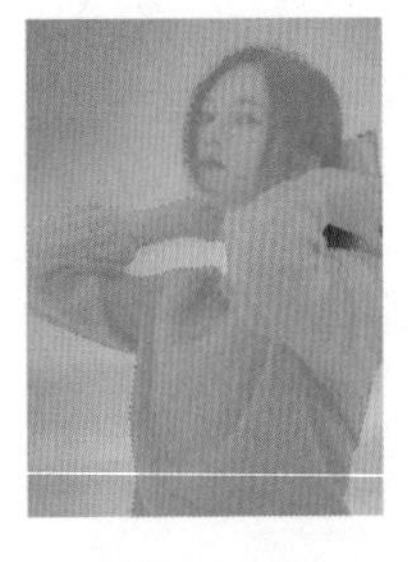

图 6-41

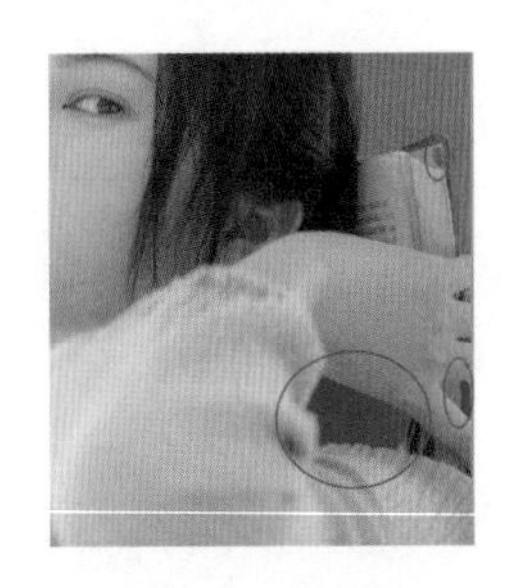

图 6-42

图 6-43

04 调整头发边缘。单击“对象选择工具”选项栏中的“选择并遮住”图标，进入其工作区。切换视图模式为“叠加”，在左侧工具栏中选择“调整边缘画笔工具”，如图 6-44 所示，将头发边缘透着背景色的地方移除，如图 6-45 和图 6-46 所示。在右侧的“输出设置”中，将“平滑”值设置为“1”，勾选“净化颜色”选项，“输出到”选项选择“新建带有图层蒙版的图层”，如图 6-47 所示，单击“确定”按钮，效果如图 6-48 所示。

图 6-44

图 6-45

图 6-46

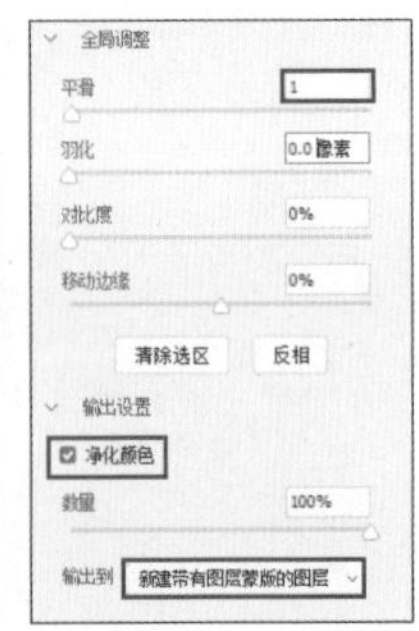

图 6-47

05 移动并放缩背景图像。打开“6.3 素材 b”，如图 6-49 所示。选择“移动工具”，解锁“Background”图层并将其移动到“6.3 素材 a”中，并置于人像图层下方，按快捷键 Ctrl+T 调整至合适的大小和位置，效果如图 6-50 所示。

图 6-48

图 6-49

图 6-50

06 文本点缀。使用“横排文字工具” T，单击“新建文字”图层，并输入“你是一颗闪亮的星 照亮我所有的星空”，设置字体为“方正启体简体”、字号分别为“84 点”和“110 点”、颜色为“淡粉色”，如图 6-51 所示。

07 添加文字图层样式。双击“文字”图层，打开“图层样式”对话框，设置“投影”选项卡参数（设置不透明度为“45%”、角度为“120°”、距离为“5 像素”、大小为“5 像素”），最终效果如图 6-52 和图 6-53 所示。

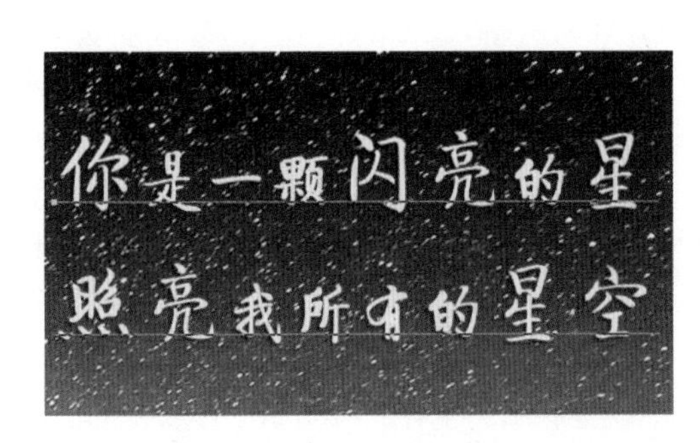

图　6-51

图　6-52

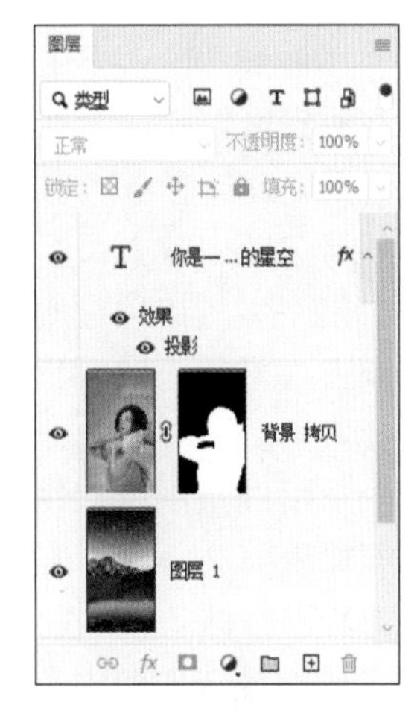

图　6-53

知识解析——对象选择工具

“对象选择工具”可简化在图像中选择单个对象或对象的某个部分（人物、汽车、家具、宠物、衣服等）的过程。只需在对象周围绘制矩形区域或套索，“对象选择工具”就会自动选择已定义区域内的对象。比起没有对比或反差的区域，这款工具更适合处理定义明确的对象。使用“对象选择工具”所建立的选区更准确，其保留了选区边缘中的更多细节，这意味着为获得这些完美选区所花的时间更少。

要使用“对象选择工具”来选择图像中的对象，请执行以下步骤。

（1）从工具栏中选择“对象选择工具”。

（2）确保启用了“对象查找程序”选项，并将鼠标指针悬停在所需的对象上。

在工具选项栏中，如图 6-54 所示，确保“对象查找程序”功能已启用（默认为已启用），然后可以直接将鼠标指针悬停在图像中要选择的对象上。当将鼠标指针悬停在对象上时，Photoshop 会自动选择该对象，此时可单击以建立选区。

图　6-54

如果不想使用自动选择功能，请关闭对象查找器并选择选区模式——矩形或套索，再沿对象拖动以建立选区。

矩形：拖动鼠标指针可定义对象周围的矩形区域。

套索：用于在对象的边界外绘制粗略的套索。

（3）从选区中删减或添加到选区。在选项栏中，单击其中一个选区选项——新建、添加到、从选区减去或与选区交叉。

新建：在未选择任何选区情况下的默认选项。创建初始选区后，该选项将自动更改为“添加到”。

添加到选区：按住 Shift 键或在工具选项栏中选择“添加到选区”，然后将鼠标指针悬停在缺失区域上或者在其周围绘制新的矩形或套索。如需要为所有要添加到选区的缺失区域，重复此过程。

从选区中减去：有两个选项可执行从选区中删减的操作。

使用工具选项栏中的“从选区减去”选项：按住 Alt 键或从工具选项栏中选择“从选区减去”，然后将鼠标指针悬停在要从选区减去的区域边界上或者在其周围绘制精确的矩形或套索。

从附加选项中启用“对象减去”（工具选项栏中的齿轮图标）：“对象减去”这一选项在删除当前对象选区内的背景区域时特别有用。可以认为，“减去对象”选项与反相的“对象选择”效果等同。将工具选项栏中的“减去对象”选项设置为“开”的状态，按住 Alt 键或从工具选项栏中选择“从选区减去”，然后将鼠标指针悬停在要从选区中减去的区域上或者在其周围绘制一个粗略的矩形或套索。

（4）选取对象选区选项。包括以下两个选项。

对所有图层取样：根据所有图层，而并非仅仅是当前选定的图层来创建选区。

硬化边缘：用于启用选区边界上的“硬”边。

（5）在“选择并遮住”工作区中进一步调整选区边缘。要进一步调整选区边界或根据不同背景或蒙版查看选区，单击工具选项栏中的“选择并遮住”。

Tip 在 Photoshop 23.4（2022 年 6 月）版中，“对象选择工具”的功能已得到增强，可在肖像图像中建立更出色的头发选区。它现在可以识别肖像，并应用头发优化来获得与选择主体所提供蒙版一样的蒙版。只需打开肖像图像，从工具栏中选择“对象选择工具”，然后单击肖像或者围绕肖像创建套索或选框进行选择，并捕获所有头发细节的蒙版。选择完成后，可以使用工具选项栏中“选择并遮住”工作区的“调整细线”选项，进一步改进遮盖效果，以更自然地处理肖像以外的图像，例如宠物、动物和毛皮。

6.4 抠图案例：抠取头发

学习目标： 理解和掌握 Photoshop 中选择并遮住命令，抠取毛发的方法和技巧。

实例位置： 实例文件→第 6 章→6.4 抠取头发→6.4 素材 a~6.4 素材 d。

完成效果： 如图 6-55 所示。

6.4 抠图案例：抠取头发 .mp4

◆ 案例概述

“选择并遮住”功能能够清晰地把发丝从背景中分离出来，只需选择“调整边缘画笔

图　6-55

工具”在视图窗口里有浅些背景的地方涂抹，即可去除背景，而且分离后的发丝非常清晰，损失信息极其少。本案例通过“选择并遮住”功能抠取人像（特别是头发），然后合成到新的背景中。同时，还需要使用“修补工具”移动图片中马的位置。

◆　案例制作

01 打开素材。执行“文件”→“打开”命令（快捷键 Ctrl+O），打开本案例“6.4 素材 a”。

02 抠取人像。执行“选择”→“主体”命令，得到人物主体选区，如图 6-56 所示；再执行“选择”→“选择并遮住”命令，进入“选择并遮住”工作区。切换到“黑白”视图模式，如图 6-57 所示，会发现已经建立了部分头发选区。

03 精修边缘。切换到“叠加”视图模式，如图 6-58 所示，红色的覆盖物会出现在图像中未被选中的部分上。在左侧工具栏中选择“调整边缘画笔工具”，精确调整边界区域。将头发边缘透着背景色的地方移除，如图 6-59 所示。在进行涂抹时，请注意要让重影边缘成为选中的一部分。

图　6-56

图　6-57

图　6-58

图　6-59

04 输出图像。在“选择并遮住”工作区的“输出设置”中，勾选“净化颜色”选项，“输出到”选择“新建图层”选项，如图 6-60 所示，单击“确定”按钮，效果如图 6-61 和图 6-62 所示。

图 6-60

图 6-61

图 6-62

05 移动马的位置。打开“6.4 素材 b”,选择“修补工具”,在工具选项栏中选择“目标”，选取右侧马的区域，如图 6-63 所示，将其拖动到左侧。松开鼠标后，所选图像将被复制到该位置。按快捷键 Ctrl+D 取消选区，如图 6-64 所示。

06 合成图像。选择“移动工具”，将步骤 04 中抠取出的“背景拷贝”图层的人像移动到“6.4 素材 b”中，并放置到右侧合适的位置，效果如图 6-65 和图 6-66 所示。

Tip

“对象选择工具”与“选择→主体”命令有何不同?

当我们只需在包含多个对象的图像中选择一个对象或某个对象的一部分时，“对象选择工具”非常有用。“选择→主体”命令旨在选择图像中所有的主要主体。

图 6-63

图 6-64

图 6-65

图 6-66

拓展练习

读者可以使用本节“6.4 素材 c”和“6.4 素材 d”，合成制作如图 6-67 所示的效果，练习抠图的技巧。制作时注意添加圆形的半透明色块，输入文字后并调整合适的字体大小。

图　6-67

知识解析——选择主体

Photoshop 21.2（2020 年 6 月版）优化了人像选区，通过执行“选择”→“主体”命令，只需单击一次，即可选择出图像中最突出的主体，如图 6-68 和图 6-69 所示。选择主体由先进的机器学习技术提供支持，在经过训练后，这项功能可用于识别图像上的多种对象，包括人物、动物、车辆、玩具等。

图　6-68

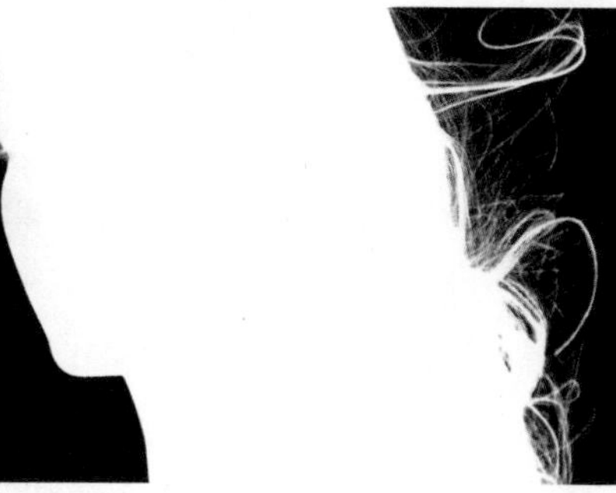

图　6-69

1. 自动选择主体

“选择主体”可自动选择图像中突出的主体。要访问“选择主体”，请执行下列操作之一。

（1）在编辑图像时，执行“选择”→“主体”命令。

（2）使用对象选择快速选择或魔棒工具时，单击工具选项栏中的“选择主体”。

（3）使用“选择并遮住”工作区中的对象选择或快速选择工具时，单击工具选项栏中的“选择主体”。

Tip 从 Photoshop 21.2（2020 年 6 月版）开始，“选择主体”具有内容识别功能，并会在检测到图像中有人物时应用新的自定义算法。在人物图像上创建选区时，头发区域的处理方式已得到大幅改进，可创建详细的头发选区。要暂时关闭内容识别功能，可以在按住 Shift 键的同时执行“选择主体”操作。

2. 添加到选区或从选区删减

必要时，可使用任何选择工具的“添加到选区”和“从选区中减去”选项来清理初始选区。

3. 在“选择并遮住”工作区中调整选区

执行“选择”→“选择并遮住”命令，以在“选择并遮住”工作区中打开图像，以使用此工作区中的工具和滑块进一步清理选区。

6.5 抠图案例：利用通道抠取冰雕

学习目标：理解和掌握 Photoshop 中利用通道抠取冰雕的方法和技巧。

实例位置：实例文件→第 6 章→6.5 利用通道抠取冰雕→6.5 素材 a 和 6.6 素材 b。

完成效果：如图 6-70 所示。

6.5 抠图案例：利用通道抠取冰雕 .mp4

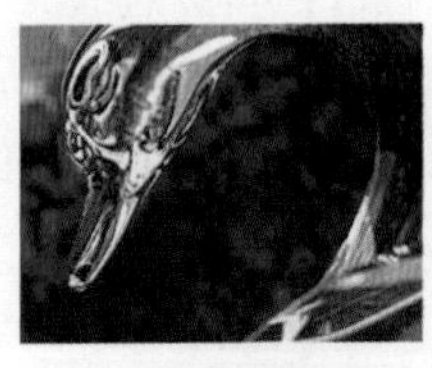

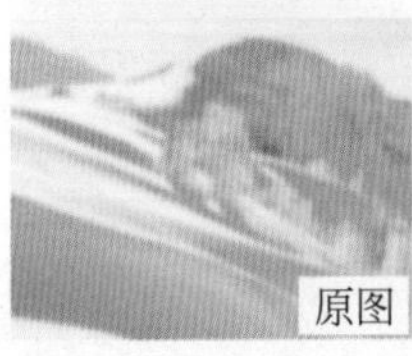

原图

效果图

图 6-70

◆ 案例概述

本案例通过抠取透明冰雕，帮助读者理解和掌握通道抠图的方法和技巧。

抠图分析：图片背景是暗红色，由于冰雕透明，暗红色的背景也映衬在冰雕上，抠出来的冰雕必然带有背景色，无法用于图像合成。如何为冰雕上色是本案例的一大难点。

抠图策略如下。

（1）冰雕大部分轮廓都是透明的，因此可使用通道抠图。

（2）冰雕轮廓比较清晰，很适合用“钢笔工具”。

（3）使用通道再配合“钢笔工具”选取冰雕的主体部分。

（4）借助图层混合模式“颜色”为冰雕上色，合成新图像。

◆ 案例制作

01 打开素材。执行“文件”→“打开”命令（快捷键 Ctrl+O），打开本案例“6.6 素材 a”。

02 选取合适通道并复制。切换到“通道”面板，观察红、绿、蓝 3 个通道的图像情况，分别如图 6-71～图 6-73 所示。可以看出，“红”通道中细节比较多，故将其拖动到“创建新通道”按钮➕上，得到“红拷贝”通道。

图　6-71

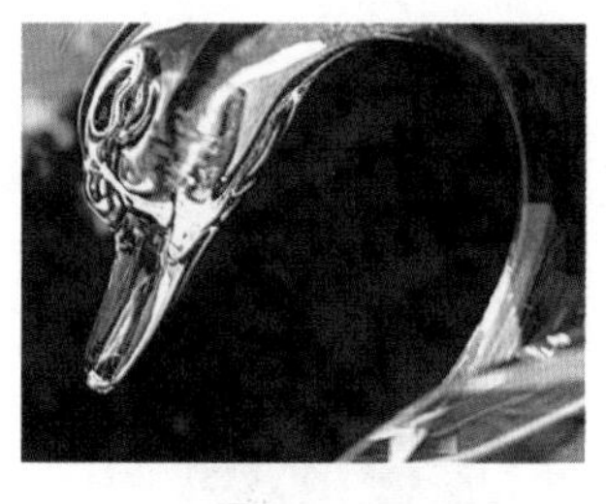
图　6-72

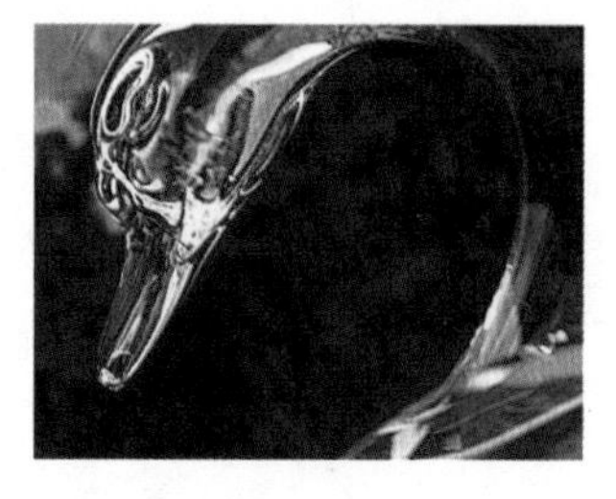
图　6-73

03 填充通道。在“红拷贝”通道上，选择“钢笔工具”，在工具选项栏中选择“路径”选项，沿冰雕轮廓绘制路径，绘制好的路径，如图 6-74 所示。按快捷键 Ctrl+Enter 将路径转化为选区，执行“选择”→“反选”命令（快捷键 Shift+Ctrl+I），设置前景色为“黑色”，按快捷键 Alt+Delete 将选区填充为黑色，按快捷键 Ctrl+D 取消选区，如图 6-75 所示。

图　6-74

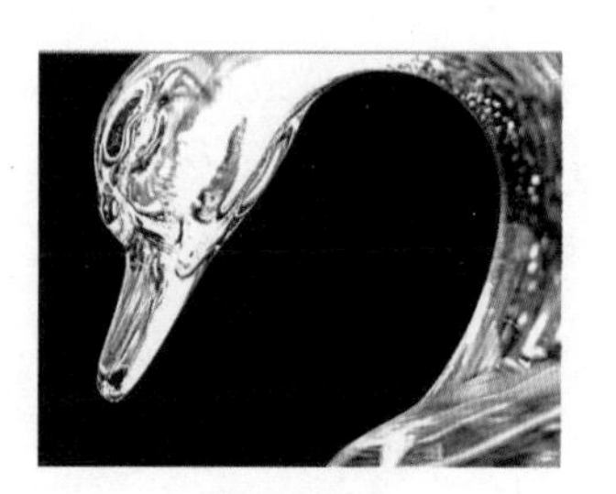
图　6-75

04 创建蒙版。选择“红拷贝”通道，单击“通道”面板底部的“将通道作为选区载入”按钮，如图 6-76。按快捷键 Ctrl+2 回到 RGB 复合颜色通道，此时显示彩色图像。单击“图层”面板中的“添加图层蒙版”按钮，基于选区创建图层蒙版，效果如图 6-77 所示。

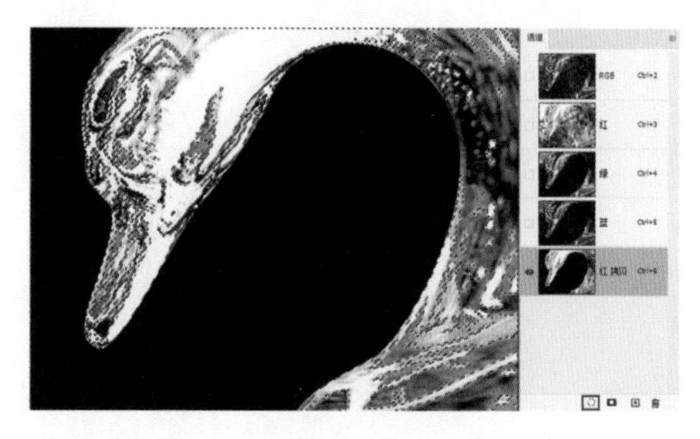
图　6-76

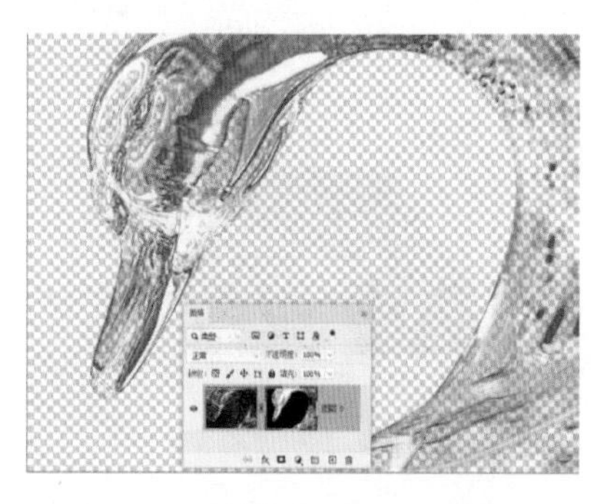
图　6-77

05 导入背景。打开本案例“6.6 素材 b”，选择“移动工具”✥将“背景”图层移动到“6.6 素材 a”中，并放在冰雕图层下方，如图 6-78 和图 6-79 所示。可以看到，红色的冰雕在冰雪背景的映衬下显得有些格格不入，因此需要为冰雕上色。

06 创建纯色填充图层。单击“图层”面板底部的“新建调整图层”按钮◐，从子菜单中选择“纯色”，在“拾色器”中选取蓝色（RGB: 109, 160, 240），单击“确定”按钮。按快捷键 Alt+Ctrl+G 创建下方图层的剪贴蒙版，并将纯色层的图层混合模式更改为“颜色”，效果如图 6-80 和图 6-81 所示。

图　6-78

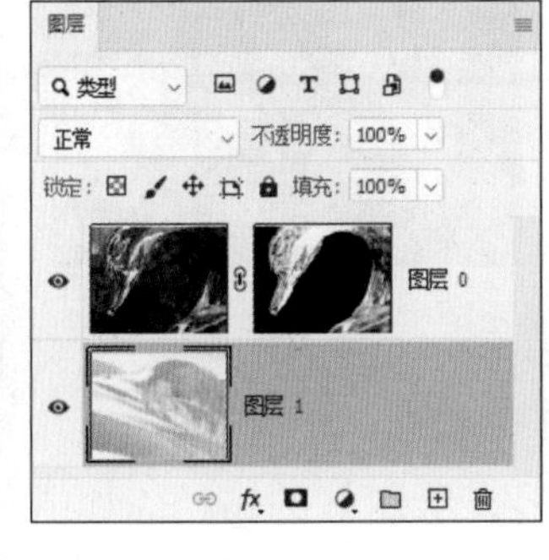

图　6-79

图　6-80

07 淡化边缘。选中“图层 0”的“图层蒙版缩览图”，如图 6-82 所示。执行“滤镜”→“杂色”→“中间值”命令，设置半径为“2 像素”，如图 6-83 所示，单击“确定”按钮，淡化冰雕图层的边缘，效果如图 6-84 所示。

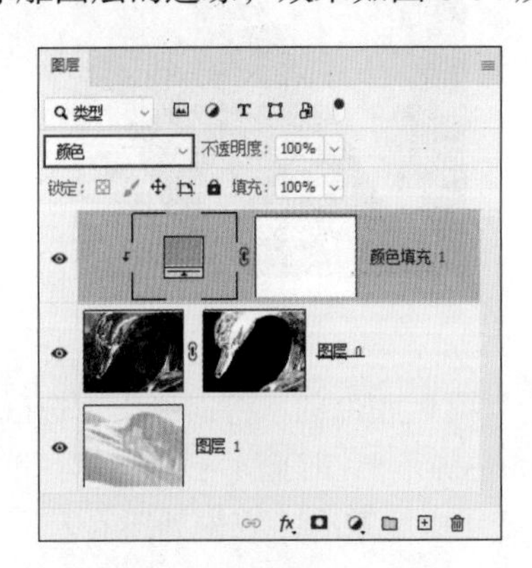

图　6-81

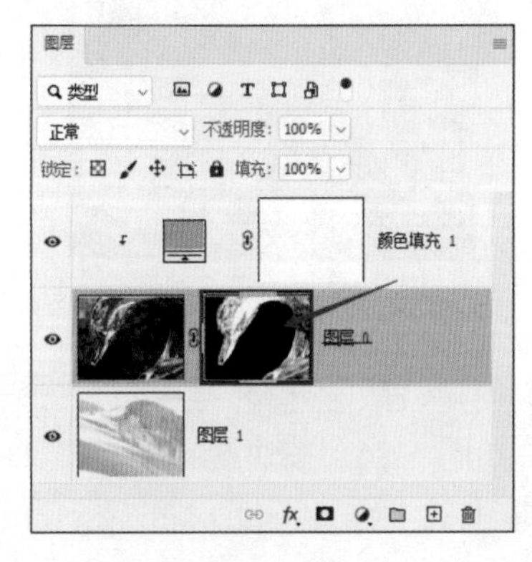

图　6-82

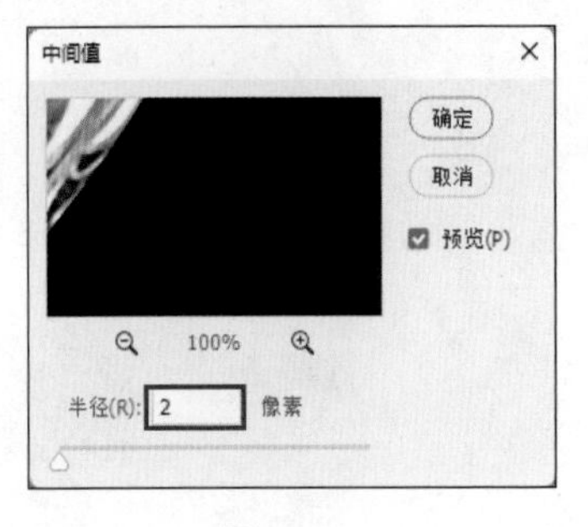

图　6-83

图　6-84

"颜色"混合模式可以将当前图层的色相与饱和度应用到下面的冰雕图像中，但冰雕图像的亮度保持不变，这样就实现了为冰雕上色。

知识解析——"颜色"混合模式

"颜色"混合模式引用基色的明度和混合色的色相与饱和度创建结果色。它能够使用混合色的饱和度和色相同时进行着色，这样可以保护图像的灰色调，但结果色的颜色由混合色决定。

"颜色"混合模式的特点是可将当前图像的色相和饱和度应用到下层图像中，而且不会修改下方图层的亮度。它可以看作是"饱和度"模式和"色相"模式的综合效果，一般用于为图像添加单色效果，图 6-85 和图 6-86 是使用"颜色"混合模式上色前后的对比图。

图　6-85

图　6-86

6.6　综合案例：人物分身术特效

学习目标： 能综合运用 Photoshop 中各种抠图工具抠取人像，会制作人物分身特效图片。

实例位置： 实例文件→第 6 章→ 6.6 人物分身术特效→ 6.6 素材 1~6。

完成效果： 如图 6-87 所示。

6.6 综合案例：人物分身术特效 .mp4

6.7 综合案例：人物分身术特效 .docx

图　6-87

◆ 案例概述

出现在照片中的分身术，其秘密就在合成技术。利用合成技术将数码照片制作出如同传统底片的重复曝光效果，即运用相同的构图与曝光，将人物安排在各个不同的位置，并逐一拍摄下来，然后将这些照片合成为一张照片，就变成一张有分身场面的有趣照片了。现在，我们就来挑战看看，这种有趣的多重合成照片如何制作。

知识解析——多重合成技法

为了制作多重合成照片，有如下几点事项须遵守。

（1）每张照片的背景一定要完全一样。因此，最好搭配三脚架拍摄。

（2）因为每张照片的亮度必须一致，所以曝光模式一定要用手动模式，相机需切换到MF 模式。

（3）拍摄时，要在其他要素固定不变的状态下，只改变被摄体的位置，这是制作分身照片的重点。

多重合成时，先考虑清楚要合成为何种影像，然后再开始进行拍摄，最后使用Photoshop 将数张照片重叠起来，这样就完成一张有趣的分身合成照片。如图 6-88 和图 6-89所示，一名男子正在指导女朋友如何打台球，照片中同时出现了好几位长得跟女朋友一模一样的女子，而且男子反而变成被指导的对象。影像重叠之所以能让人感到有趣，重点在于情境的设定。因此，这里设定了犹如喜剧般的情节，并且将故事性融入拍摄构想之中。怎么样，这张相片很有趣吧？图 6-90 还提供了一些其他人物的分身特效，供读者欣赏。

图 6-88

图 6-89

图 6-90

复习思考题

1. “图像大小”命令可以用于调整图片分辨率。如果一个图像的分辨率很低，放大时画面会模糊，可以通过提高分辨率来使图像变得清晰吗？为什么？

2. 本模块讲解了很多抠图技巧和方法，请制作思维导图，并分别说明每种抠图方法适用的场景。

3. “对象选择工具”和“选择→主体”命令是 Photoshop 新增功能，请分别说明两者的相同和不同之处。

模块 7　字体设计：路径与文字

模块概述：特立独行的矢量工具

本模块主要介绍 Photoshop 中有关路径和文字的基础操作。通过学习本模块，读者可以了解 Photoshop 的矢量工具：第一类是钢笔工具、转换点工具等，主要用来绘图和抠图；第二类是各种形状工具，如矩形工具、椭圆形工具和自定形状工具等，用来绘制各种固定的矢量图形；第三类是文字工具，用来创建和编辑文字。Photoshop 中的文字是由以数学方式定义的形状组成的，属于矢量对象，在将其栅格化之前，会保留基于其矢量的文字轮廓，可任意调整文字大小而不会出现锯齿，也能随时修改文字的内容、字体、段落等属性。

◆ 知识目标——精图像处理，懂软件操作

1. 理解路径的概念，掌握 Photoshop 中使用钢笔工具绘制路径的方法和技巧；
2. 理解并会使用钢笔工具绘制和填充形状图像的方法和技巧；
3. 理解文字的原理，掌握在点上创建、在段落中创建和沿路径创建等添加和编辑文本的方法，会使用字符和段落面板设置字体的属性；记忆路径文字的输入、移动、翻转的方法；
4. 理解和记忆名片设计尺寸、印刷纸张相关信息及其设计与制作时的注意事项。

◆ 能力目标——有创意思维、能精准设计

1. 具备使用矢量工具绘制图像的能力；
2. 具备宣传册排版和设计的能力；
3. 具备使用电子印章制作的能力；
4. 具备名片设计与制作的能力。

◆ 素质目标——重社会责任、诚实守信

具有艺术创新和版权意识、美学鉴赏和表达能力、精益求精和批判精神、民族自信和文化传承的职业素养。

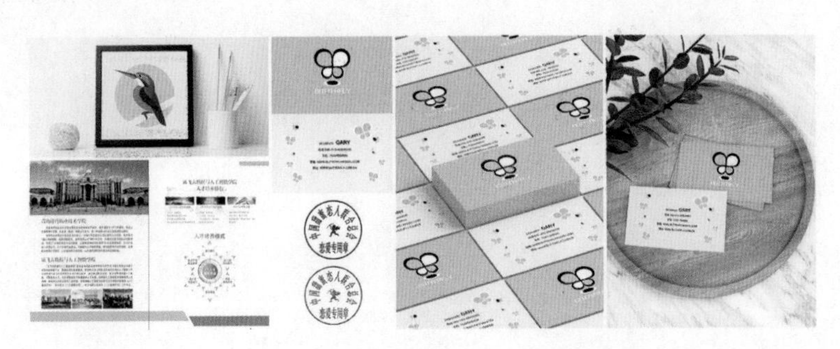

7.1　路径案例：使用钢笔工具绘制心形

学习目标：理解路径的概念，掌握 Photoshop 中使用钢笔工具绘制路径的方法和技巧。
实例位置：实例文件→第 7 章→ 7.1 钢笔工具绘制心形。
完成效果：如图 7-1 和图 7-2 所示。

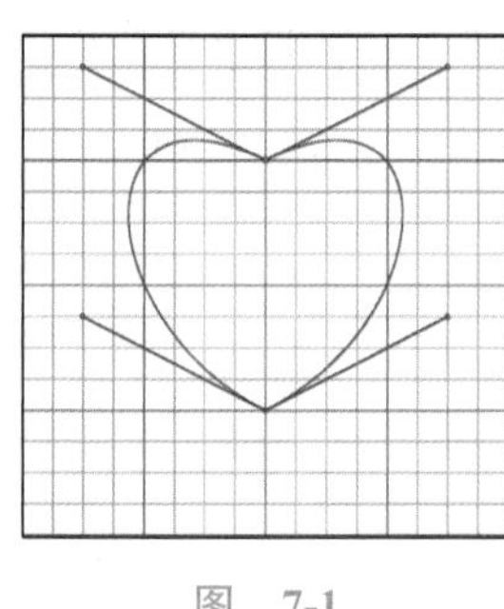

图　7-1

图　7-2

7.1 路径案例：使用钢笔工具绘制心形 .mp4

◆ 案例概述

Photoshop 是典型的位图软件，但它也可以用来绘制矢量图形。首先，矢量图形与位图相比，最大的特点是可任意缩放和旋转而不会出现锯齿；其次，矢量图形在选择和修改方面也十分方便。本案例通过绘制心形路径并填充颜色，帮助读者快速地认识和理解使用钢笔工具绘制路径的方法和技巧。

◆ 案例制作

01 新建文件。执行“文件”→“新建”命令（Ctrl+N），在“新建文档”对话框中，设置名称为“心形”、宽度及高度均设为“20 厘米”、分辨率设为“200 像素 / 英寸”、颜色模式设为“RGB 颜色”、背景内容设为“白色”，单击“创建”按钮完成新建。

02 显示网格。执行“视图”→“显示”→“网格”命令，在画布上显示网格，以便于绘制路径时保持对称。

03 绘制心形。选择“钢笔工具”（快捷键 P），在工具选项栏中选择“路径”选项。单击鼠标以创建第一个锚点，按住鼠标拖动出水平的方向线，此时钢笔工具指针变为箭头（按住 Shift 键可限制为 45º 的倍数），如图 7-3 所示，然后松开鼠标。将“钢笔工具”定位到第二个曲线段的位置（借助网格线，保持与第一个锚点垂直），使用同样方法绘制第二个锚点和方向线，如图 7-4 所示。

04 闭合路径。将“钢笔工具”定位在第一个（空心）锚点上。如果放置的位置正确，钢笔工具指针旁将出现一个小圆圈，即形状，单击可闭合路径，如图 7-5 所示。

Tip　钢笔、曲率或铅笔工具的使用方法和技巧，详见本书素材文件夹中第 7 章→ 7.1 钢笔工具绘制心形→《使用钢笔、曲率或铅笔工具绘制详解》。

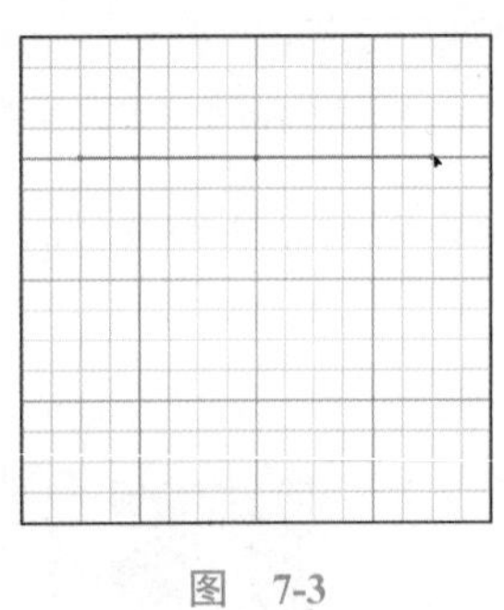

图 7-3

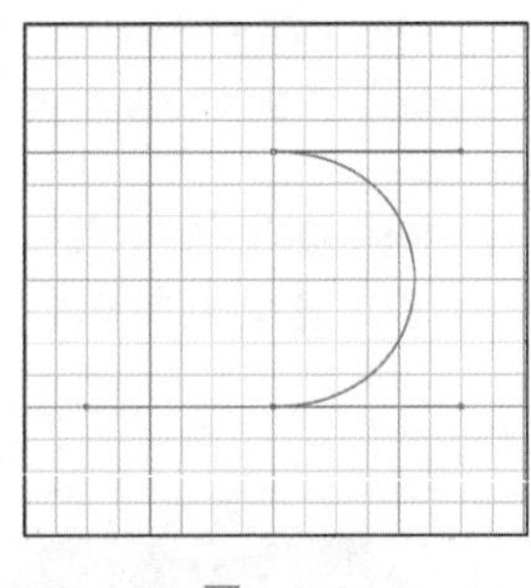

图 7-4

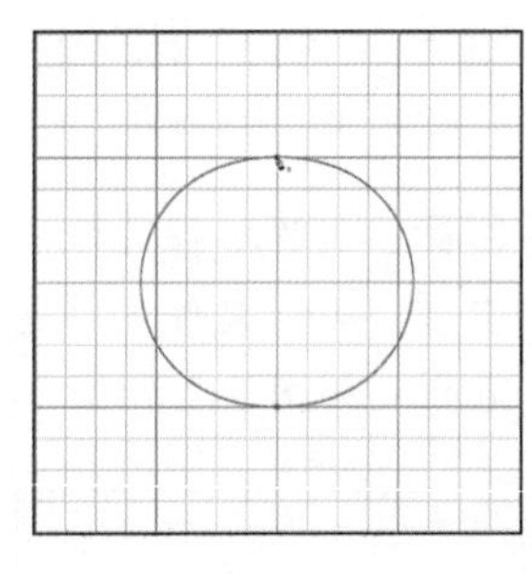

图 7-5

05 调整方向线。选择“钢笔工具” ，按住 Ctrl 键的同时单击第一个锚点，会出现该锚点的方向线；按 Alt 键，借助网格线调整方向线的位置，如图 7-6 所示；使用同样的方法，调整第二个锚点的方向线位置，让曲线的形状变为心形，如图 7-7 所示。在调整时，注意第一个锚点和第二个锚点的方向线要保持平行。

Tip 当使用“钢笔工具” 绘图时，按 Ctrl 键可以临时启用“直接选择工具” ，按 Alt 键可以临时启用“转换点工具” ，切换工具能够快速调整已绘制的线段。

06 存储路径。在“路径”面板中双击工作路径，在打开的“存储路径”对话框中设置名称为“心形”，单击“确定”按钮保存该路径，如图 7-8 所示。

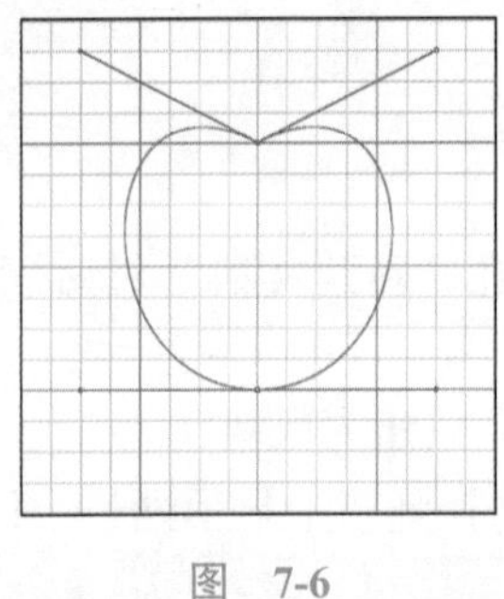

图 7-6

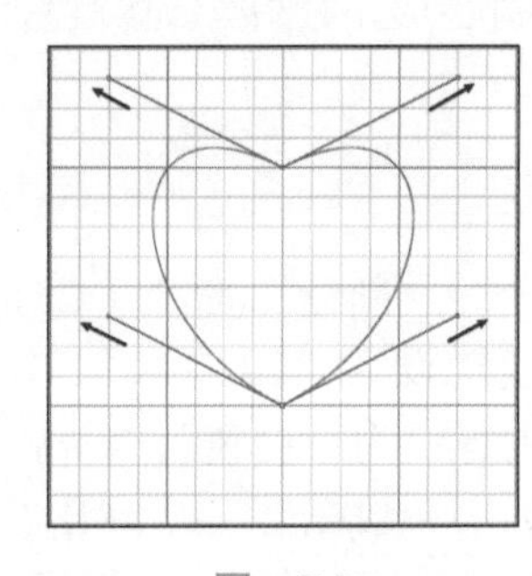

图 7-7

图 7-8

07 填充路径。将前景色设为“红色”，在“图层”面板中新建“图层 1”，在“路径”面板中选择“心形”路径，然后单击“图层”面板底部的“用前景色填充路径”按钮 ，如图 7-9 和图 7-10 所示。按快捷键 Ctrl+’隐藏网格，最终效果如图 7-11 所示。

图 7-9

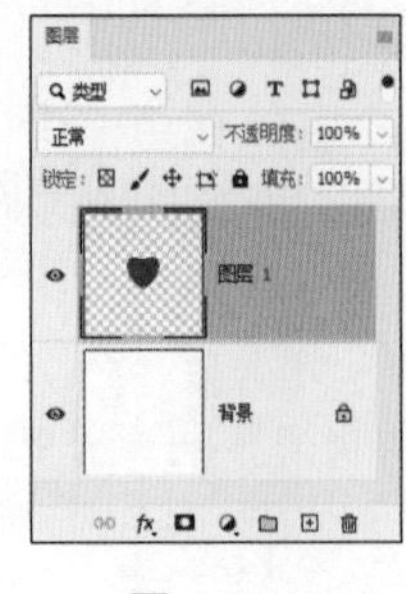

图 7-10

图 7-11

拓展练习

读者可以尝试使用“钢笔工具”绘制如图 7-12 所示的路径并描边，以练习路径的绘制方法。

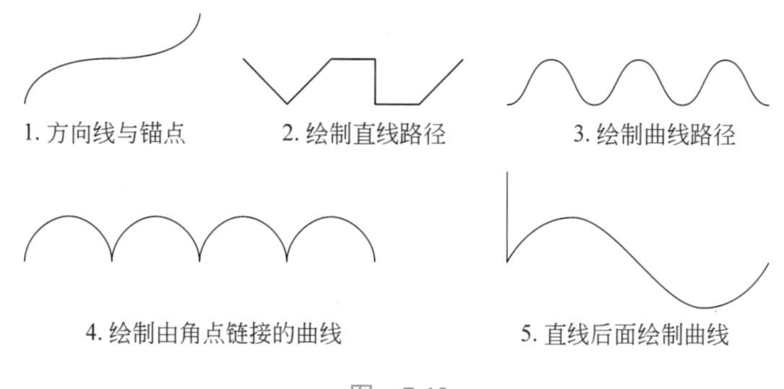

图　7-12

知识解析——编辑路径

1. 路径与贝塞尔曲线

路径由一个或多个直线段或曲线段组成，如图 7-13 所示。锚点用来标记路径段的端点，由小正方形表示。锚点表现为黑色实心时，表示该锚点处于选中状态；表现为白色空心时，表示该锚点未被选中。在曲线段上，每个选中的锚点显示一条或两条方向线（也称作控制柄或手柄），方向线以方向点结束。方向线和方向点的位置决定曲线段的大小和形状。移动这些图素将改变路径中曲线的形状。

这种路径曲线称为贝塞尔曲线，是由法国工程师皮埃尔·贝塞尔（Pierre Bézier）（图 7-14）所论述并发表，由此为计算机矢量图形学奠定了基础。它的主要意义在于，无论是直线还是曲线都能用数学予以描述。

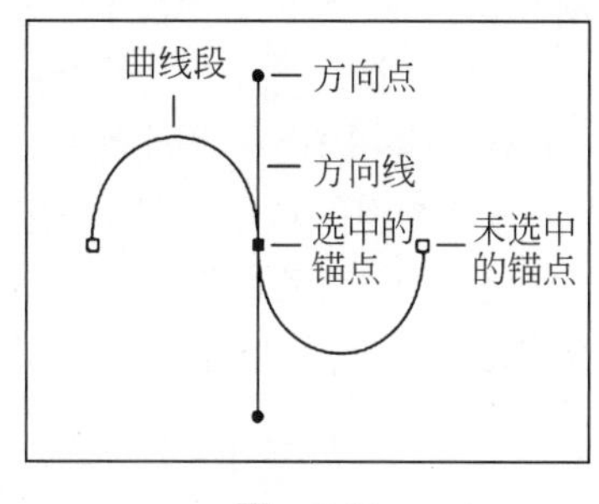

图　7-13

图　7-14

路径可以是闭合的，没有起点或终点（例如圆圈）；也可以是开放的，有明显的端点（例如波浪线）。平滑曲线由称为平滑点的锚点连接，如图 7-15 中的左图；锐化曲线路径由角点连接，如图 7-15 中的右图。当在平滑点上移动方向线时，将同时调整平滑点两侧的曲线段，如图 7-16 中的左图；当在角点上移动方向线时，只调整与方向线同侧的曲线段，如图 7-16 中的右图。

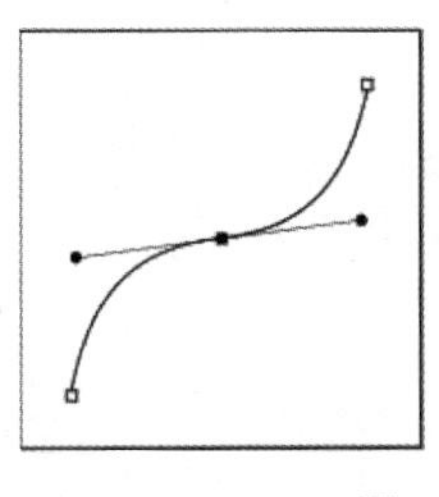
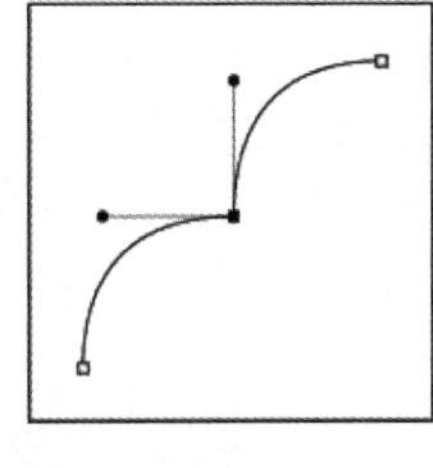

图 7-15

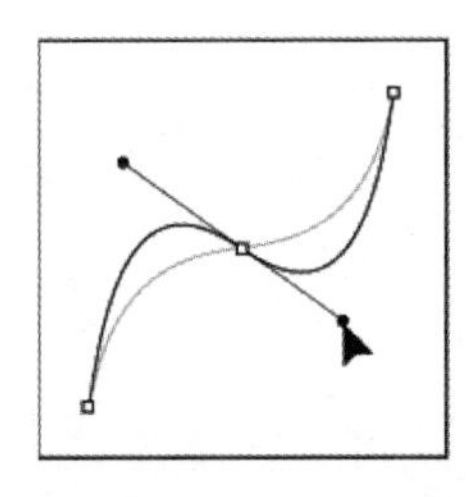
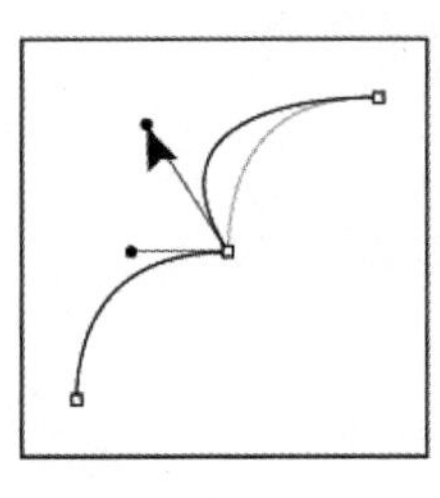

图 7-16

2. 选择路径

选择路径组件或路径段将显示选中部分的所有锚点，包括全部的方向线和方向点。方向手柄显示为实心圆，选中的锚点显示为实心方形，而未被选中的锚点显示为空心方形。要选择路径组件或路径段，请执行下列操作之一。

（1）要选择路径组件（包括形状图层中的形状），请选择“路径选择工具”，并单击路径组件中的任何位置。如果路径由几个路径组件组成，则只有鼠标指针所指的路径组件会被选中。

（2）要选择路径段，请选择“直接选择工具”，并单击路径段上的某个锚点，或在路径段的一部分上拖动以选框。

（3）当选择“路径选择工具”或“直接选择工具”的同时，按住 Shift 键，可以同时选择其他的路径组件或路径段。

3. 调整路径段

编辑现有路径段与绘制路径段之间存在些许差异，请在编辑路径段时记住以下提示。

（1）如果锚点连接两条线段，移动该锚点将同时更改两条线段。

（2）当使用“钢笔工具”绘图时，按 Ctrl 键可以临时启用“直接选择工具”；按 Alt 键可以临时启用“转换点工具”，此方法能够快速调整已绘制的线段。

（3）当使用“钢笔工具”绘制平滑点时，拖动方向点将更改平滑点两侧方向线的长度。但当使用“直接选择工具”编辑现有平滑点时，将只更改所拖动一侧的方向线的长度。

调整曲线段的位置或形状：可使用“直接选择工具”选择一条曲线段或该曲线段两端上的一个锚点。如果存在方向线，则将显示出来。如要调整线段的位置，请拖动此线段，如图 7-17 所示。如要调整所选锚点任意一侧线段的形状，可拖动此锚点或方向点。按住 Shift 键的同时并拖动可将“移动”约束到 45° 的倍数，如图 7-18 所示。

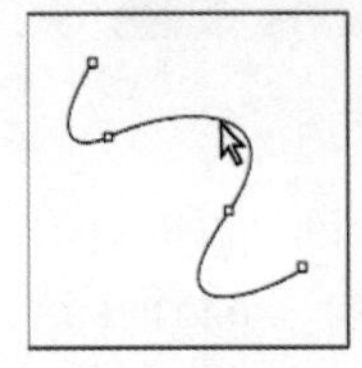
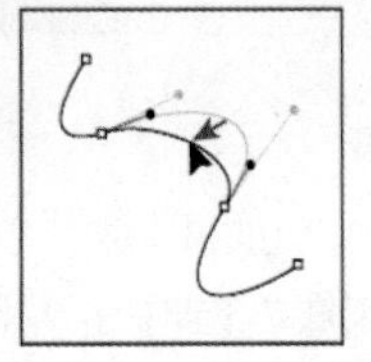

图 7-17

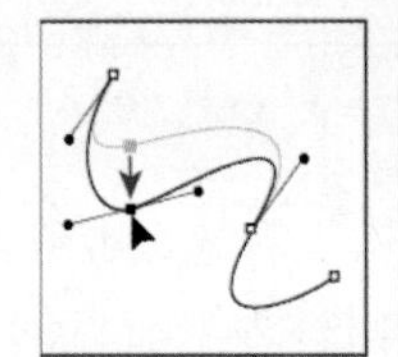
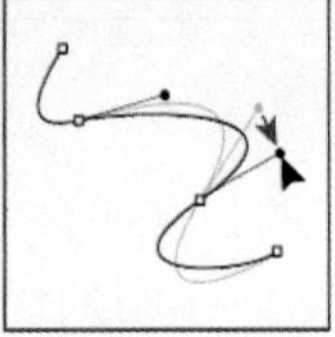

图 7-18

4. 在平滑点和角点之间进行转换

选择“转换点工具” ⊾，将其放置在要转换的锚点上方。如要将角点转换成平滑点，请向外拖动以使方向线出现，如图 7-19 所示。如要将平滑点转换成没有方向线的角点，则应单击该平滑点，如图 7-20 所示。

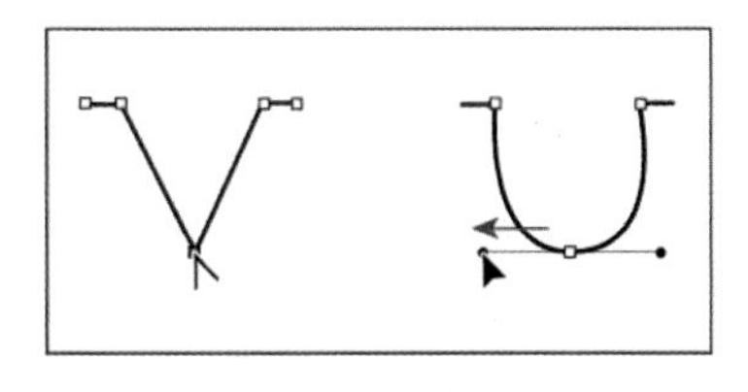

图　7-19

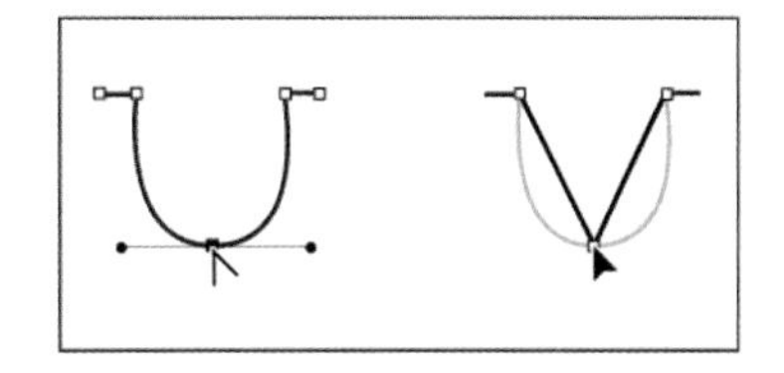

图　7-20

要将没有方向线的角点转换为具有独立方向线的角点，请首先将方向点拖动出角点（成为具有方向线的平滑点）。如果要将平滑点转换成具有独立方向线的角点，请单击任一方向点，如图 7-21 所示。

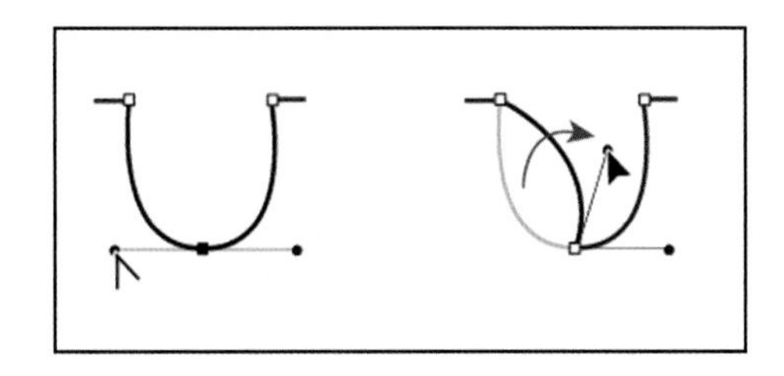

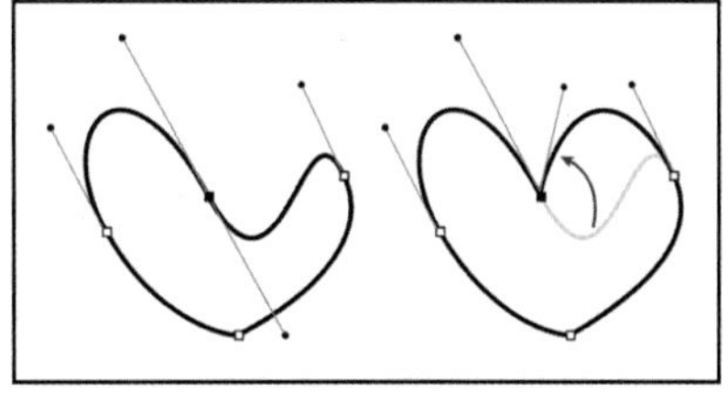

图　7-21

5. 添加或删除锚点

添加锚点可以增强对路径的控制，也可以扩展开放路径。但是尽量不要添加不必要的锚点，锚点较少的路径更易于编辑、显示和打印。可以通过删除不必要的锚点来降低路径的复杂性。

工具栏包含 3 种添加或删除点的工具：“钢笔工具” ，“添加锚点工具” 和“删除锚点工具” 。

默认情况下，将“钢笔工具” 定位到所选路径的上方时，它会转换为“添加锚点工具”；当将“钢笔工具”定位到锚点上方时，它会转换为“删除锚点工具”。必须在工具选项栏中选择“自动添加 / 删除”选项，“钢笔工具”才能自动转换为“添加锚点工具”或“删除锚点工具”。

6. 自由钢笔工具

“自由钢笔工具” 可用于随意绘制，就像用铅笔在纸上绘图一样。在绘制时将自动添加锚点，无须确定锚点的位置，完成路径绘制后可进一步对其进行调整。它与“钢笔工具”的最大区别就是“钢笔工具”需要遵守一定的规则，而“自由钢笔工具”的灵活性较大，与“套索工具”类似。其具体使用方法如下。

（1）选择“自由钢笔工具” 。

（2）要控制最终路径对鼠标指针移动的灵敏度，请单击工具选项栏中形状按钮旁边的反向箭头，然后为“曲线拟合”输入介于 0.5~10.0 像素之间的值。此值越高，创建的路径锚点越少，路径越简单。

（3）在图像中拖动指针。在拖动时，会有一条路径尾随指针。释放鼠标，工作路径即创建完毕。

（4）要继续创建现有手绘路径，请将钢笔指针定位在路径的一个端点，然后拖动。

（5）要完成路径，请释放鼠标。要创建闭合路径，请将直线拖动到路径的初始点（当对齐时，会在指针旁出现一个圆圈），如图 7-22 和图 7-23 所示。

图 7-22

图 7-23

7.2 路径案例：使用钢笔工具绘制图像

学习目标： 理解和掌握 Photoshop 中使用钢笔工具绘制和填充形状图像的方法和技巧。

实例位置： 实例文件→第 7 章→7.2 钢笔工具绘制图像→7.2 素材 a 和 7.2 素材 b。

完成效果： 如图 7-24 所示。

图 7-24

7.2 路径案例：使用钢笔工具绘制图像 .mp4

◆ 案例概述

本案例通过绘制小鸟图形，帮助读者快速学会使用钢笔工具在单独的形状图层中绘制形状的方法。形状图层由填充区域和形状两部分组成，填充区域用于定义形状的颜色、图案和图层的不透明度，形状则是一个矢量图形，它会同时出现在“图层”和“路径”面板中。

在本案例的制作过程中，首先使用钢笔工具绘制不同的形状，然后向形状中添加颜色

（选择形状图层时，按住 Shift 键的同时并单击选中多个形状层，可一次性地对它们着色），最后将绘制的形状图层编组后移动到背景素材中，完成最终效果的合成。

◆ 案例制作

01 打开素材。执行“文件”→“打开”命令（快捷键 Ctrl+O），打开本案例“7.2 素材 a”。

02 设置工具属性。选择“钢笔工具”（快捷键 P），在工具选项栏中选择“形状”，填充设为“无”，描边及颜色分别设为“2 像素”的“黑色”，如图 7-25 所示。

图　7-25

03 绘制形状 1。选择“钢笔工具”，单击以创建第一个锚点。围绕小鸟的喙弯曲的形状描摹，单击以放置每个锚点。在创建锚点时，通过拖动出方向线并调整来控制曲线的弯曲程度和形状。选择“转换点工具”（或使用“钢笔工具”的同时按住 Alt 键）调整单侧方向线，可以将平滑点转换成角点，如图 7-26 所示。

04 绘制形状 2。使用“钢笔工具”绘制小鸟的喙上面深颜色区域的形状，如图 7-27 和图 7-28 所示。因为上面的图形会遮挡住下面的图形，所以在绘制有被遮挡区域的图形时，无须特别精确。

图　7-26

图　7-27

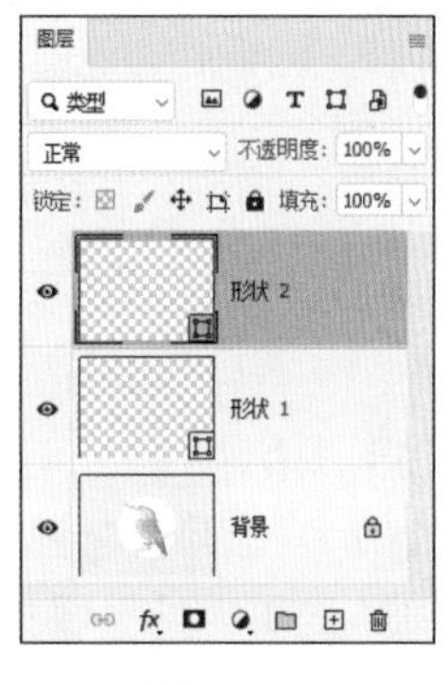

图　7-28

05 依次绘制形状 3（图 7-29）、形状 4（图 7-30）、形状 5（图 7-31）和形状 6（图 7-32）。

图　7-29

图　7-30

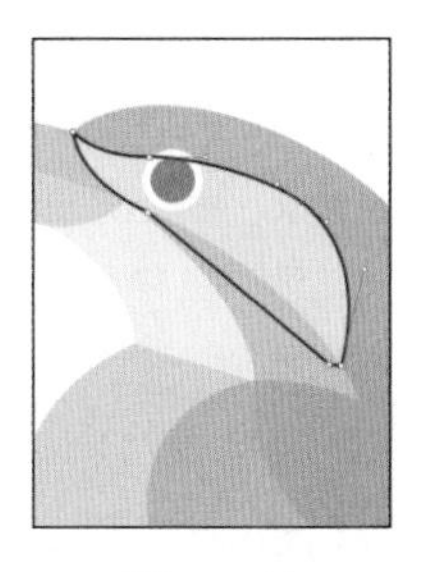

图　7-31

图　7-32

06 再依次绘制形状 7（图 7-33）、形状 8（图 7-34）、形状 9（图 7-35）和形状 10（图 7-36）。

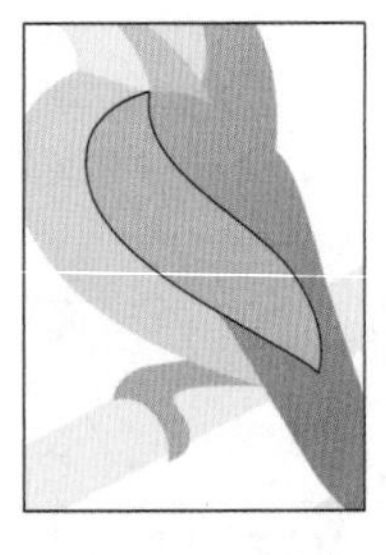

图 7-33

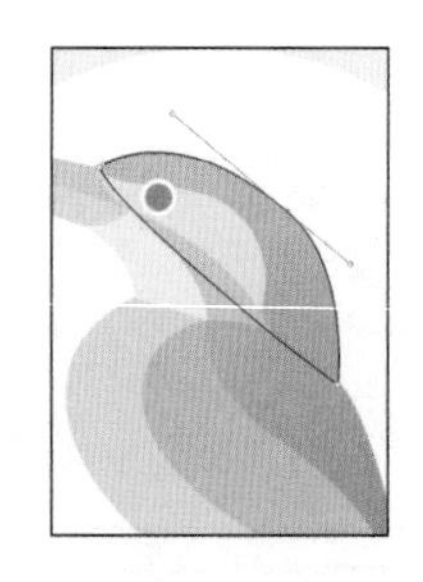

图 7-34

图 7-35

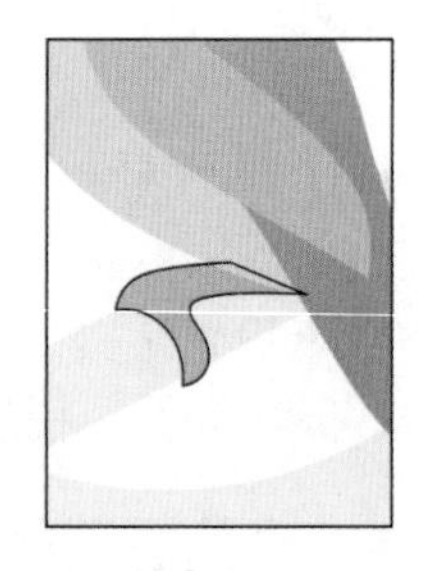

图 7-36

07 绘制小鸟的眼睛。选择“椭圆工具” ○，选择“形状”属性，填充设为“无”，描边及颜色分别设为“2 像素”和“黑色”，按 Shift 键的同时绘制“椭圆 1”；再将填充改为“黑色”，描边改为“无”，按 Shift 键的同时绘制“椭圆 2”，作为小鸟的眼睛，如图 7-37 和图 7-38 所示。

图 7-37

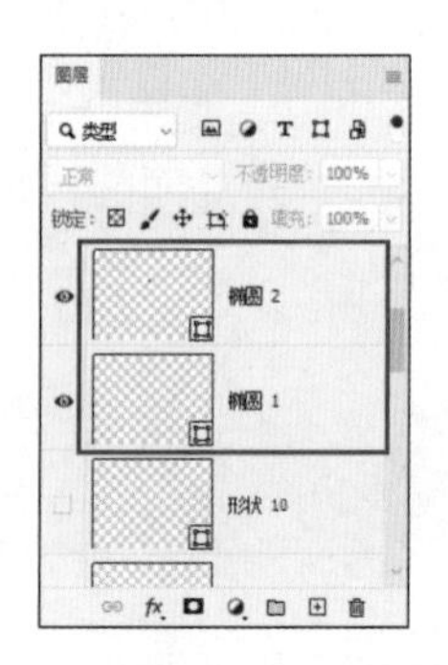

图 7-38

08 为形状上色。将“形状 1”~“形状 10”图层的描边均设为“无”，填充颜色 RGB 值设置如下，并调整图层的上下位置。

“形状 1”图层填充颜色的 RGB 值为（246, 126, 4）；“形状 2”图层填充颜色的 RGB 值为（243, 67, 7）；“形状 3”图层填充颜色的 RGB 值为（235, 235, 235）；“形状 4”图层填充颜色的 RGB 值为（46, 49, 144）；“形状 5”图层填充颜色的 RGB 值为（246, 126, 4）；“形状 6”图层填充颜色的 RGB 值为（246, 126, 4）；“形状 7”图层填充颜色为“线性渐变”，RGB 值分别为（55, 55, 165）和（46, 48, 148）；“形状 8”和“形状 9”图层填充颜色均为“线性渐变”，RGB 值分别为（17, 132, 135）和（46, 48, 148）；“形状 10”图层填充颜色的 RGB 值为（243, 67, 7）。上色效果依次如图 7-39~ 图 7-41 所示。

09 绘制背景。选择“椭圆工具” ○，在工具选项栏中选择“形状”，填充设为“黄色”（RGB: 255, 216, 0），描边设为“无”，按住 Shift 键的同时绘制“椭圆 3”。右键单击该图层，选择“栅格化图层”，如图 7-42 所示。使用“钢笔工具” 绘制树枝的路径，按快捷键 Ctrl+Enter 将路径转换为选区，如图 7-43 所示。按 Delete 键删除“椭圆 3”图层的相应区域，并置于“图层”面板的最下方，效果如图 7-44 所示。选中已绘制的所有图层，按快捷键 Ctrl+G 编组图层，图层组名字设为“小鸟”。

图　7-39

图　7-40

图　7-41

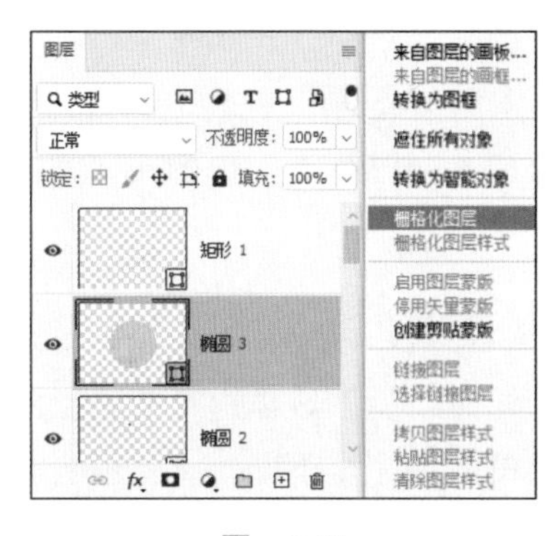

图　7-42

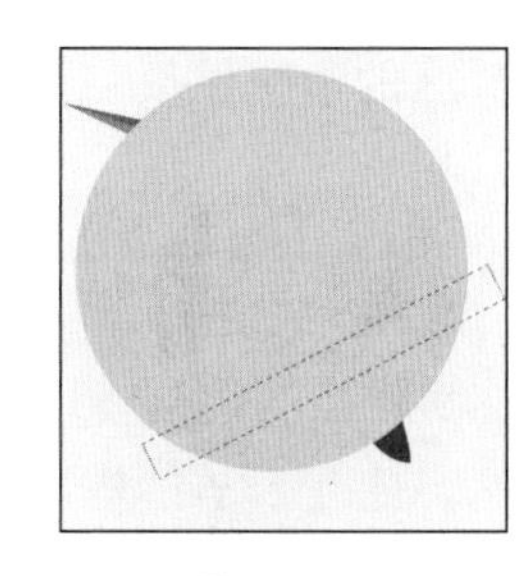
图　7-43

图　7-44

10 添加素材。执行“文件”→“打开”命令（快捷键 Ctrl+O），打开本案例“7.2 素材 b”，如图 7-45 所示。使用“移动工具”✣，在工具选项栏中选择“组”选项，将“小鸟”图层组移动到该素材中。按快捷键 Ctrl+T 调整图层组大小和位置，最终效果如图 7-46 所示。

图　7-45

图　7-46

知识解析——填充和描边路径

1. 用颜色填充路径

使用“钢笔工具”✒创建的路径只有在经过描边或填充处理后，才会成为图素。“填充路径”命令可用于使用指定的颜色、图像状态、图案或填充图层来填充包含像素的路径。

1）使用当前填充路径设置填充路径

在“路径”面板中选择路径，然后单击“路径”面板底部的“用前景色填充路径”按钮[●]，填充前后的路径效果如图 7-47 所示。

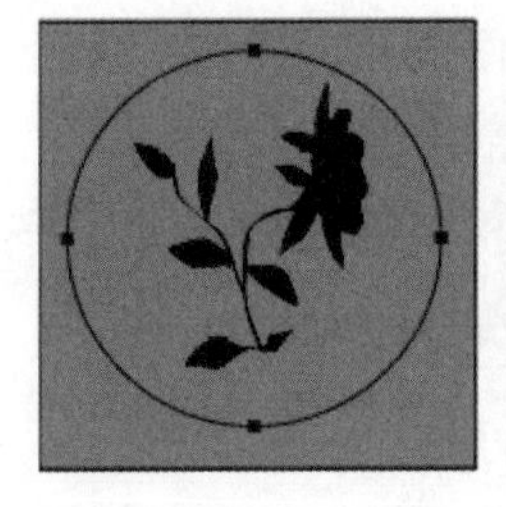

图　7-47

2）填充路径并指定选项

（1）在“路径”面板中选择路径。

（2）填充路径：按住 Alt 键的同时单击“路径”面板底部的“填充路径”按钮或按住 Alt 键的同时将路径拖动到“填充路径”按钮，在“填充路径”对话框中，如图 7-48 所示，设置填充内容、混合模式和不透明度。

（3）选择“保留透明区域”仅限于填充包含像素的图层区域。

（4）选择“渲染”选项。

羽化半径：用于定义羽化边缘在选区边框内外的伸展距离，输入以像素为单位的值。

消除锯齿：通过部分填充选区的边缘像素，在选区像素和周围像素之间创建精细的过渡效果。

2. 用颜色描边路径

“描边路径”命令可用于绘制路径的边框，还可以沿任何路径创建描边（使用绘画工具的当前设置），如图 7-49 所示。此命令与“描边”图层的效果完全不同，它并不会模拟任何绘画工具的效果。

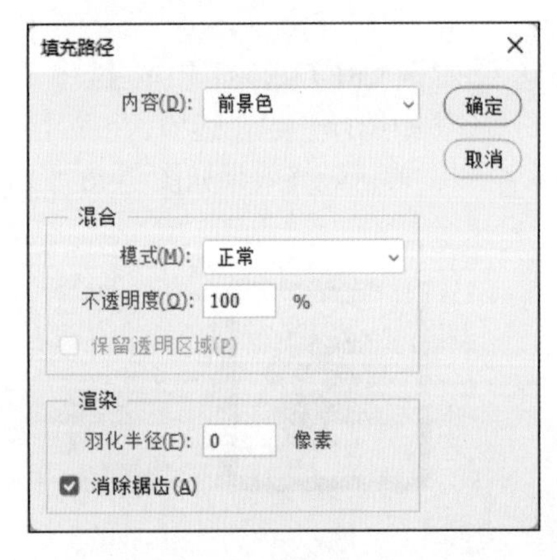

图　7-48

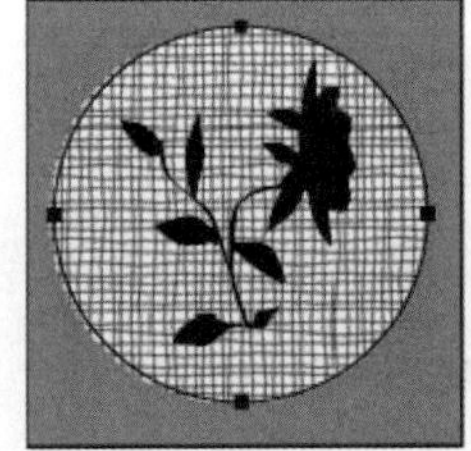
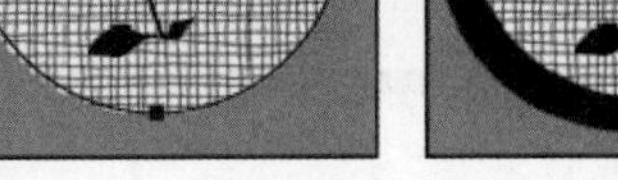
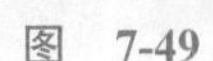

图　7-49

1）使用当前“描边路径”选项对路径进行描边

在“路径”面板中选择路径，单击“路径”面板底部的“描边路径”按钮[○]。每次单击“描边路径”按钮都会增加描边的不透明度，并且可根据当前画笔选项使描边看起来更粗。

2）对路径进行描边并指定选项

（1）在“路径”面板中选择路径。

（2）选择要用于描边路径的绘画或编辑工具。在工具选项栏中，设置工具选项，然后指定画笔。

（3）描边路径：按住 Alt 键的同时单击“路径”面板底部的“描边路径”按钮或按住 Alt 键的同时将路径拖曳到“描边路径”按钮。

（4）如果未在第（2）步中选择工具，请在“描边路径”对话框中选择一个工具。如要模拟手绘描边，请选择“模拟压力”选项。或者取消选中此选项，以创建更加线性、均匀的描边。

3. 路径和选区的转换

路径和图层不同，路径只能进行简单的参数设置，若要应用特殊效果，如滤镜等，则需要将其转换为选区。

路径转换为选区：① 选择路径，在“路径”面板下方单击“描边路径”按钮；② 在图像窗口中的路径上右键单击，在弹出的快捷菜单中选择“建立选区”命令，打开“建立选区”对话框，设置羽化半径等参数，单击“确定”按钮；③ 按快捷键 Ctrl+Enter。

选区转换为路径：载入选区后，在“路径”面板下方单击“从选区生成工作路径”按钮。

4. 存储路径

默认情况下，用户绘制的工作路径都是临时路径。若是再绘制一个路径，原来的工作路径将被新绘制的路径所取代。若不想让绘制的路径只是一个临时路径，可将路径存储起来。在“路径”面板中双击需要存储的工作路径，在打开的“存储路径”对话框中设置名称后，如图 7-50 所示，单击“确定”按钮即完成路径的存储。

5. 认识路径面板

“路径”面板主要用于储存和编辑路径，如图 7-51 所示。默认情况下“路径”图层与“图层”面板在同一面板组中，但由于路径不是图层，所以创建的路径不会显示在“图层”面板中，而是单独存在于“路径”面板中。“路径”面板（“窗口”→“路径”）列出了每条已存储的路径、当前工作路径和当前矢量蒙版的名称和缩览图像。关闭缩览图可提高软件性能。要查看路径，必须先在“路径”面板中选择路径名。

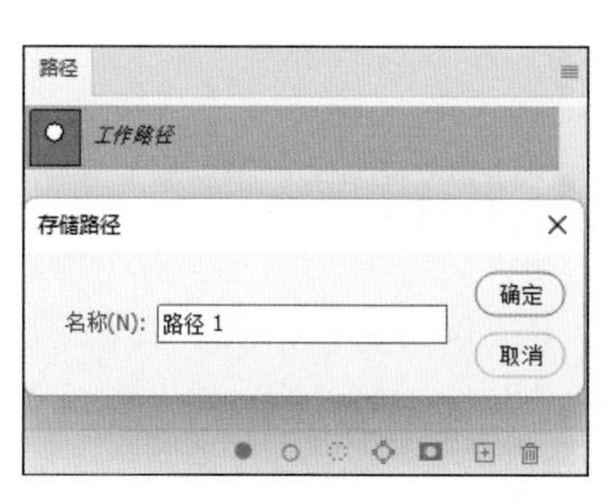

图 7-50

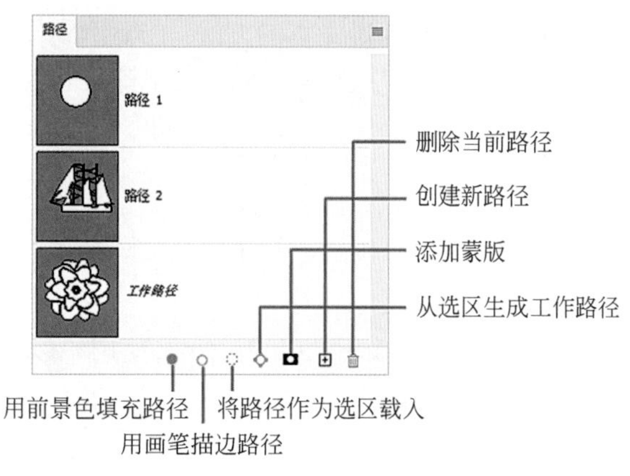

图 7-51

7.3 文字案例：宣传册排版

学习目标： 掌握在 Photoshop 中添加和编辑文本的方法，会运用“字符”面板和“段落”面板设置字体属性。

实例位置： 实例文件→第 7 章→ 7.3 宣传册排版→ 7.3 素材 a~7.3 素材 g、文案 .doc。

完成效果： 如图 7-52 所示。

7.3 文字案例：宣传册排版 .mp4

图 7-52

◆ 案例概述

本案例通过设计制作 8P 宣传册（尺寸 210mm × 285mm）中的 2 页，帮助读者掌握在 Photoshop 中添加和编辑文本的方法。在案例制作过程中，选择文字工具制作“点文字”标题、输入大段“段落文字”文本，使用“字符”面板设置字体大小、颜色、行距等，使用“段落”面板设置段落对齐方式、首行缩进、避首尾等。

◆ 案例制作

01 打开素材。执行“文件”→“打开”命令（快捷键 Ctrl+O），打开案例“7.3 素材 a”，素材中已经建好参考线。

02 添加图片。打开“7.3 素材 b”，使用“移动工具” ✥ 将图片拖动到“7.3 素材 a”中，得到“图层 1”，按快捷键 Ctrl+T 调整图片的大小，如图 7-53 所示，按 Enter 键提交变换。

03 裁剪图片。选择“矩形选框工具” ⬚，以第一条横向参考线为界，绘制一个矩形选区，创建新图层“图层 2”。按快捷键 Alt+Delete 填充前景色（颜色任意），如图 7-54 所示，按快捷键 Ctrl+D 取消选区。将“图层 2”移动到“图层 1”下方，选中“图层 1”，按快捷键 Alt+Ctrl+G 创建剪贴蒙版，隐藏多余的图片，如图 7-55 和图 7-56 所示。

图　7-53

图　7-54

图　7-55

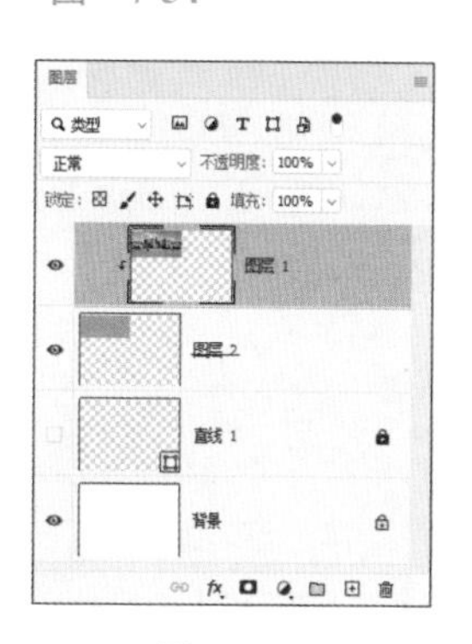

图　7-56

04 输入点文字。选择“横排文字工具” T，在画布上单击，然后输入文字“青岛港湾职业技术学院”，设置字体为“方正小标宋”、字号为“22 点”、颜色为“蓝色”。使用“移动工具” ✥ 调整字体的位置，使其与参考线对齐，如图 7-57 所示。

图　7-57

05 输入段落文字。选择“横排文字工具” T，单击并拖动鼠标，以创建可在其中输入段落文字的定界框，输入文字（见本节素材“文案 .doc”），如图 7-58 所示。在“字符”面板中，设置字体为“苹方中等”、字号为“11 点”、行距为“18 点”，如图 7-59 所示；在“段落”面板中，设置对齐方式为“两端对齐，最后一行左对齐”、首行缩进为“22 点”、避首尾设置为“JIS 宽松”，如图 7-60 所示，最终效果如图 7-61 所示的上半部分文字所示。

06 使用同样的方法，输入图 7-61 下半部分的文字内容。字体和段落属性设置与步骤 04 和 05 相同，如图 7-61 所示。

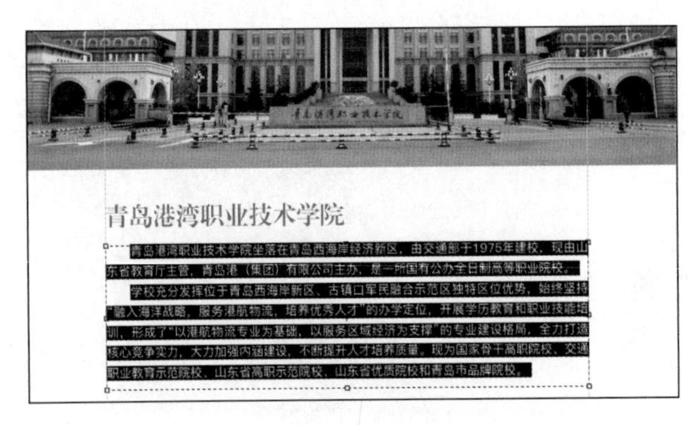

图 7-58

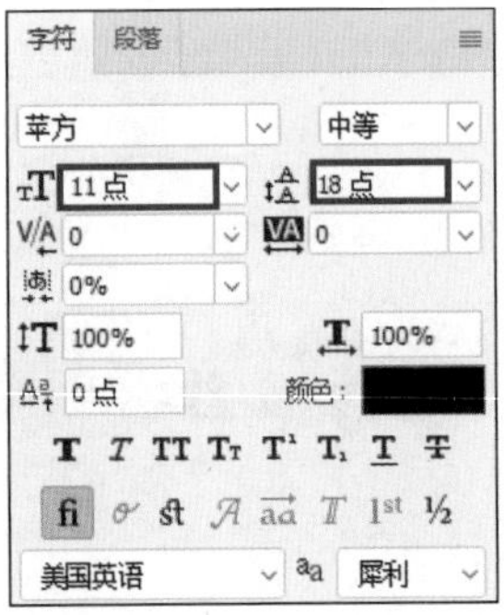

图 7-59

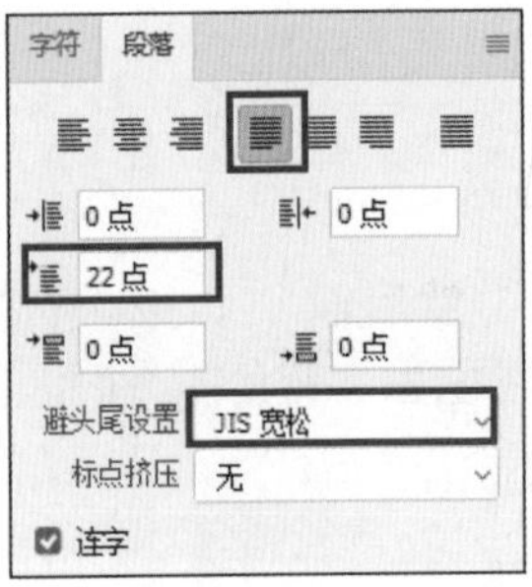

图 7-60

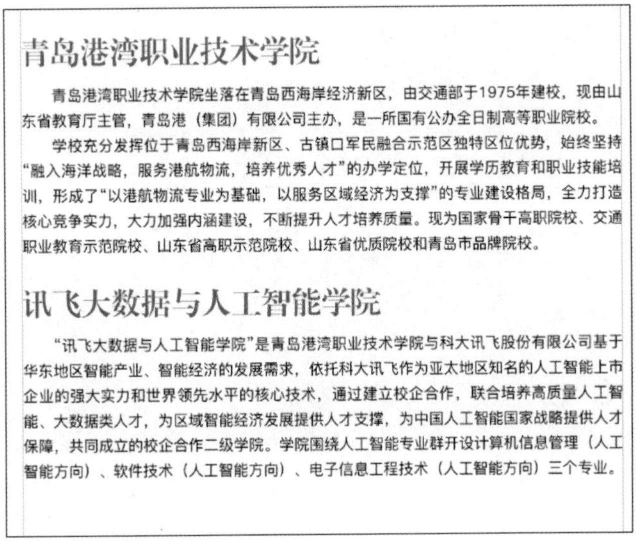

图 7-61

07 创建矩形图层。选择“矩形选框工具”，绘制一个矩形选区，新建“图层 3”，按快捷键 Alt+Delete 填充前景色（颜色任意），如图 7-62 所示，按快捷键 Ctrl+D 取消选区。选择“移动工具”，按 Alt 键的同时复制出另外两个矩形，如图 7-63 所示。

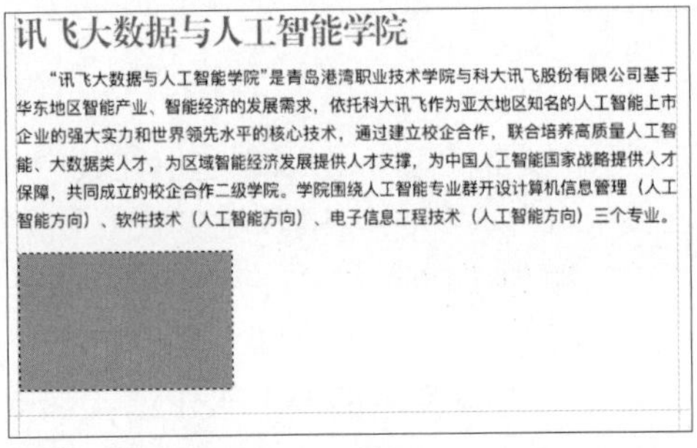

图 7-62

图 7-63

08 添加图片。将“7.3 素材 c”的图片移动到文件中，按快捷键 Ctrl+T 调整图片的大小和位置，分别至于“图层 3”（粉色矩形图层）的上方，按快捷键 Alt+Ctrl+G 创建剪贴蒙版，隐藏多余的图片，如图 7-64 和图 7-65 所示。采用同样的创建剪贴蒙版方法添加“7.3 素材 d”和“7.3 素材 e”，效果如图 7-66 所示。

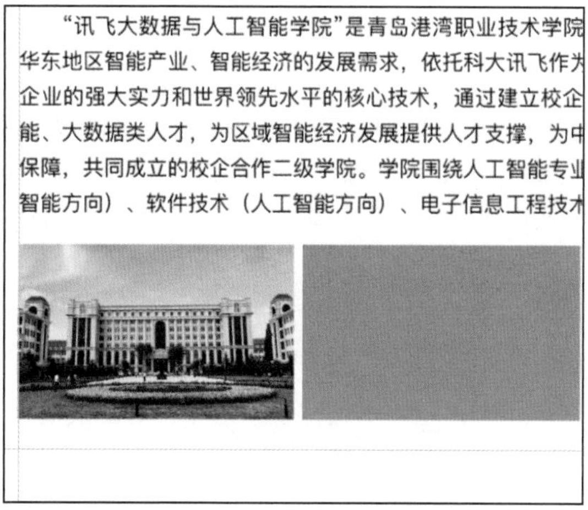

图　7-64

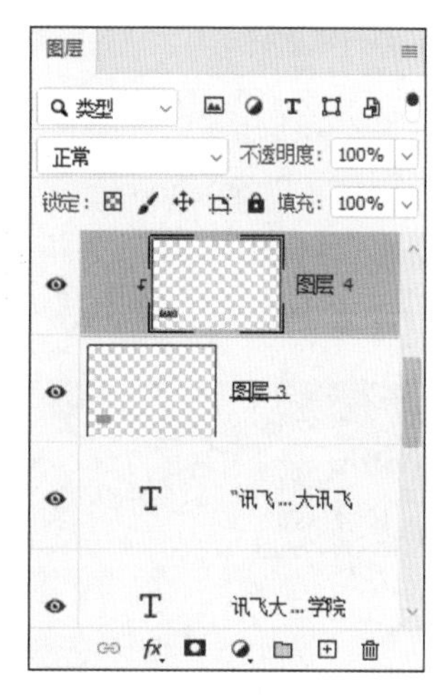

图　7-65

图　7-66

09 装饰页脚。新建一个空白图层，选择“矩形选框工具”，沿页面底端的参考线绘制一个矩形选区，按快捷键 Alt+Delete 填充前景色（蓝色，RGB: 120, 200, 220），按快捷键 Ctrl+D 取消选区，如图 7-67 所示，完成左侧页面的制作。

图　7-67

10 读者可以根据上述方法，利用“7.3 素材 f”和“7.3 素材 g”自行制作图中右侧的页面，最终效果如图 7-52 所示。

知识解析——添加和编辑文本

在 Photoshop 中，我们可以通过 3 种方法创建文字——在点上创建、在段落中创建和沿路径创建。Photoshop 提供了 4 种文字工具，其中“横排文字工具”T 和“直排文字工具”↓T 用来创建点文字、段落文字和路径文字，“横排文字蒙版工具”T 和“直排文字蒙版工具”↓T 用来创建文字状选区，如图 7-68 所示为使用“直排文字蒙版工具”创建文字选区的对比效果。

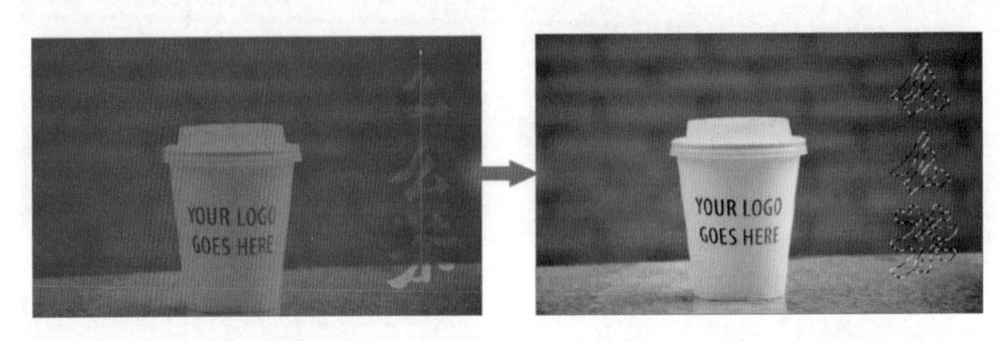

图 7-68

1. 点文字

在工具栏中，选择“文字工具”T（快捷键 T）。默认情况下，将选择“横排文字工具”，可以添加水平文本；如果要在垂直方向添加文本，请再次单击“文字工具”T，然后从下拉列表中选择“直排文字工具”↓T。单击画布上要输入文字的任何位置，创建文字，如图 7-69 所示。在 Photoshop 中，这种文字类型被称为点文字。

2. 段落文字

段落文字，顾名思义，这种文本在需要输入一段文字时使用。选择“文字工具”T，单击并拖动画布上的光标，以创建可在其中输入段落文字的定界框，如图 7-70 所示。这有助于以后有效地编辑和对齐段落。

图 7-69　　图 7-70

3. 路径文字

我们可以沿着用钢笔或形状工具创建的工作路径的边缘输入文字，这种文字类型被称为路径文字。当沿着路径输入文字时，文字将沿着锚点被添加到路径的方向排列，如图 7-71

所示。在路径上输入横排文字，文字会与基线垂直；在路径上输入直排文字，文字与基线平行。还可以在闭合路径内输入文字，不过，在这种情况下，文字始终横向排列，每当文字到达闭合路径的边界时，就会换行。

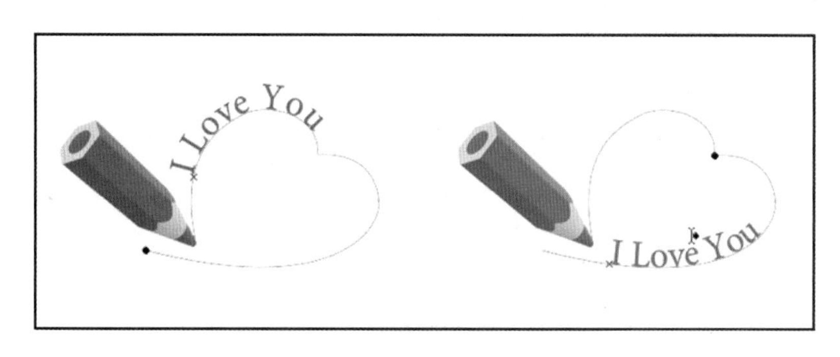

图 7-71

4. 字符面板

可以在输入字符之前设置文字属性，也可以重新设置这些属性，以更改文字图层中所选字符的外观。在设置各个字符的格式之前，必须先选择这些字符。要选择一种文字图层，请执行下列操作之一。

- 选择“移动工具”✣并在画布上双击文字图层。
- 选择“横排文字工具”T或“直排文字工具”↓T，在“图层”面板中选择文字图层，或者单击文本以自动选择文字图层。
- 选择字符后，工具选项栏中会出现相应的字符属性设置，如图 7-72 所示。

图 7-72

“字符”面板提供用于设置字符格式的选项，如图 7-73 所示。若要显示该面板，执行“窗口”→“字符”命令，或者在文字工具处于被选定状态的情况下，单击工具选项栏中的“显示 / 隐藏字符和段落面板”按钮▤。

Tip 默认的文字度量单位是点。一个点（PostScript）相当于 72 ppi 图像中的 1/72 英寸。但是，在使用时可以在 PostScript 和传统的点大小（72.27 点 / 英寸）之间切换。可以在“编辑”→“首选项”→“单位和标尺”区域中更改默认的文字度量单位。

5. 段落面板

对于点文字，每行即是一个单独的段落。对于段落文字，一段可能有多行，具体视外框的尺寸而定。可以选择段落，然后使用“段落”面板为文字图层中的单个段落、多个段落或全部段落设置格式。

使用“段落”面板可更改列和段落的格式设置，如图 7-74 所示。若要显示该面板，请执行“窗口”→“段落”命令或者单击“段落”面板选项卡，还可以选择一种文字工具并单击该工具选项栏中的“切换字符和段落面板”按钮。

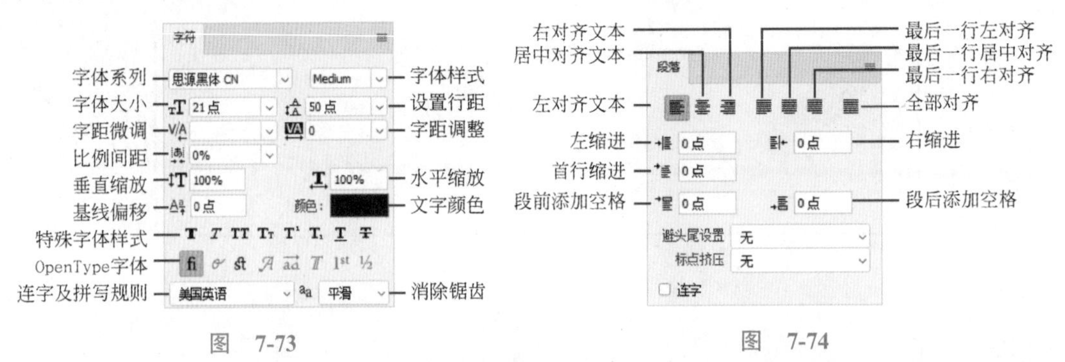

图 7-73　　图 7-74

若要在“段落”面板中设置带有数字值的选项，可以使用向上和向下箭头键，或直接在文本框中编辑数字值。当直接编辑数字值时，按 Enter 键可应用该数字值；按快捷键 Shift+Enter 可应用数字值并随后高光显示出来；或者按 Tab 键应用数字值并移到面板中的下一个文本框中。

7.4　文字案例：印章的制作

学习目标：掌握 Photoshop 中路径文字的编辑方法以及字符面板的使用。

实例位置：实例文件→第 7 章→ 7.4 印章的制作→ 7.4 素材。

完成效果：如图 7-75 和图 7-76 所示。

7.4 文字案例：印章的制作.mp4

图 7-75　　图 7-76

◆ 案例概述

本案例通过制作印章，帮助读者快速的理解沿路径输入文字和编辑路径文字的方法。

案例制作包含两部分内容：一部分是利用“沿路径输入文字”的功能，将文字环形排列，制作出电子印章，此时印章图案的色彩很清晰、很均匀，如图 7-75 所示；另一部分是通过蒙版制作真实印章的盖印效果，如图 7-76 所示，用印章在纸张上盖印，由于受用力情况、纸张光洁及平整情况的影响，盖出来的印章颜色不会那么平实、那么均匀和鲜艳。

◆ 案例制作

01 新建文件。执行“文件”→“新建”命令（快捷键 Ctrl+N），在“新建文档”对话框中，设置文档名称为“印章”、宽度、高度均设为“5 厘米”、分辨率设为“300 像素 / 英寸”、颜色模式设为“CMYK 颜色”、背景内容设为“透明”，如图 7-77 所示，单击“创建”按钮完成文件创建。

02 建立参考线。按快捷键 Ctrl+R 显示标尺，将鼠标指针移动到上方的水平标尺上，如图 7-78 所示，按住 Shift 键的同时向下拖动鼠标指针至 2.5 厘米处创建一条水平参考线，从垂直标尺上向右拖动鼠标指针至 2.5 厘米处创建一条垂直参考线，如图 7-79 所示。两条参考线的交点就是后续绘制印章的中心点。

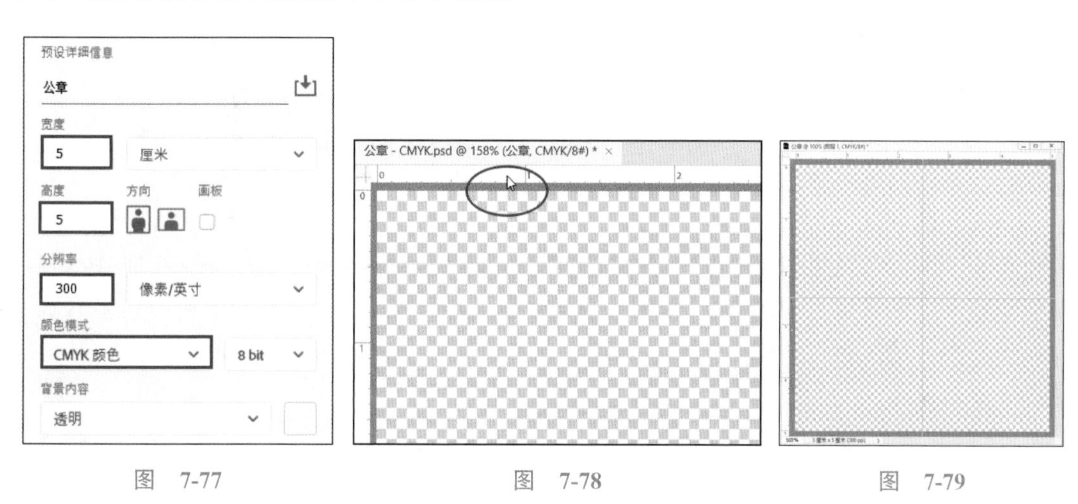

图 7-77　　图 7-78　　图 7-79

> **Tip** Photoshop 中的参考线是一种虚拟的线条，可以看得见，但是无法打印出来。按快捷键 Ctrl+H 可以显示或隐藏参考线。如果需要删除参考线，可以选择“移动工具”，然后将鼠标指针指向需要删除的参考线。当鼠标指针变为双箭头时，按住鼠标不放的同时拖动该参考线可将该参考线拖动到图像窗口之外删除。

03 绘制印章的红色圆边。选择“椭圆工具”○，在工具选项栏中选择“形状”，设置填充为“无”、描边颜色为“红色”（CMYK：0, 100, 100, 0）、宽度为“0.1 厘米”，如图 7-80

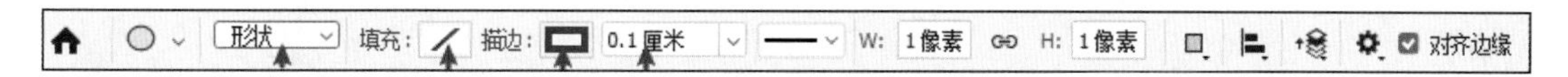

图 7-80

所示。将鼠标指针移动到参考线的交点上（图 7-81），然后单击，弹出如图 7-82 所示的“创建椭圆”对话框。在对话框内设宽度和高度均为“4.1 厘米”，勾选“从中心”复选框，单击“确定”按钮，得到印章的红色圆边，如图 7-83 所示（印章外围的圆边宽度是 0.1 厘米）。

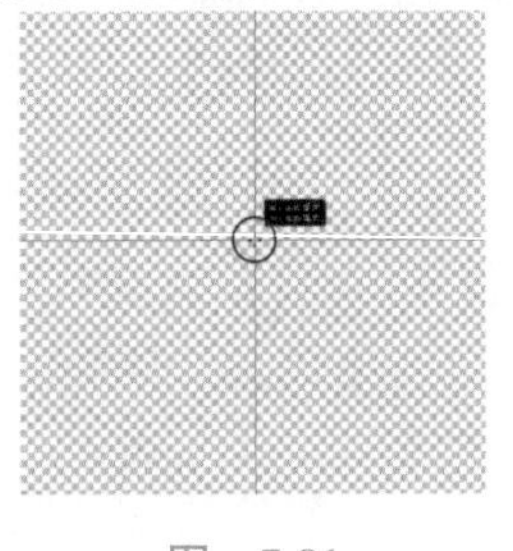

图 7-81

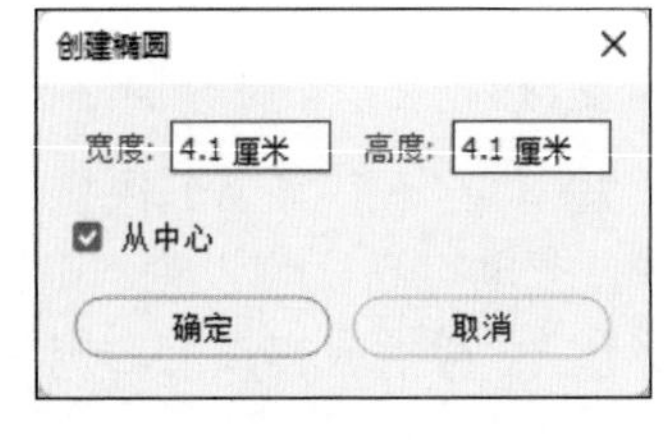

图 7-82

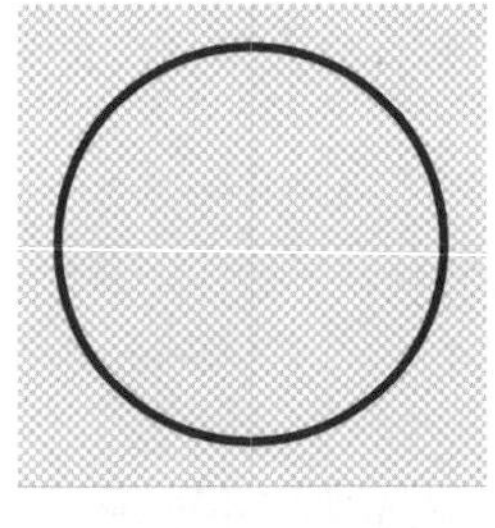

图 7-83

04 制作圆弧形文字。

（1）选择“椭圆工具”，在工具选项栏中选择“路径”。将鼠标指针移至文件中心的参考线交叉点上并单击，弹出“创建椭圆”对话框。在对话框中设置宽度和高度均为“2 厘米”，勾选“从中心”复选框，单击“确定”按钮，得到一个直径 2 厘米的圆形路径，如图 7-84 所示。

（2）选择“横排文字工具” **T**，在工具选项栏中设置字体为“汉仪长宋简”，字号为“12 点”、颜色为“红色”、字体为“仿粗体”，将鼠标指针移至路径上，当指针变成形状时，单击即可沿路径输入文字“中国甜蜜恋人联合总会”，如图 7-85 所示。

（3）选择“移动工具”，路径自动被隐藏，然后按快捷键 Ctrl+T 以变换“参考点”的位置至两条参考线交点上，将鼠标指针移至变换框的顶点外侧，拖动鼠标以旋转文字，从而调整文字的排列，如图 7-86 所示。当角度合适后，按 Enter 键确定变换（如果不显示变换参考点，请执行“编辑”→“首选项”→“工具”命令，勾选“在使用变换时显示参考点”复选框）。

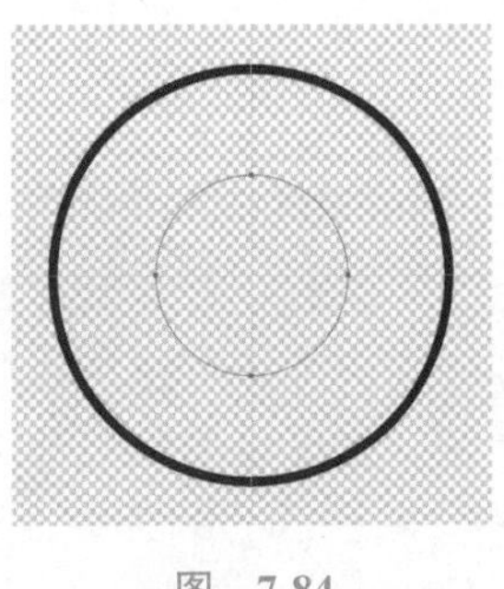

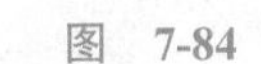

图 7-84

图 7-85

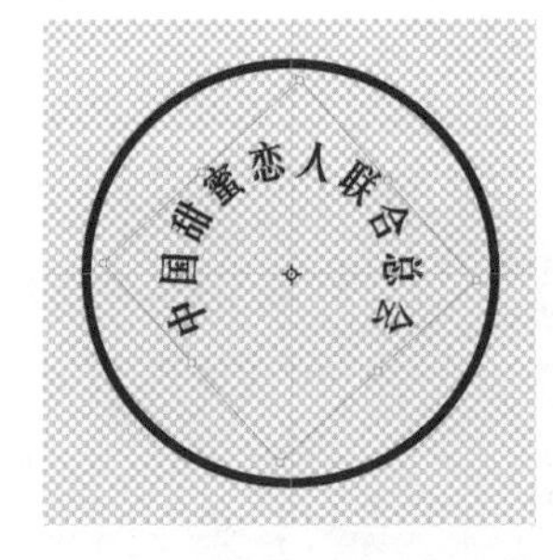

图 7-86

（4）调整文字的大小。在“图层”面板中双击文字图层上的 T 字处，激活文字编辑并全选文字。打开“字符”面板，调整文字大小、间距、粗细等，如图 7-87 所示。按快捷键 Ctrl+T 进行旋转，微调文字的角度让其左右对称，如图 7-88 和图 7-89 所示。

Tip “字符”面板用于字符间距调整和基线偏移的调整（也就是调整文字相对路径的位置），以及水平缩放（也就是调整字宽）和垂直缩放（也就是调整字高）。

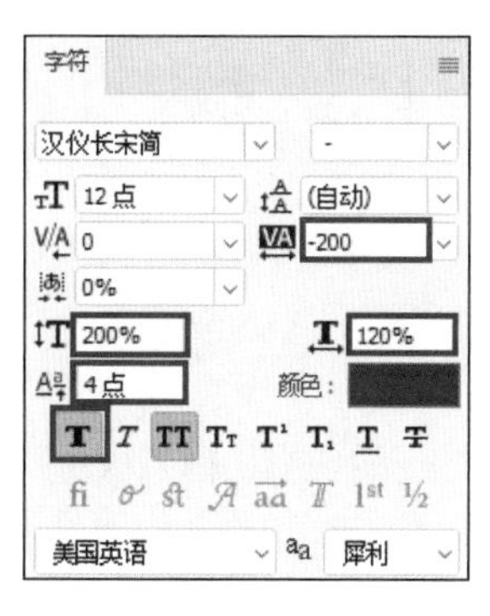

图　7-87

图　7-88

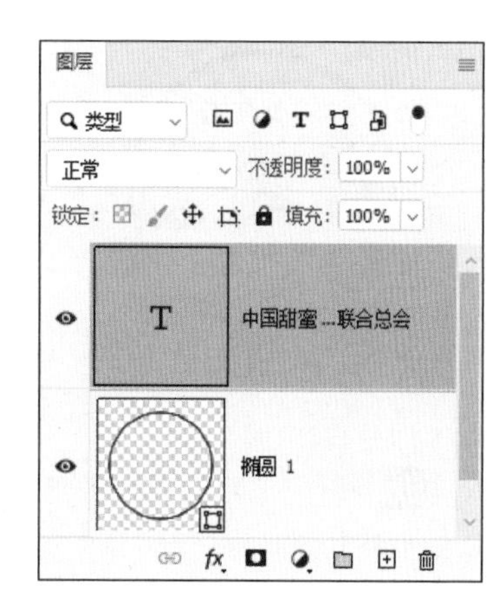

图　7-89

Tip　印章使用的字体主要是宋体、仿宋、长宋简、华文中宋。若没有这些字体，请在网络上搜索、下载字体并安装到 C:\Windows\Fonts 文件夹中。字体的安装方法很简单，将字体放入 Fonts 文件夹中即可。

05 制作印章中心的红色图案。

（1）首先创建如图 7-90 所示的参考线，A 参考线距离 B 参考线 1 厘米。

Tip　印章中间图形的宽度一般为 1 厘米。因此，这里设置两条参考线之间的距离为 1 厘米。

（2）导入外部形状。选择“自定义形状工具”，在工具选项栏中，单击“形状”选项卡的下箭头，再单击右上角，在下拉列表中选择“导入形状”，导入本节素材 Custom Shapes 文件夹中的“心 .csh”文件，如图 7-91 所示。

（3）选择形状分组“心”中的“valentine24”形状，如图 7-92 所示。在 A、B 两条参考线间按 Shift 键的同时绘制形状。在工具选项栏中，设置工具模式为“形状”、填充为“红色”（CMYK：0, 100, 100, 0）、描边为“无”，如图 7-93 所示。按快捷键 Ctrl+T 调整形状中心点至两条参考线交点上，如图 7-94 所示，整体效果如图 7-95 所示。

图　7-90

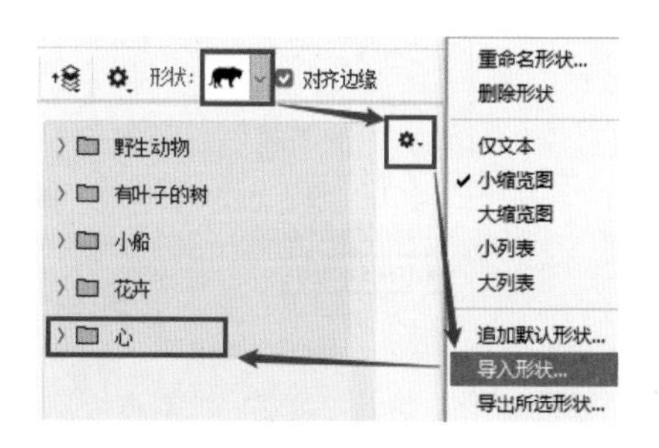

图　7-91

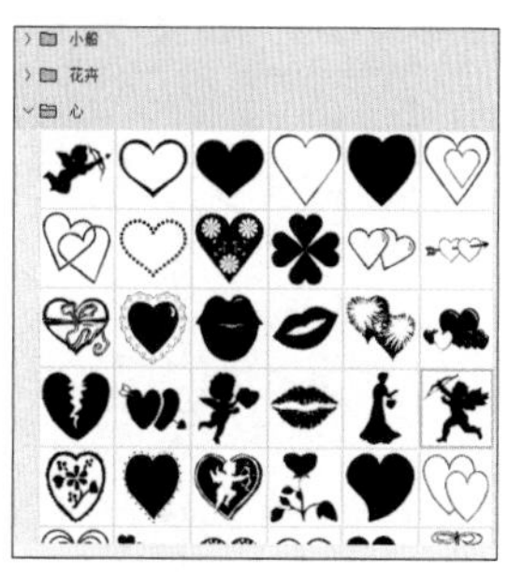

图　7-92

图 7-93

图 7-94

图 7-95

06 制作横向文字。选择“横排文字工具” T，单击要输入文字的位置，输入文字“恋爱专用章”。设置字体为“汉仪长宋简”、字号为“12 点”，颜色为“红色”，其他参数如图 7-96 所示。按快捷键 Ctrl+T 调整文字中心点至垂直参考线上，如图 7-97 所示。按快捷键 Ctrl+H 隐藏参考线，完成效果如图 7-98 所示。

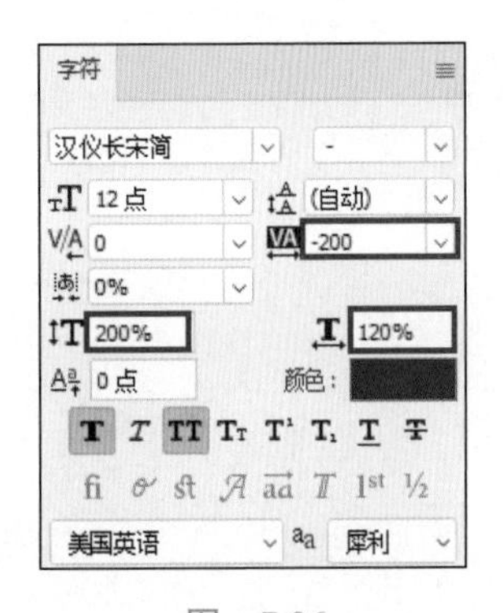

图 7-96

图 7-97

图 7-98

07 保存图像。选中所有图层，按快捷键 Ctrl+G 编组，并将组名更改为“印章”。按快捷键 Alt+Ctrl+Shift+E 盖印所有图层，并将“印章”图层组隐藏，如图 7-99 所示。保存为支持透明背景的 TIFF 格式或者 PNG 格式。执行“文件”→“存储副本”命令（快捷键 Alt+Ctrl+ S)，以另存文件，设置保存类型为 TIFF。在弹出的“TIFF 选项”对话框中勾选“存储透明度”复选框，如图 7-100 所示，单击“确定”按钮，完成保存。

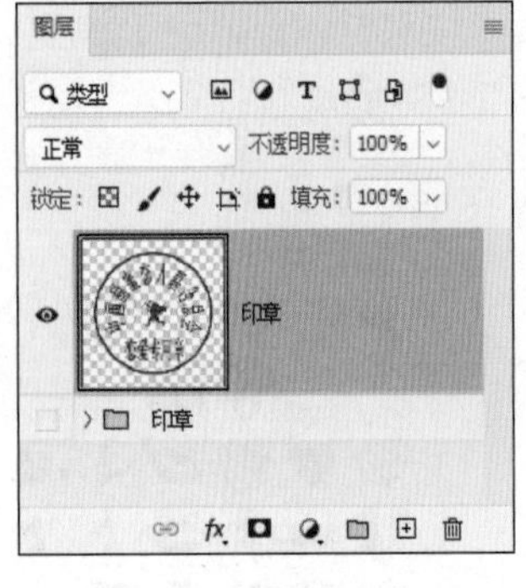

图 7-99

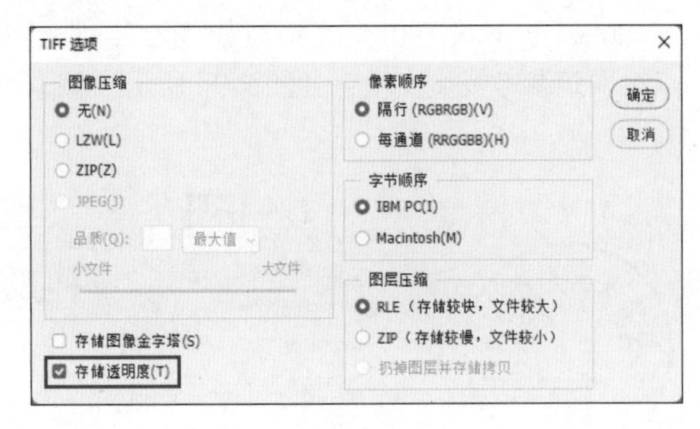

图 7-100

Tip

TIFF 格式主要用于印刷设计，支持该格式的程序不多，保存的透明背景在不支持的程序（如 Word）中打开是看不到透明效果的。要在 Word 中看到透明效果，可以保存为 PNG 格式。

PNG 格式图像，其色彩模式不能是 CMYK。所以，在保存前，首先执行“图像”→“模式”→“RGB 颜色”命令，将色彩模式转换为 RGB，然后执行“文件”→“存储副本”命令，将保存类型设置为 PNG 格式。

08 应用纸张纹理，获得真实印章的盖章效果。

（1）新建一个空白图层，置于印章图层下面，按快捷键 Ctrl+Delete 填充“白色”，作为印章的背景，如图 7-101 和图 7-102 所示。

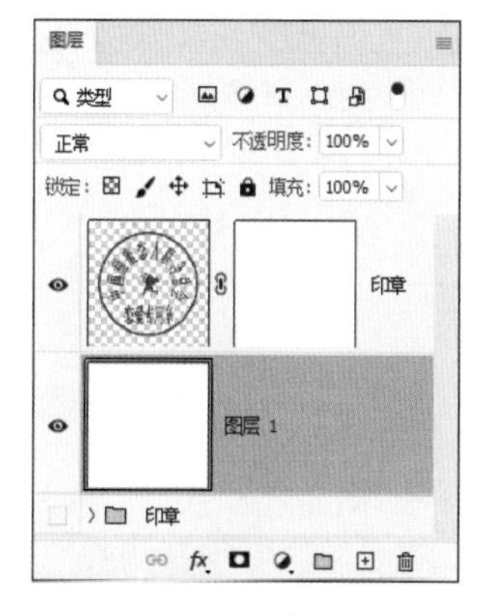

图　7-101

图　7-102

（2）选择“印章”图层，单击“图层”面板底部的“添加图层蒙版”按钮，为“印章”图层添加图层蒙版。

（3）按快捷键 Ctrl+O 打开“7.4 素材”的纸张纹理图，如图 7-103 所示。按快捷键 Ctrl+A 全选图像，然后按快捷键 Ctrl+C 复制纸张纹理；返回到印章文档中，在“图层”面板上，按 Alt 键的同时单击“印章”图层的蒙版缩览图，如图 7-104 所示，显示白色的蒙版。按快捷键 Ctrl+V 粘贴纸张纹理到蒙版中，按快捷键 Ctrl+T 调整纸张纹理大小，让其覆盖整个画布，如图 7-105 所示。单击“印章”图层前方的眼睛图标，显示印章图案，如图 7-106 所示。

图　7-103

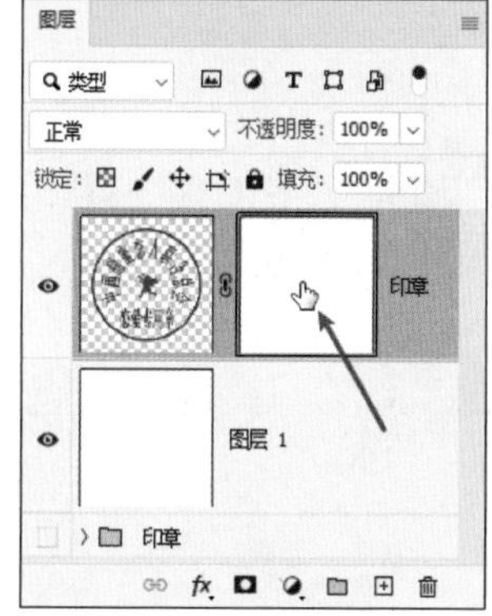

图　7-104

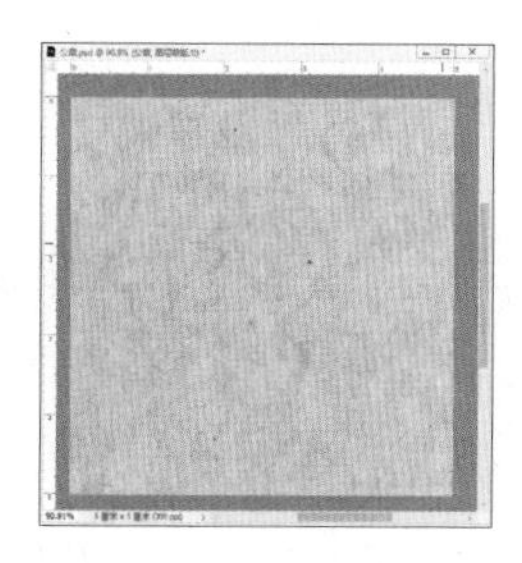

图　7-105

图　7-106

（4）效果似乎不明显，怎么办？可以利用“色阶”命令调整蒙版中的纸张纹理，通过加强对比，让印章中的纸张纹理凸显。选中“印章”图层的蒙版，如图 7-107 所示，按快捷键 Ctrl+L 打开“色阶”对话框，拖动对话框中的暗调、中间调、高光滑块，边拖动边观察图像的变化，直至满意（如图 7-108 所示，阴影、中间调、高光的参数分别为“143”“1.6”和“210”）。单击“确定”按钮，这时得到了具有纸张纹理的印章效果，如图 7-109 所示。

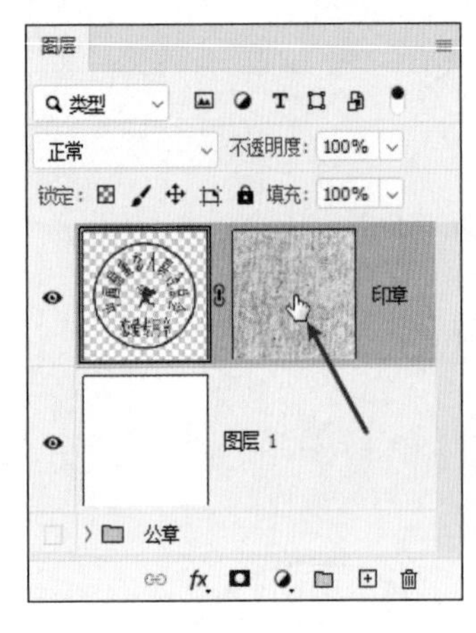

图 7-107

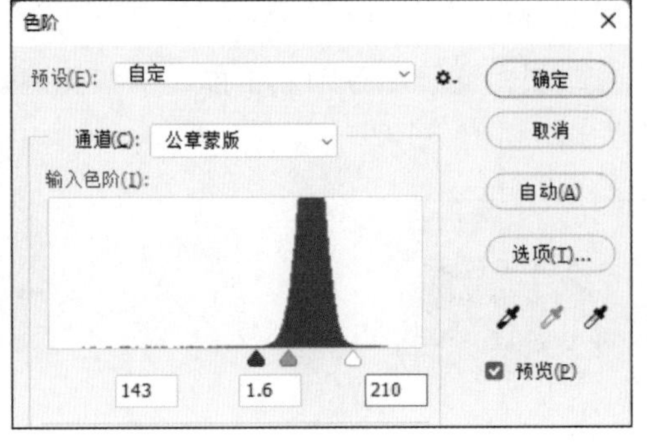

图 7-108

图 7-109

Tip

设计师必须要知道的法律法规

从 2021 年 3 月 1 日起，《中华人民共和国刑法》中涉及打击知识产权类犯罪的法律条文正式施行。其中，第二百八十条规定，伪造、变造、买卖或者盗窃、抢夺、毁灭国家机关的公文、证件、印章的，处三年以下有期徒刑、拘役、管制或者剥夺政治权利，并处罚金；情节严重的，处三年以上十年以下有期徒刑，并处罚金。伪造公司、企业、事业单位、人民团体的印章的，处三年以下有期徒刑、拘役、管制或者剥夺政治权利，并处罚金。

设计师在工作中会遇到各种各样的设计需求，动手设计之前一定要仔细甄别，有风险的需求一定要坚决拒绝！

知识解析——路径文字

1. 沿路径输入文字

（1）选择“横排文字工具” T 或“直排文字工具” ↓T，定位鼠标指针，如图 7-110 中的左右图分别为文字工具的基线指示器以及其基线指示器位于路径上的文字工具；

（2）使文字工具的基线指示符位于路径上，然后单击，此时会出现一个插入点；

（3）输入文字。横排文字沿着路径显示，与基线垂直；直排文字沿着路径显示，与基线平行。

2. 沿路径移动或翻转文字

选择“直接选择工具”或“路径选择工具”，并将其定位到文字上，鼠标指针会变为带箭头的 I 型光标。

（1）要移动文本，请单击并沿路径拖动文字。拖动时请小心，以避免跨越到路径的另一侧。

（2）要将文本翻转到路径的另一边，请单击并横跨路径拖动文字，如图 7-111 所示为使用“直接选择工具”或“路径选择工具”在路径上移动和翻转文字的效果。

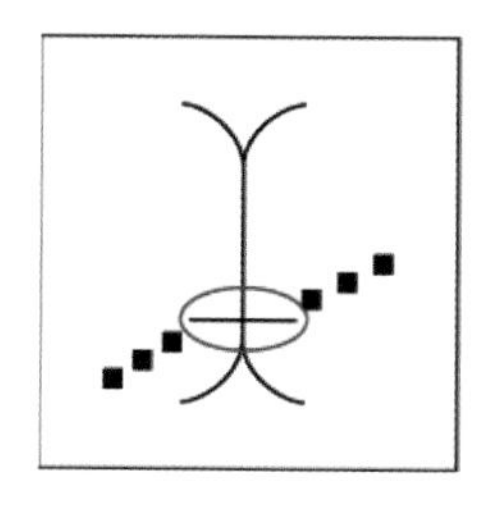
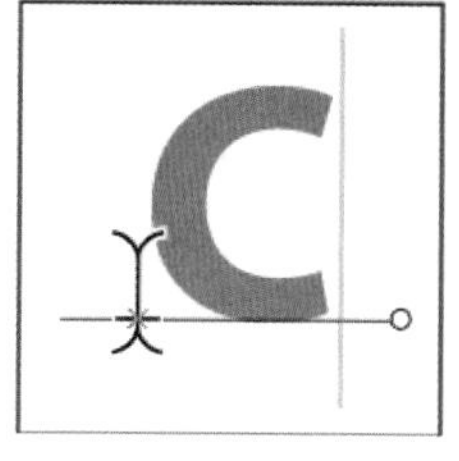

图　7-110

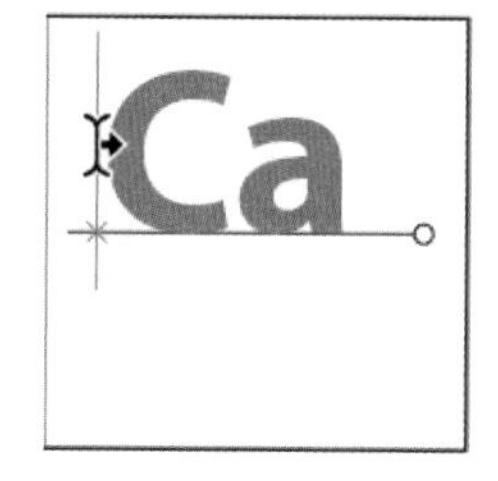

图　7-111

3. 在闭合路径内输入文字

选择“横排文字工具” T，将鼠标指针放置在该路径内，当文字工具变成形状时，单击即可插入文本。

4. 移动文字路径

选择“路径选择工具”或“移动工具”，然后单击并将路径拖动到新的位置。使用“路径选择工具”时，请确保鼠标指针未变为带箭头的 I 型光标，否则将会沿着路径移动文字。

5. 改变文字路径的形状

选择“直接选择工具”，单击路径上的锚点，然后使用手柄改变路径的形状。

7.5　综合案例：名片设计

7.5 综合案例：名片设计 .mp4

学习目标：了解名片设计尺寸及注意事项，掌握使用 Photoshop 制作名片的方法和技巧。

实例位置：实例文件→第 7 章→ 7.5 名片设计→ 7.5 素材。

完成效果：如图 7-112~ 图 7-114 所示。

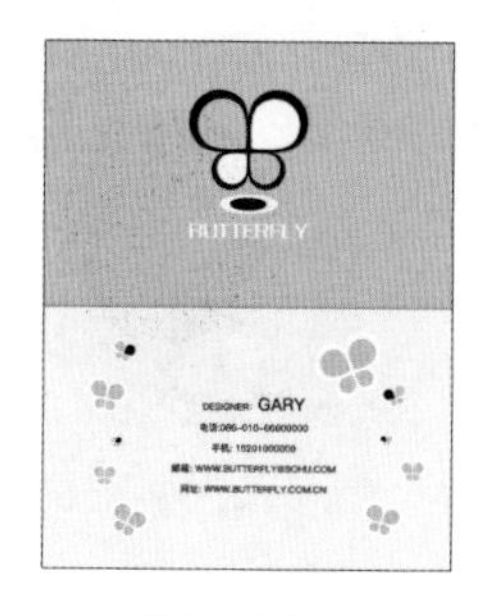

图　7-112

图　7-113

图　7-114

◆ 案例概述

本案例是为 Butterfly 公司设计制作一款简约型名片。该公司的 LOGO 是一只蝴蝶，灵感源自“庄周梦蝶”的典故。寓意不管要经历多少磨难，有多少羁绊，都要坚守内心的宁静，不为形役，不为物累，返璞归真，不忘初心。在设计名片时，不仅要保证其易于阅读，还要保证品牌的辨识度，要做到文字简明扼要、字体层次分明、设计美观大方、风格新颖独特。

◆ 案例制作

01 新建文件。执行“文件”→“新建”命令(快捷键 Ctrl+N),在“新建文档”对话框中，设置文档名称设为“名片”、宽度设为“96 毫米”、高度设为“60 毫米”、分辨率设为“300 像素 / 英寸”、颜色模式设为“CMYK 颜色”，如图 7-115 所示，单击“创建”按钮，完成文件创建。

02 填充背景。选中“背景”图层，设置前景色为“黄色”(CMYK: 19, 16, 80, 0)，按快捷键 Alt+Delete 填充前景色，按快捷键 Ctrl+R 显示标尺，如图 7-116 和图 7-117 所示。

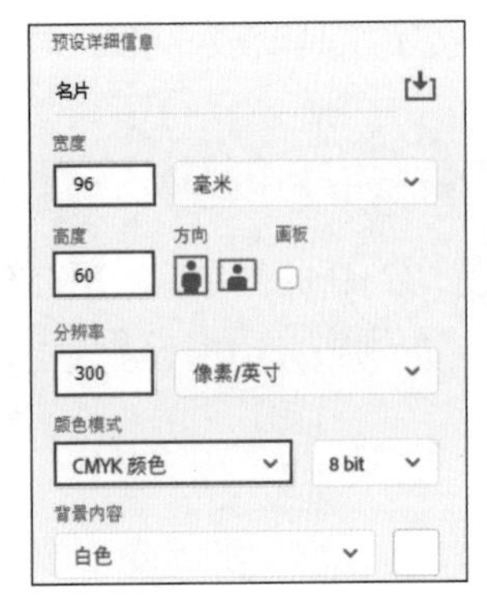

图 7-115

图 7-116

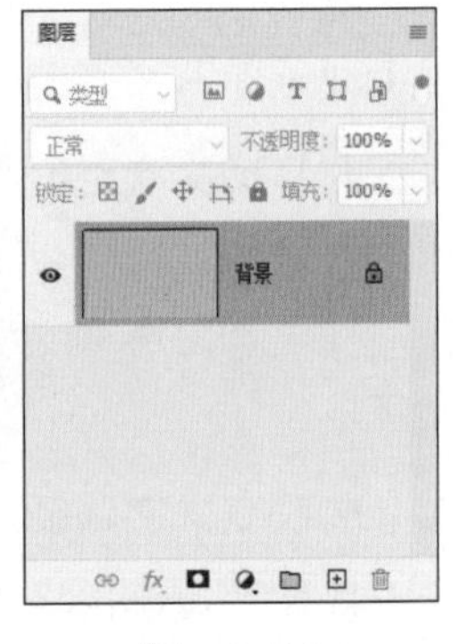

图 7-117

03 绘制图案。选中“椭圆工具”◯,在工具选项栏中选择“形状”选项,设置填充为“黑色”、描边为“无”，然后在画布上单击。在弹出的“创建椭圆”对话框中设置宽度和高度均为“1.2 厘米”,如图 7-118 所示。单击“确定”按钮后“图层”面板中会自动生成“椭圆 1”形状图层，如图 7-119 所示。选择“转换点工具”，单击圆形最下方的平滑锚点，将其转换为角点，如图 7-120 所示。选中“直接选择工具”将角点下移至适当的距离，如图 7-121 所示。

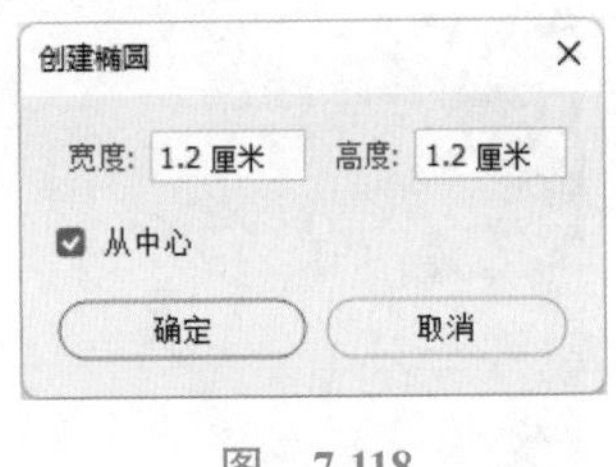

图 7-118

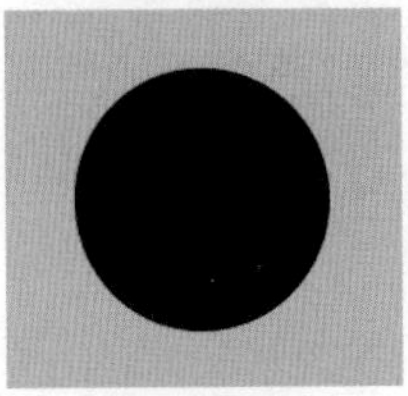

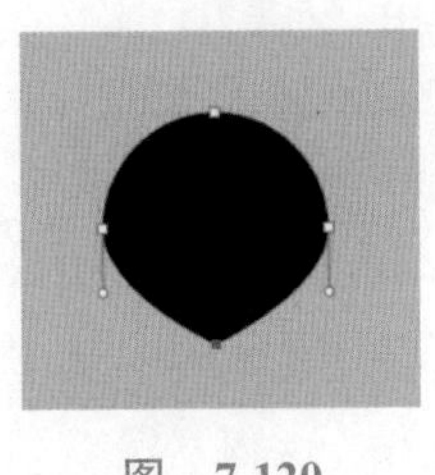

图 7-119

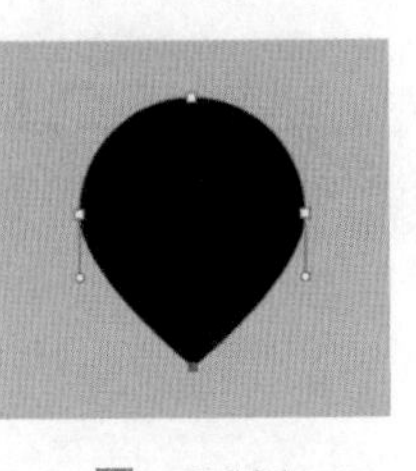

图 7-120

图 7-121

04 复制图案。按快捷键 Ctrl+J 复制“椭圆 1”图层，得到“椭圆 1 拷贝”形状图层，如图 7-122 所示，将其填充颜色改为“白色”，如图 7-123 所示。按快捷键 Ctrl+T 显示定界框，按住 Alt 键的同时拖动定界框的一角，将图形等比例缩小，如图 7-124 所示，按 Enter 键确认操作，“图层”面板如图 7-125 所示。

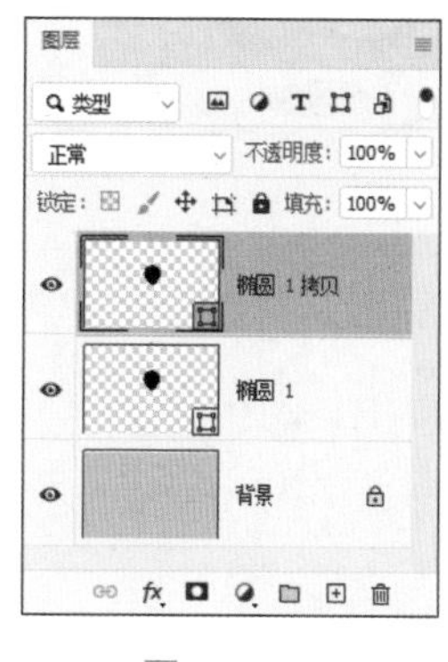

图　7-122

图　7-123

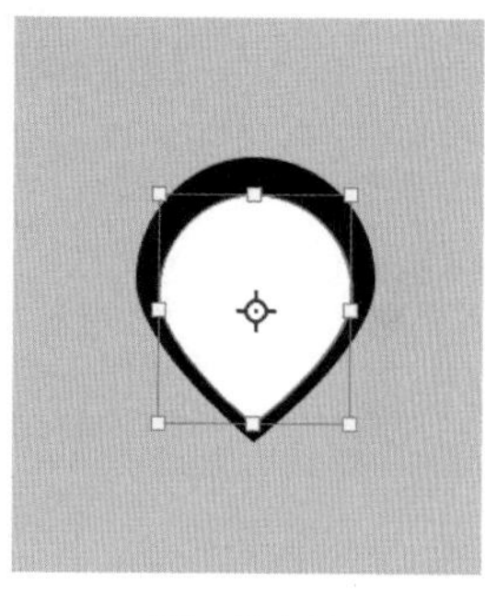
图　7-124

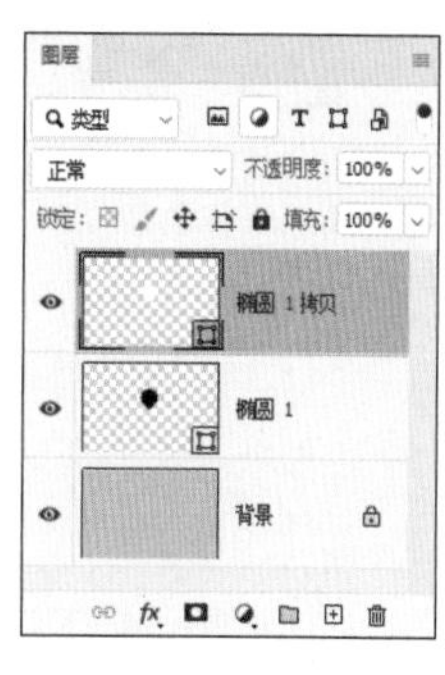

图　7-125

05 栅格化图层。选中“椭圆 1”和“椭圆 1 拷贝”图层，单击鼠标右键，在弹出的快捷菜单中选择“栅格化图层”命令，将形状图层转换为普通图层。

06 合成图案。按快捷键 Ctrl+E 将黑、白两个图形合并到一个图层中，再按快捷键 Ctrl+J 复制该图层。按快捷键 Ctrl+T 显示定界框，单击鼠标右键打开快捷菜单，选择“垂直翻转”命令，再将图形等比例缩小 61.8%，按 Enter 键确认操作，如图 7-126 所示。将两个图形所在的图层合并，再次重复复制与变换的操作，变换图形时按住 Shift 键可轻松地将旋转角度设定为 90 度，如图 7-127 和图 7-128 所示。

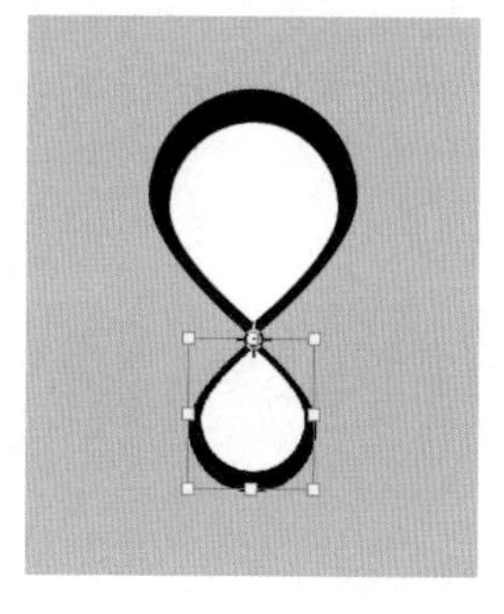

图　7-126

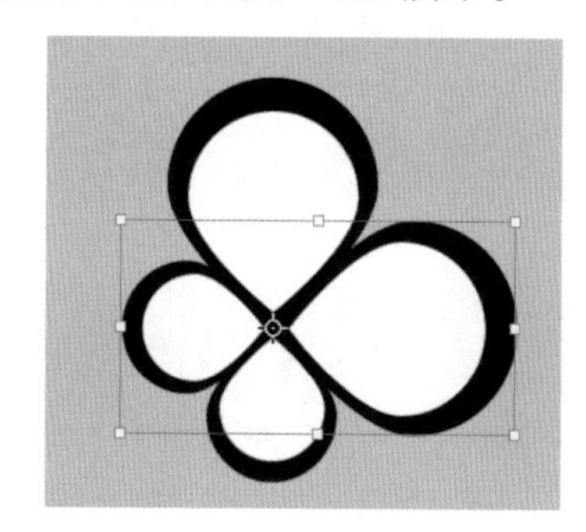
图　7-127

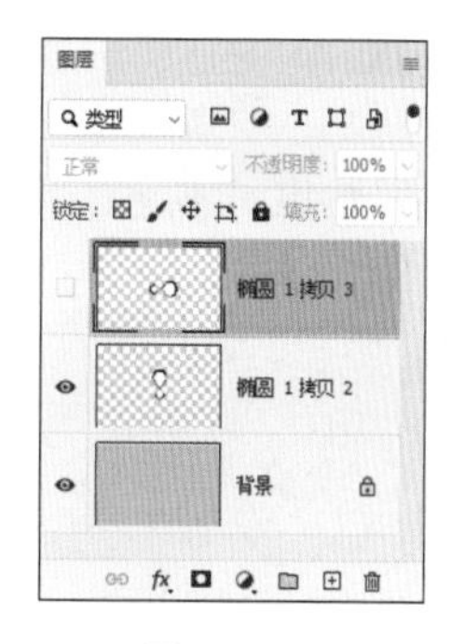

图　7-128

07 调整图案。使用“魔棒工具”选取其中一大一小两个白色图形，填充与背景相同的颜色，如图 7-129 所示。至此，名片中的 LOGO 制作完毕，将其所在的图层（除“背景”图层以外）合并在一起，再调整一下角度，如图 7-130 所示，并在蝴蝶下方绘制两个重叠的椭圆形，如图 7-131 所示。

08 输入文字。选择“横排文字工具” T，在工具选项栏中设置字体为“方正粗倩”、大小为“12 点”、颜色为“白色”，在画面中单击并输入文字 BUTTERFLY，完成名片背面的制作，如图 7-132 和图 7-133 所示。

图 7-129

图 7-130

图 7-131

图 7-132

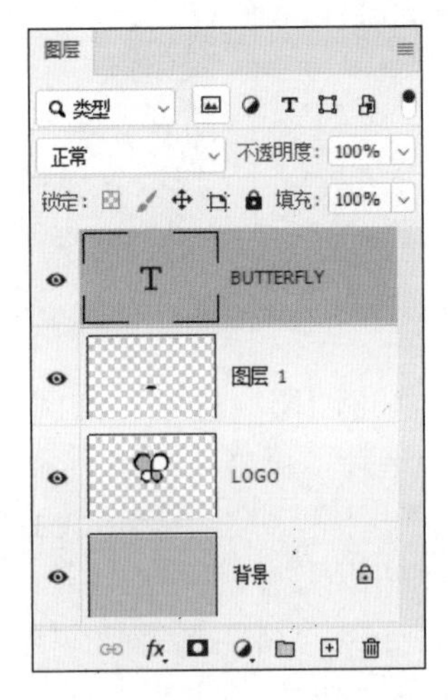

图 7-133

09 制作名片正面图案背景。单击“图层”面板底部按钮⊞，新建图层。前景色设置为“灰色”（CMYK: 7, 5, 5, 0），按快捷键 Alt+Delete 填充前景色。复制蝴蝶图形，调整其大小、角度和颜色，并使其分散在名片两边，如图 7-134 所示。

10 输入文字。选择“横排文字工具” T，在名片中心位置单击并拖动鼠标，创建段落文字定界框并输入文字，包括设计师的名字、电话、邮箱和网址等信息。设置字体为“苹方 粗体”、颜色为“黑色”、大小为“6 点”，行距为“12”、对齐方式为“居中对齐”。选中名字 GARY，将字体大小设为“11 点”，如图 7-135 所示。

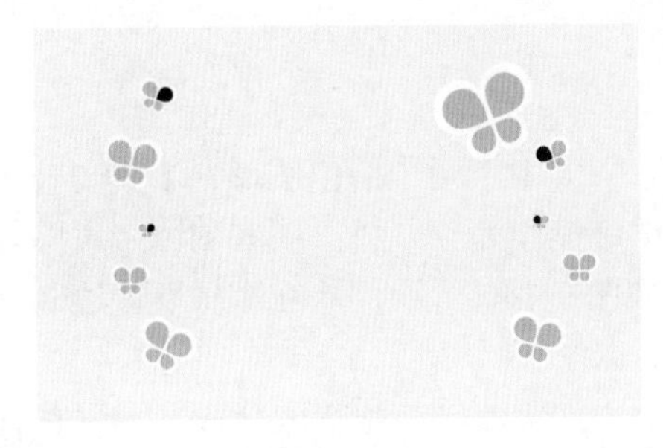

图 7-134

图 7-135

11 样机展示。分别将组成名片正面、背面的图层编组并合并，如图 7-136 所示。打开

“7.5 名片样机 1”和“7.5 名片样机 2”素材，找到智能对象图层，替换名片的正面和背面，将作品应用到实物效果图中，如图 7-137 和图 7-138 所示。

Tip　样机就是把设计作品应用到实物效果图中，让作品看起来更加形象逼真。这样不仅能帮助设计师改进作品，还可以在展示时让用户看到更直接、更美观的实物效果，减少改稿的可能（关于样机详见 9.7 节）。

图　7-136

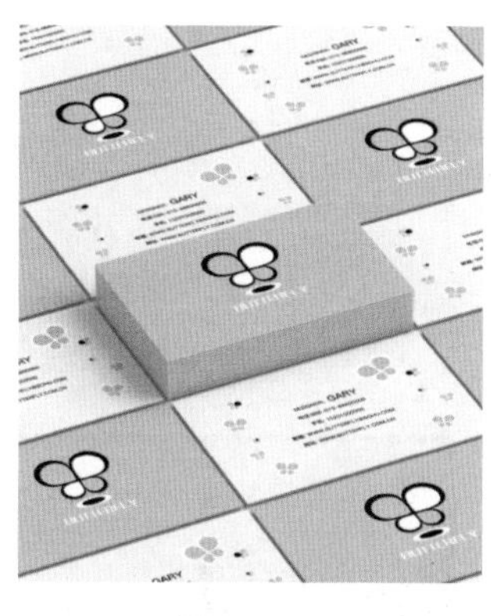
图　7-137

图　7-138

知识解析——名片设计相关知识

1. 常见名片尺寸大小

目前，国内名片尺寸的标准规格是 90mm × 54mm。制作时，一般四边还需要包含 2~3mm 出血位，色彩模式应为 CMYK，分辨率为 300ppi 以上（本案例出血位为 3mm，故新建文件大小为 96mm × 60mm）。

那么，名片标准尺寸为什么是 90mm × 54mm 呢？实际上，名片标准尺寸和黄金比例是有紧密关联的。

要理解名片尺寸标准的设定，就需要了解黄金比例尺寸的意思。90mm × 54mm 的尺寸符合 1 : 0.618，也就是常说的最佳和谐视觉黄金矩，这种长宽比例的矩形就是黄金矩形。它在艺术史上得到了充分的验证，几乎所有的艺术作品都与这一黄金比例相吻合。名片的作用是宣传与推广自己，所以，名片的设计要让接名片的人看到名片的时候，能产生最佳和谐视觉效果。

2. 国外名片尺寸大小标准

国外的名片尺寸标准和国内的还是有一点区别，下面介绍国外名片尺寸标准。

（1）美式名片尺寸标准：90mm × 50mm，即长宽比例为 16 ： 9，这个比例是符合视觉的白金比例，如图 7-139 和图 7-140 所示。

（2）欧式名片尺寸标准：85mm × 54mm，即长宽比例为 16 ： 10 的白银比例，这个比例经常运用于银行卡、VIP 卡，也广泛应用于名片，如图 7-141 所示。

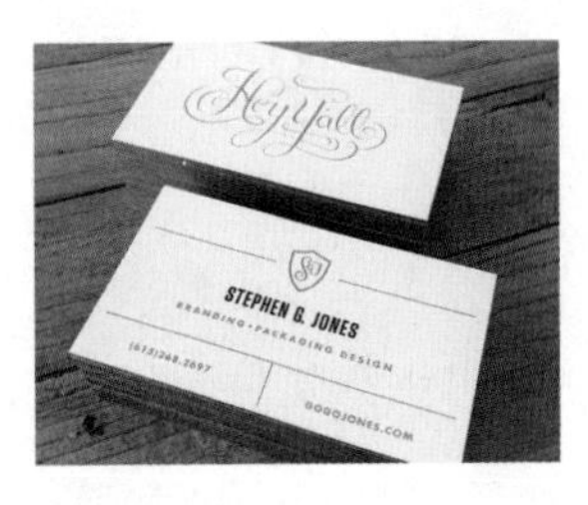

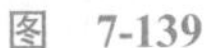
图 7-139

图 7-140

图 7-141

3. 名片印刷纸张

名片印刷根据纸张种类的不同，可以分为普通名片印刷（铜版纸名片）、特种纸名片印刷、高档纸名片印刷、PVC 名片印刷等。常用的名片纸张有铜版纸、布纹纸、刚古纸、合成纸、冰白纸、荷兰白纸、安格纸、蛋壳纸等，制造高档名片用的纸张有 PVC 透明纸、冰白纸、水晶磨砂纸等。图 7-142~ 图 7-145 是不同材质的名片展示。

图 7-142

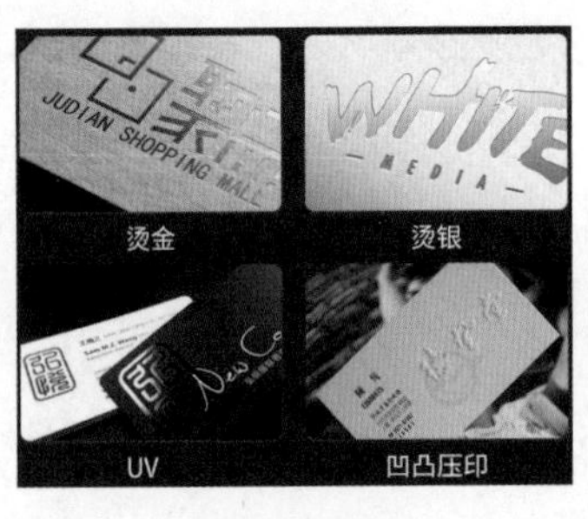

图 7-143

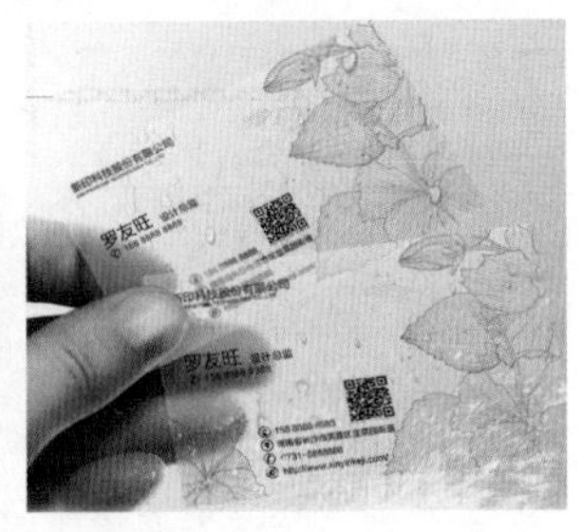

图 7-144

图 7-145

4. UV 名片和覆哑膜名片的区别

覆哑膜名片一般都是大型四色印刷机印刷的铜版纸，然后通过覆膜机进行后期加工，比如使用覆光膜或者覆哑膜。而局部 UV 名片，是在覆哑膜的基础上进行加工而成的。也就是说，只有覆过哑膜的名片，再制作 UV 名片效果才是最好的。UV 的制作工艺是丝网印刷，用丝网将 UV 光油印刷到覆过哑膜的名片表面，然后通过 UV 光固机的紫外线照射，使光油层瞬间干燥，形成光亮的表面凸起，起到突出局部图形或者图案的作用。

5. 出血线

出血线是为防止排了满版的底图或色块被裁切而留出的裁切线，这样在裁切的时候就算有一点点的偏差也不会让印出来的纸张作废，如图 7-146 所示。出血线以外的部分就是要被裁掉的部分，如图 7-147 所示。

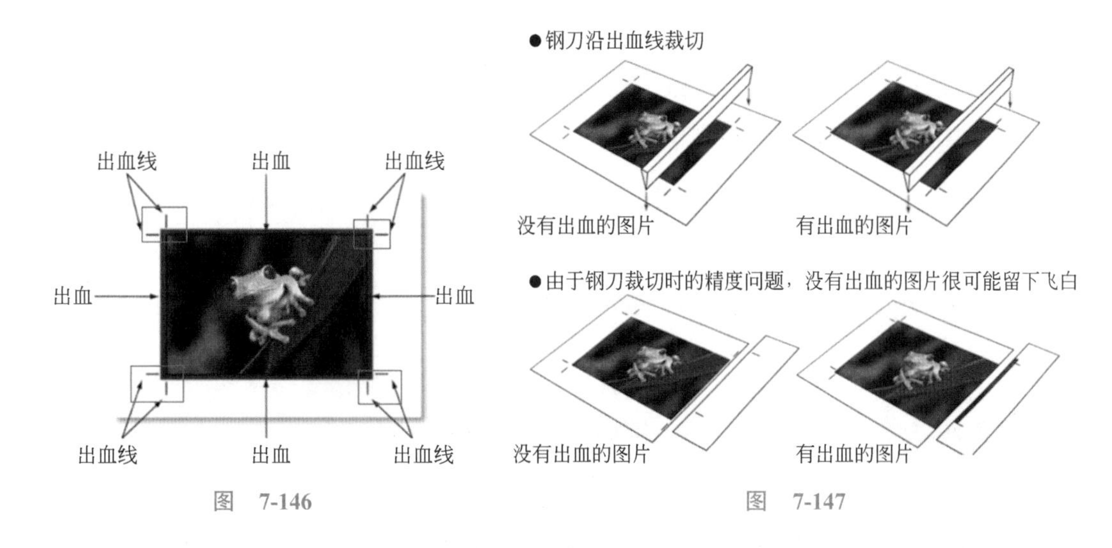

图　7-146　　　　图　7-147

复习思考题

1. 路径上的方向点和方向线各有什么用途？平滑点和角点有何不同之处，两者之间如何转换？

2. 在 Photoshop 中输入一段文字后，如何为文字图层添加整体渐变颜色？可否为每一个文字填充一种渐变颜色？

3. Photoshop 中的文字在何种情况下可以随时修改文字的内容、字体和段落等属性？

模块 8　特效制作：滤镜与动画

◆ 模块概述：想要的特效这里都有

本模块主要介绍滤镜与 GIF 帧动画的基础操作。滤镜是 Photoshop 最具吸引力的功能之一，它就像一个神奇的魔术师，随手一变，就能让普通的图像呈现出令人惊奇的视觉效果。滤镜不仅可以校正照片、制作特效，还能模拟各种绘画效果，也常用来编辑图层蒙版、快速蒙版和通道等。通过学习本模块，读者除了可以体验使用滤镜进行特效制作外，还会学习到 GIF 帧动画的创建方法和制作技巧。

◆ 知识目标——精图像处理，懂软件操作

1. 理解滤镜的原理、种类和主要用途；记忆滤镜的使用规则；
2. 理解并会应用扭曲滤镜、模糊滤镜和杂色滤镜等；
3. 理解帧动画的原理，会使用“时间轴”面板创建帧动画；
4. 理解并会应用像素化滤镜和其他滤镜；
5. 会使用“滤镜”→“扭曲”→“极坐标”命令。

◆ 能力目标——有创意思维、能精准设计

1. 具备制作水晶球特效的能力；
2. 具备制作风特效、雨特效、雪特效的能力；
3. 具备制作素描手绘图像的能力；
4. 具备创作空间旋转的特效的能力。

◆ 素质目标——重社会责任、诚实守信

具有艺术创新和版权意识、美学鉴赏和表达能力、精益求精和批判精神、民族自信和文化传承的职业素养。

8.1　滤镜案例：时尚水晶球

学习目标：会运用球面化、高斯模糊滤镜以及蒙版制作时尚水晶球。
实例位置：实例文件→第 8 章→8.1 时尚水晶球→8.1 素材 .psd。
完成效果：如图 8-1 所示。

8.1 滤镜案例：时尚水晶球 .mp4

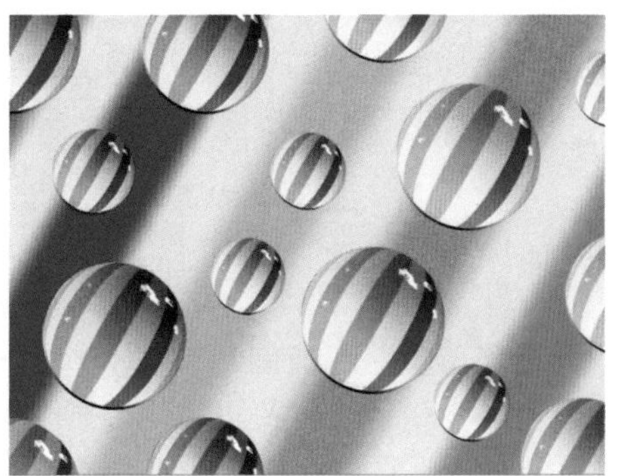

图　8-1

◆ 案例概述

本案例主要是制作时尚水晶球效果。首先，通过球面化滤镜将素材扭曲为球体，再通过绘制高光与阴影等深入加工，增强其光泽与质感，使其呈现立体感。

◆ 案例制作

01 打开素材。执行“文件”→“打开”命令（快捷键 Ctrl+O），打开本案例“8.1 素材 .psd”。该素材中包含“图层 0”与“图层 1”两个图层，选择“图层 1”进行操作，如图 8-2 和图 8-3 所示。

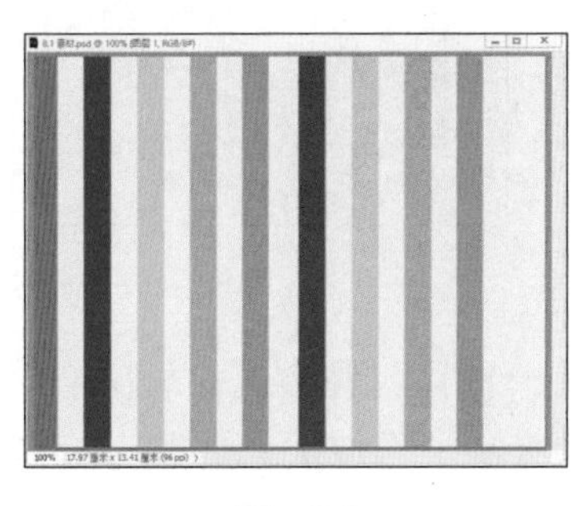

图　8-2

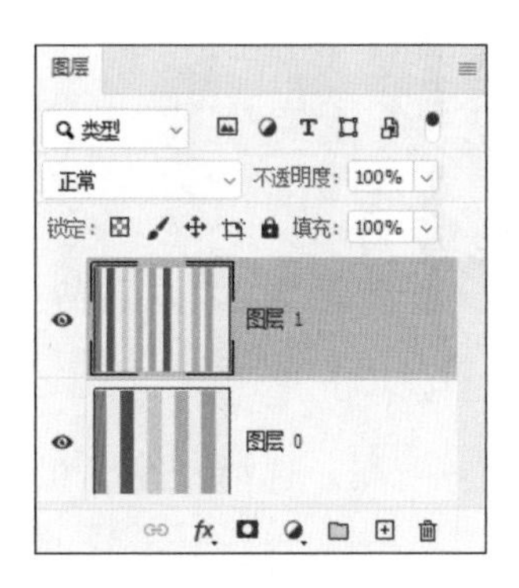

图　8-3

02 应用滤镜。选择“椭圆选框工具”，按住 Shift 键的同时绘制一个正圆形选区，如图 8-4 所示。执行“滤镜”→“扭曲”→“球面化”命令，设置数量为“100%”，如图 8-5 所示，单击“确定”按钮，效果如图 8-6 所示。按快捷键 Alt+Ctrl+F 再次应用该滤镜，加大膨胀效果，使条纹的扭曲效果更加明显，如图 8-7 所示。

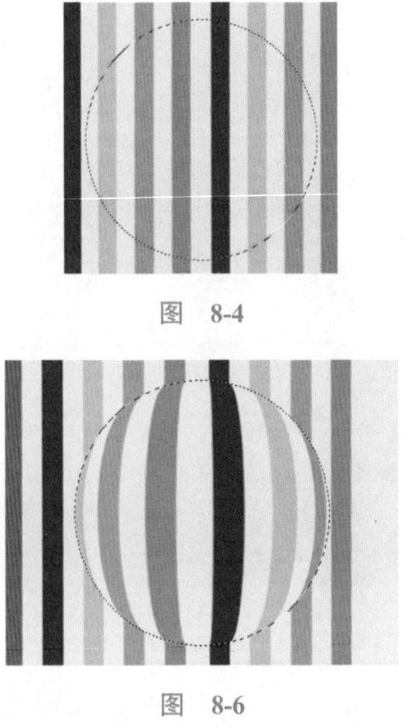

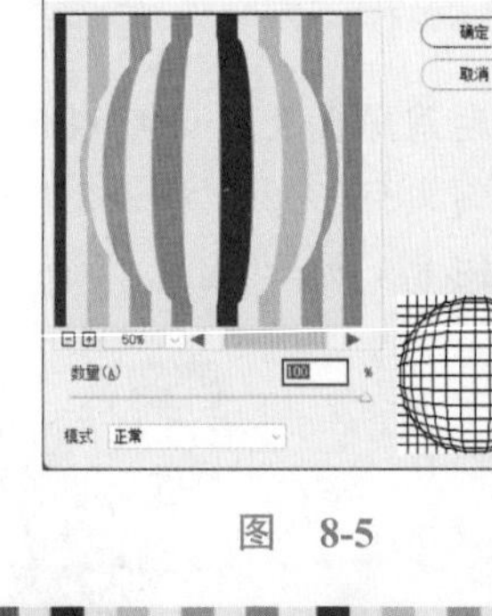

图　8-4　　　　图　8-5

图　8-6　　　　图　8-7

03 删除图像。执行“选择”→“反选”命令（快捷键 Shift+Ctrl+I），反选正圆形选区，如图 8-8 所示。按 Delete 键删除多选区内的图像，按快捷键 Ctrl+D 取消选区，如图 8-9 所示。单击“图层 1”前面的眼睛图标，将该图层隐藏。

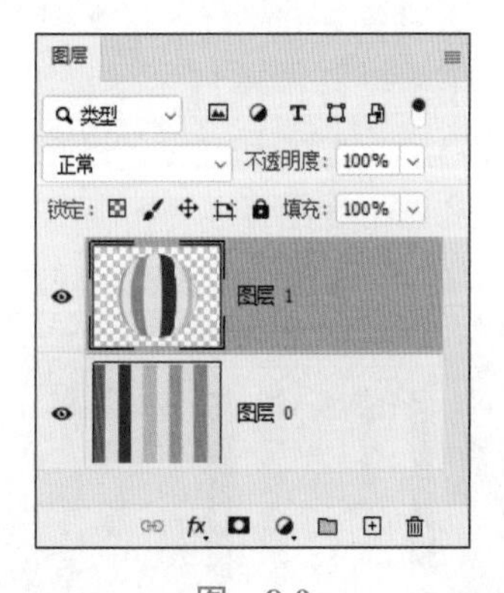

图　8-8　　　　图　8-9

04 模糊背景。选择“图层 0”，按快捷键 Ctrl+T 将鼠标指针放在定界框的一角，按 Shift 键将图像旋转 30 度，如图 8-10 所示。再按 Alt 键将图像放大，使其布满画布，如图 8-11 所示。按 Enter 键提交变换。执行“滤镜”→“模糊”→“高斯模糊”命令，设置半径为“15 像素”，单击“确定”按钮后将图像进行模糊处理，如图 8-12 所示。

05 加深背景颜色。选择“图层 0”，按快捷键 Ctrl+J 复制，得到“图层 0 拷贝”。设置新图层的混合模式为“正片叠底”、不透明度为“60%”，如图 8-13 和图 8-14 所示。按快捷键 Ctrl+E 将两个图层合并，如图 8-15 所示。选择合并完的图层，执行“图层”→“新建”→“图层背景”命令，得到“背景”图层，如图 8-16 所示。

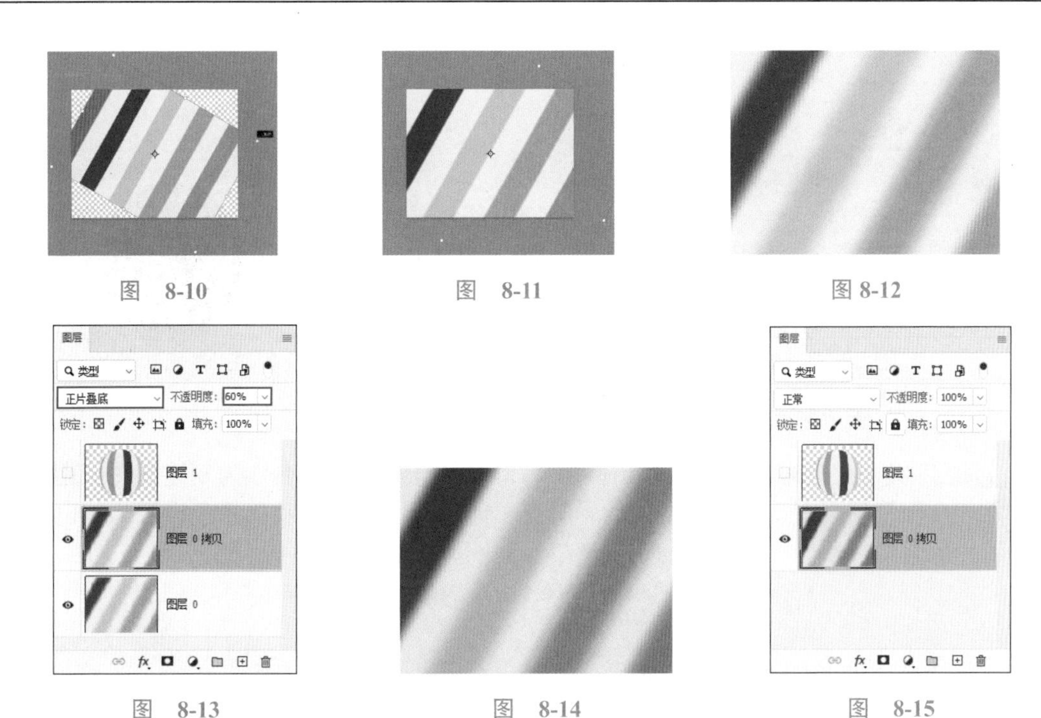

图　8-10　　图　8-11　　图 8-12

图　8-13　　图　8-14　　图　8-15

06 调整球体。选择并显示“图层 1”，按快捷键 Ctrl+T 将球体调整至合适的大小以及角度，并放置于合适的位置，如图 8-17 所示。

07 增强立体感。新建“图层 2”，按快捷键 Alt+Ctrl+G 为新建的图层创建剪切蒙版。选择“画笔工具”，设置笔触为“柔边圆”、大小为“35 像素”、不透明度为“20%”，在球体的上半部分涂抹黑色，下半部分涂抹白色，如图 8-18 和图 8-19 所示，使球体呈现明暗过渡的效果，增强其立体感。

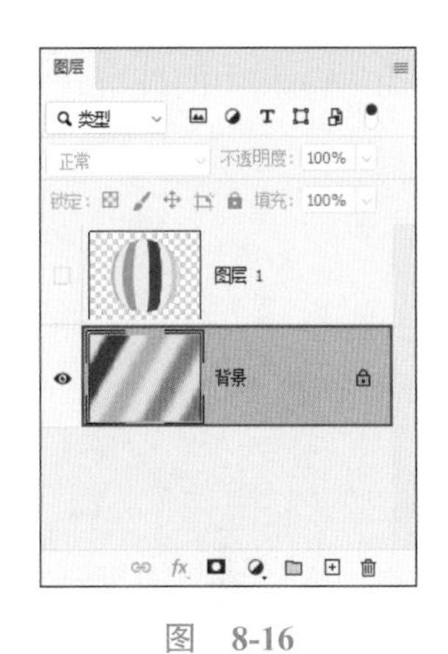

图　8-16

图　8-17

图　8-18

08 添加投影。按 Ctrl 键的同时单击“图层 1”缩览图，将图层载入选区，如图 8-20 所示。新建“图层 3”，放置在球体下方，将前景色设为“黑色”。按快捷键 Alt+Delete 填充选区，如图 8-21 所示。选择“移动工具”将黑色圆形略微移动，仅露出细小边缘，如图 8-22 和图 8-23 所示。

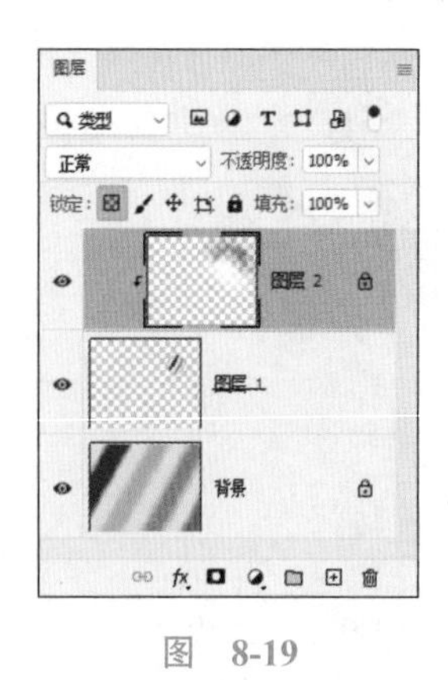

图 8-19

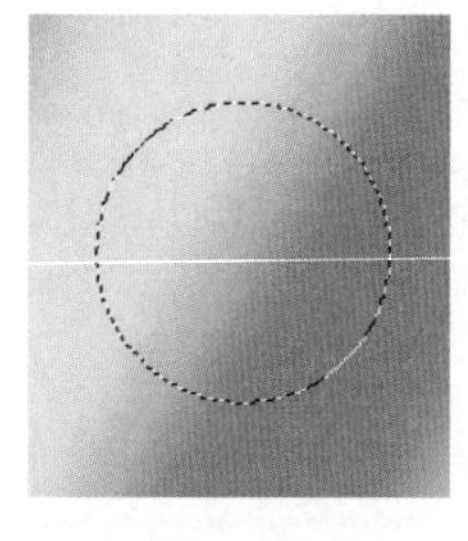

图 8-20

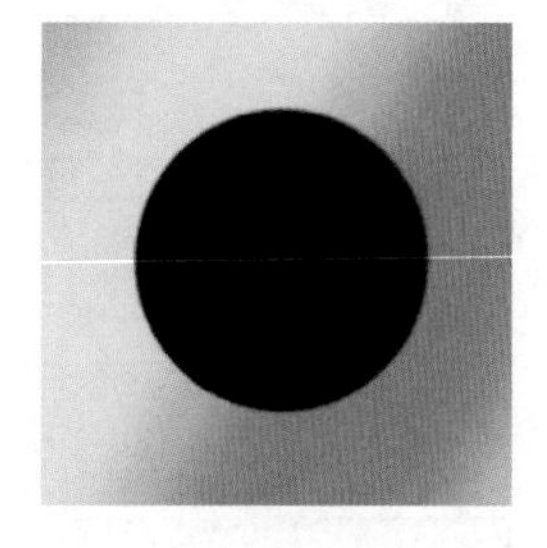

图 8-21

09 绘制高光。在球体上方新建“图层 4”，按快捷键 Alt+Ctrl+G 为新建的图层创建剪贴蒙版。在画笔预设中选择“半湿描油彩笔”，调整笔刷的大小，将前景色设置为“白色”，在球体的适当位置绘制，为其添加高光效果，如图 8-24 和图 8-25 所示。

图 8-22

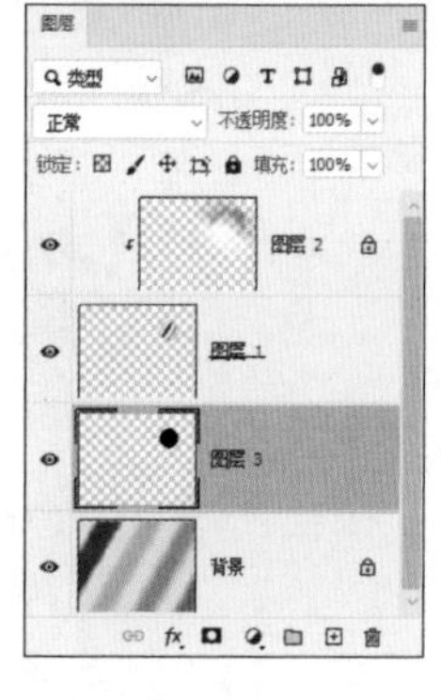

图 8-23

图 8-24

10 调整球体色调。选中所有组成球体的图层，按快捷键 Ctrl+E 进行合并，如图 8-26 所示。按快捷键 Ctrl+L 打开“色阶”对话框，将阴影滑块（色阶值为 14）和中间调滑块（色阶值为 0.68）分别向右侧拖动，如图 8-27 所示，使球体色调变暗。

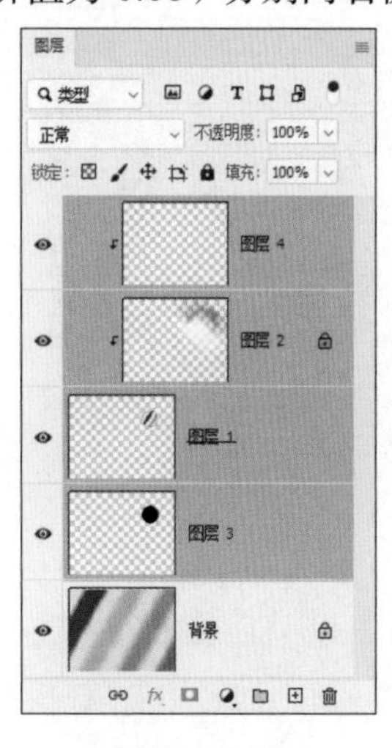

图 8-25

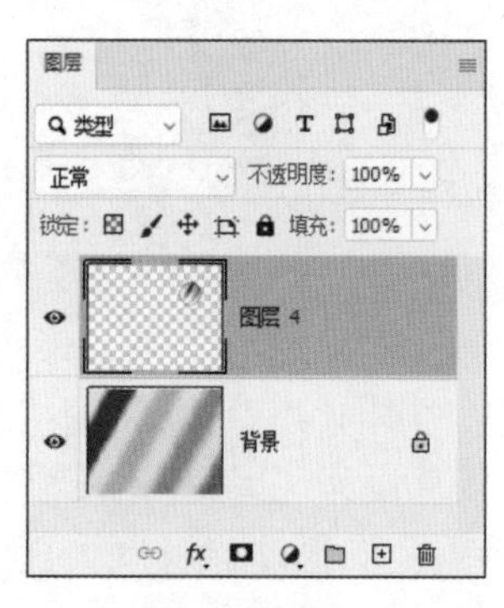

图 8-26

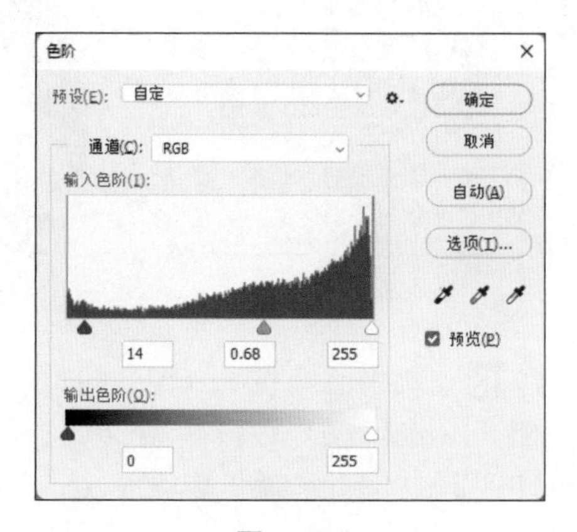

图 8-27

11 复制变换图像。选择“移动工具”✥，按 Alt 键复制球体。按快捷键 Ctrl+T 调整球体至合适的大小和明暗效果，使画面体现出层次感，最终效果如图 8-1 所示。

知识解析——滤镜

1. 滤镜的原理

滤镜原本是一种摄影器材，如图 8-28 所示，摄像师将它们安装在照相机的前面来改变照片的拍摄方式，从而可以影响色彩或者产生特殊的拍摄效果。

Photoshop 中的滤镜是一种插件模块，它们能够操作图像中的像素。位图（如照片、图像素材等）是由像素构成的，每一个像素都有自己的位置和颜色值，滤镜就是通过改变像素的位置或颜色值来生成各种特殊效果的。例如，图 8-29 中的左图所示为原图像，图 8-29 中的右图所示是“染色玻璃”滤镜处理后的图像，从放大镜中可以看到像素的变化情况。通过使用滤镜，可以清除瑕疵并修饰照片，为图像提供素描或印象派绘画外观的特殊艺术效果，还可以使用扭曲和光照效果创建独特的效果。

图　8-28

图　8-29

2. 滤镜的种类和主要用途

滤镜分为内置滤镜和外挂滤镜两大类，如图 8-30 所示。内置滤镜是 Photoshop 自身提供的各种滤镜，外挂滤镜则是由其他厂商开发的滤镜（如 5.7 节的 Portraiture 滤镜等），它们需要安装在 Photoshop 中才能使用。

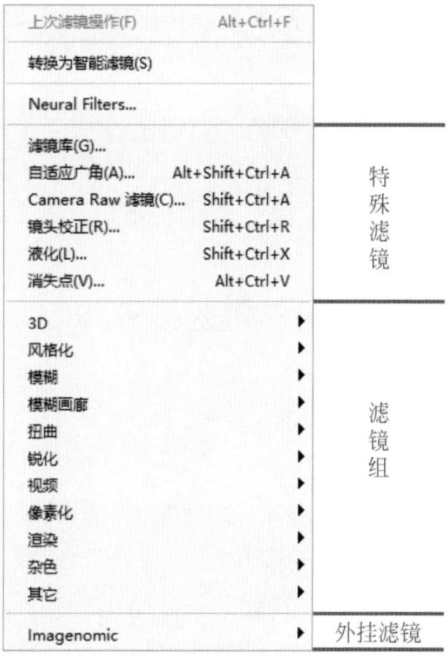

Photoshop 的所有滤镜都在“滤镜”菜单中。内置滤镜主要有两种用途：第一类是用于创建具体的图像特效，如生成粉笔画、图章、纹理、波浪等各种特殊效果。此类滤镜的数量最多，且绝大多数都在“风格化”“素描”“纹理”“像素化”“渲染”“艺术效果”等滤镜组中，除了“扭曲”以及其他少数滤镜外，基本上都是通过“滤镜库”来管理和应用的。第二类主要是用于编辑图像，如减少杂色、提高清晰度等，这些滤镜在“模糊”“锐化”“杂色”等滤

上次滤镜操作(F)　Alt+Ctrl+F
转换为智能滤镜(S)
Neural Filters...
滤镜库(G)...
自适应广角(A)...　Alt+Shift+Ctrl+A
Camera Raw 滤镜(C)...　Shift+Ctrl+A
镜头校正(R)...　Shift+Ctrl+R
液化(L)...　Shift+Ctrl+X
消失点(V)...　Alt+Ctrl+V
3D
风格化
模糊
模糊画廊
扭曲
锐化
视频
像素化
渲染
杂色
其它
Imagenomic

特殊滤镜
滤镜组
外挂滤镜

图 8-30

镜组中。此外，“液化”“消失点”“镜头矫正”也属于此类滤镜，但这 3 种滤镜比较特殊，它们功能强大，并且有自己的工具和独特的操作方法，更像是独立的软件。

3. 滤镜的使用规则

（1）使用滤镜处理图层时，需要选择该图层，并且图层必须是可见的。

（2）如果创建了选区，滤镜只能用于处理选区内的图像。

（3）滤镜的处理是以像素为单位来进行的。因此，使用相同的参数处理不同分辨率的图像，其效果也会不同。

（4）滤镜可用于处理图层蒙版、快速蒙版和通道。

（5）只有“云彩”滤镜可以应用在没有像素的区域，其他滤镜都必须应用在包含像素的区域，否则不能使用，但外挂滤镜除外。

4. 扭曲滤镜

“扭曲”滤镜将图像进行几何扭曲，从创建 3D 或其他变形效果。注意，这些滤镜可能占用大量内存。可以通过“滤镜库”来使用“扩散亮光”“玻璃”和“海洋波纹”滤镜。

扩散亮光：将图像渲染成像是透过一个柔和的扩散滤镜来观看的。此滤镜添加透明的白杂色，并从选区的中心向外渐隐亮光。

置换：使用名为置换图的图像来确定如何扭曲选区。例如，使用抛物线形的置换图创建的图像看上去像是印在一块两角固定的悬垂布上。

玻璃：使图像显得像是透过不同类型的玻璃来观看的。

海洋波纹：将随机分隔的波纹添加到图像表面，使图像看上去像是在水中。

挤压：挤压选区。数量设为正值，则表示将选区向中心移动；数量设为负值，则表示将选区向外移动。

极坐标：根据选项，将选区从平面坐标转换为极坐标，或将选区从极坐标转换为平面坐标。

波纹：在选区上创建波状起伏的图案，像水池表面的波纹。其选项包括波纹的数量和大小。

切变：沿一条曲线扭曲图像。通过拖动框中的线条来指定曲线，同时也可以调整曲线上的任何一点。

球面化：将选区折成球形、扭曲图像以及伸展图像以适合选中的曲线，使对象具有 3D 效果。

旋转扭曲：旋转选区，中心的旋转程度比边缘大。当指定角度时，可生成旋转扭曲的图案。

波浪：工作方式类似于“波纹”滤镜，但可进一步控制。选项包括波浪生成器的数量、波长、波浪高度和波浪类型，其中波浪类型包括正弦、三角形或方形。“随机化”每应用一次，都可以为波浪指定一种随机效果；还可以用来定义未扭曲的区域。

水波：根据选区中像素的半径，将选区径向扭曲。“起伏”选项用于设置水波方向从选区的中心到其边缘的反转次数。

8.2　滤镜案例：风特效

学习目标： 会运用画笔和动感模糊滤镜制作风特效。

实例位置： 实例文件→第 8 章→8.2 风特效→8.2 素材。

完成效果： 如图 8-31 所示。

8.2 滤镜案例：风特效 .mp4

图　8-31

◆　案例概述

在一些空调、风扇等的电商海报中，会经常看到逼真的出风效果。本案例通过制作风特效，帮助读者快速地认识和使用画笔工具和动感模糊滤镜，并使用其设计出“空调吹风”的特效。

◆　案例制作

01 打开素材。执行“文件”→“打开”命令（快捷键 Ctrl+O），打开本案例“8.2 素材”，如图 8-32 和图 8-33 所示。

图　8-32

图　8-33

02 设置画笔。选择“画笔工具” ，设置“柔边圆”笔刷，大小设为“120 像素”，如图 8-34 所示。切换至“画笔设置”面板，设置间距为“100%”，勾选“形状动态”“散布”和“传递”复选框，调整参数如图 8-35~ 图 8-37 所示，使画笔中的点呈现出大小不一、虚实结合的效果。

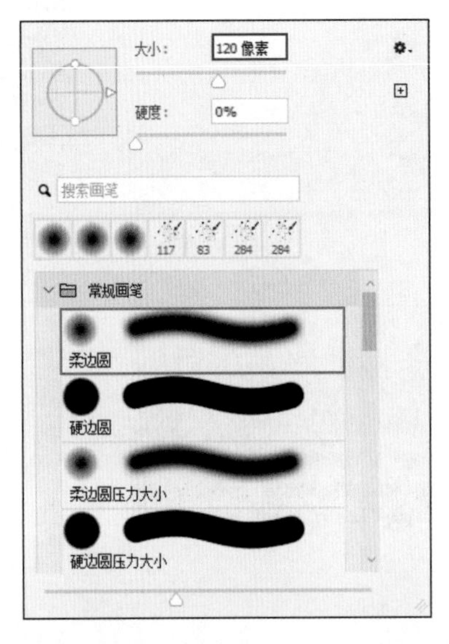

图 8-34

图 8-35

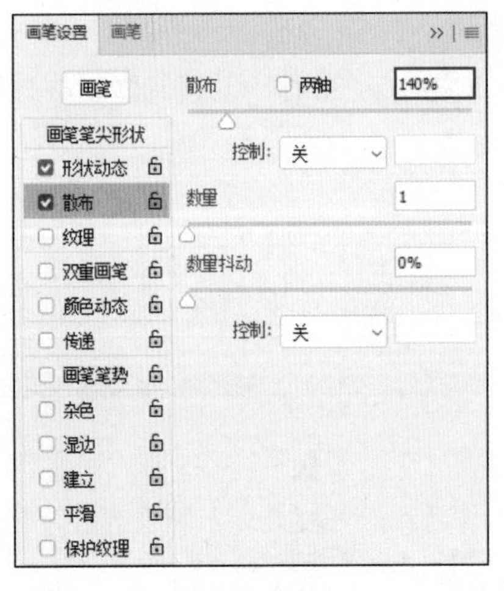

图 8-36

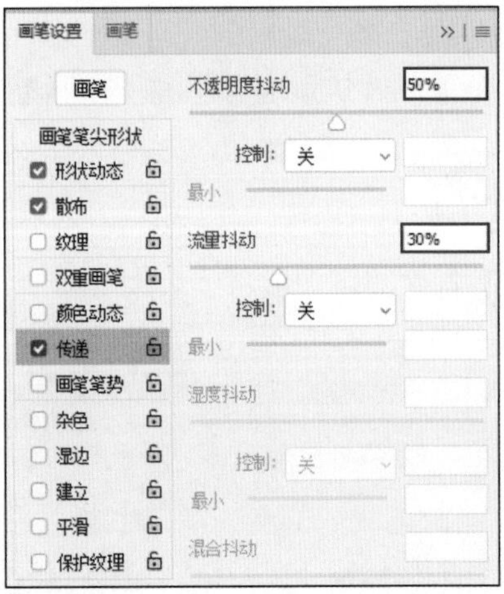

图 8-37

03 画笔描绘。新建一个空白图层，设置前景色为“白色”，用“画笔工具” 在空调下方绘制如图 8-38 所示的效果。

04 应用滤镜。执行“滤镜”→“模糊”→“动感模糊”命令，在弹出的“动感模糊”对话框中设置模糊角度为“90 度”，距离为“300 像素”，如图 8-39 所示，单击“确定”按钮，效果如图 8-40 所示。

05 复制图层。按快捷键 Ctrl+J 将图层再复制 1 份，如图 8-41 所示。为使风的效果更清晰，适当移动每个图层位置，以体现出层次感，如图 8-42 所示。按快捷键 Ctrl+E 合并两个新图层，使用“矩形选框工具” 删除空调出风口上方的图像，如图 8-43 所示。

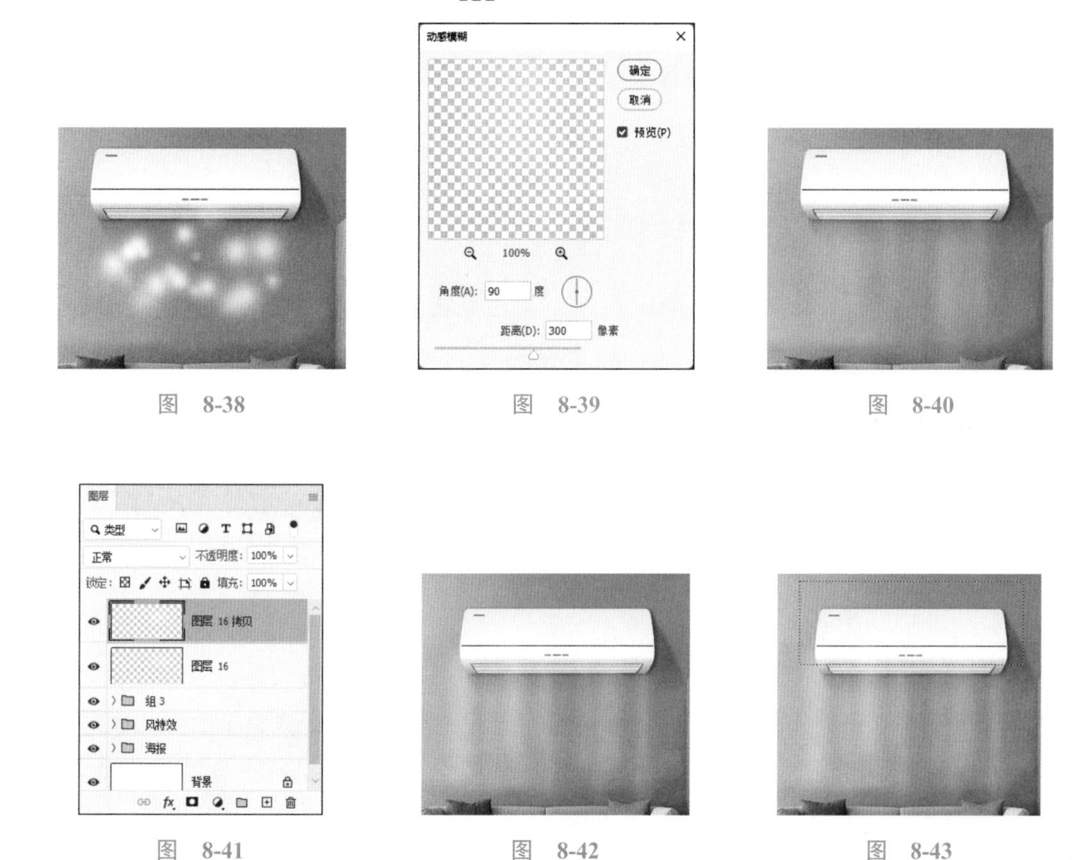

图　8-38　　图　8-39　　图　8-40

图　8-41　　图　8-42　　图　8-43

06 调整风的具体形态。按快捷键 Ctrl+T 启动自由变换功能，如图 8-44 所示，在工具选项栏中单击图标，切换到“变形模式”，拖动下方的锚点调整风的弧度，如图 8-45 所示，调整完毕后按 Enter 键提交变换。再次执行“滤镜”→“模糊”→“动感模糊”命令，在“动感模糊”对话框中设置角度为“90 度”、距离为“100 像素”，如图 8-46 所示，为风图层增加动感模糊效果。

图　8-44

图　8-45

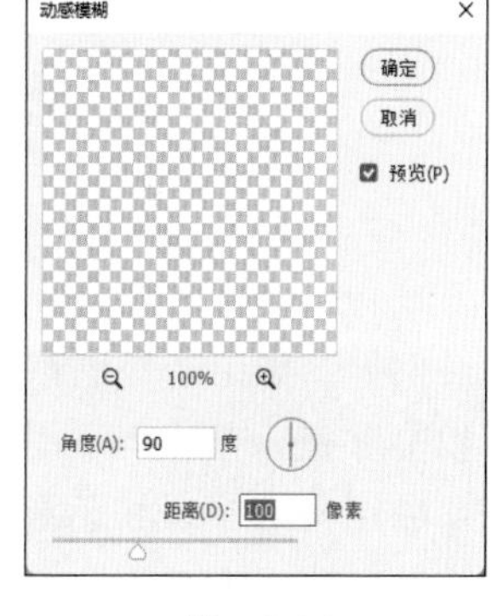

图　8-46

07 添加图层蒙版。单击 " 图层“面板底部的”添加图层蒙版”按钮，为风所在图层添加图层蒙版。选择“画笔工具” ,设置笔刷类型为“柔边圆”,调整画笔大小为“152 像素”、硬度为“0%”，如图 8-47 所示，将前景色设为“黑色”，并弱化风的边缘，使最终效果柔和、自然，如图 8-48 所示。

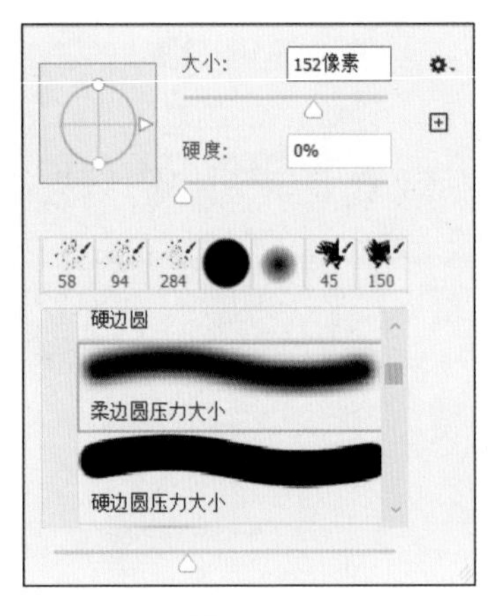

图　8-47

图　8-48

知识解析——模糊滤镜

执行“滤镜”→“模糊”命令。“模糊”滤镜可用来柔化选区或整个图像，这对修饰图像非常有用。它通过平衡图像中已定义的线条和遮蔽区域清晰边缘旁边的像素，使渐变显得柔和。图 8-49 是使用“镜头模糊”滤镜之前（左）和之后（右）的效果,虽然背景模糊，但前景人物仍很清晰。

图　8-49

平均：用于找出图像或选区的平均颜色，然后用该颜色填充图像或选区以创建平滑的外观。例如，如果选择了草坪区域，该滤镜会将该区域更改为一块均匀的绿色区域。

模糊和进一步模糊：用于在图像中有显著颜色变化的地方消除杂色。“模糊”滤镜通过平衡已定义的线条和遮蔽区域的清晰边缘旁边的像素，使变化显得柔和。“进一步模糊”滤镜的效果比“模糊”滤镜强 3~4 倍。

方框模糊：该滤镜基于相邻像素的平均颜色值来模糊图像，可以调整给定像素平均值的区域大小。半径值越大，产生的模糊效果越好。

高斯模糊：用于使用可调整的像素值快速模糊选区。高斯是指当 Photoshop 将加权平均应用于像素时生成的钟形曲线。“高斯模糊”滤镜可添加低频细节，能产生一种朦胧的效果。

镜头模糊：用于产生更窄的景深效果，使图像中的一些对象及区域在焦点内，而另一些对象及区域变模糊。

动感模糊：用于沿指定方向（−360°～ +360°），以指定强度（1~999）进行模糊处理。此滤镜的效果类似于以固定的曝光时间给一个移动的对象拍照。

径向模糊：用于模拟缩放或旋转的相机所产生的一种柔化模糊。选择“旋转”，沿同心圆环线模糊，然后指定旋转的度数。选择“缩放”，沿径向线模糊，像是在放大或缩小图像一样，然后指定 1~100 的值。

形状模糊：用于使用指定的内核来创建模糊。从自定形状预设列表中选择一种内核，使用“半径”滑块来调整其大小，通过单击三角形可以载入不同的形状库。半径值决定了内核的大小；内核越大，模糊效果越好。

特殊模糊：用于精确地模糊图像。可以指定半径、阈值和模糊品质。半径值用于确定在其中搜索不同像素的区域大小，阈值用于确定像素具有多大差异后才会受到影响。

表面模糊：用于在保留边缘的同时模糊图像。此滤镜用于创建特殊效果并消除杂色或粒度。“半径”选项用于指定模糊取样区域的大小，“阈值”选项用于确定相邻像素色调值与中心像素色调值相差多大时才能成为“模糊”的一部分。色调值之差小于阈值的像素被排除在“模糊”之外。

8.3　滤镜案例：雨特效

学习目标：能够运用添加杂色、动感模糊等滤镜制作下雨的特效，会制作 GIF 帧动画。
实例位置：实例文件→第 8 章→ 8.3 雨特效→ 8.3 素材。
完成效果：如图 8-50 所示。

图　8-50

8.3 滤镜案例：雨特效 .mp4

◆ 案例概述

本案例通过制作雨特效，帮助读者快速地认识添加杂色、动感模糊等滤镜制作下雨景象的效果，并通过“时间轴”面板制作 GIF 帧动态下雨的动画。

◆ 案例制作

01 打开素材。执行“文件”→“打开”命令（快捷键 Ctrl+O），打开本案例“8.3 素材”文件夹中的“素材 1”。

02 应用添加杂色滤镜。在“图层”面板中单击按钮⊞，新建“图层 1”。按 D 键设置前景色为“黑色”、背景色为“白色”，按快捷键 Alt+Delete 为新图层填充“黑色”。执行“滤镜”→“杂色”→“添加杂色”命令，在弹出的“添加杂色”对话框中设置数量为“400%”，勾选“平均分布”和“单色”复选框，如图 8-51。单击“确定”按钮，如图 8-52 和图 8-53。

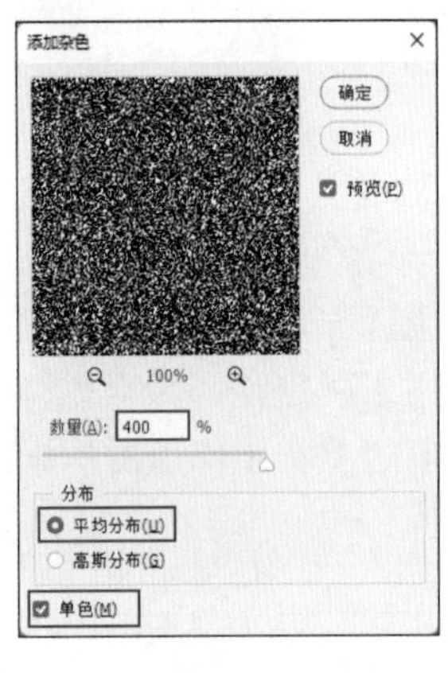

图 8-51

图 8-52

图 8-53

03 应用模糊滤镜。执行“滤镜”→“模糊”→“动感模糊”命令，在弹出的“动感模糊”对话框中设置角度为“83 度”、距离为“31 像素”，如图 8-54，单击“确定”按钮。

04 调整曲线。单击“图层”面板底部的“新建调整图层”按钮◐，添加“曲线”调整图层，如图 8-55。在“属性”面板中将曲线调整为图 8-56 所示的形状，以调整明暗度

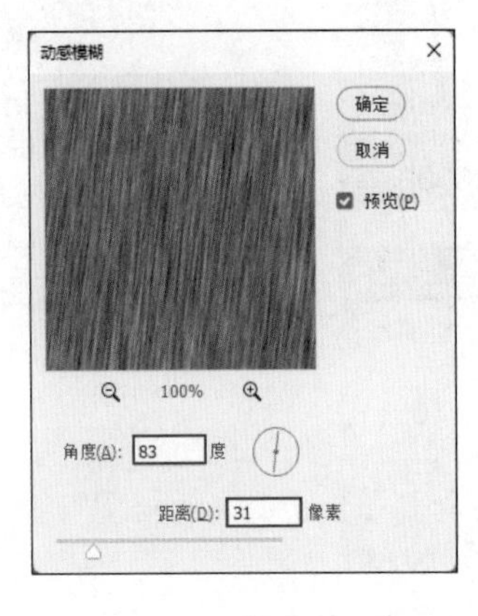

图 8-54

图 8-55

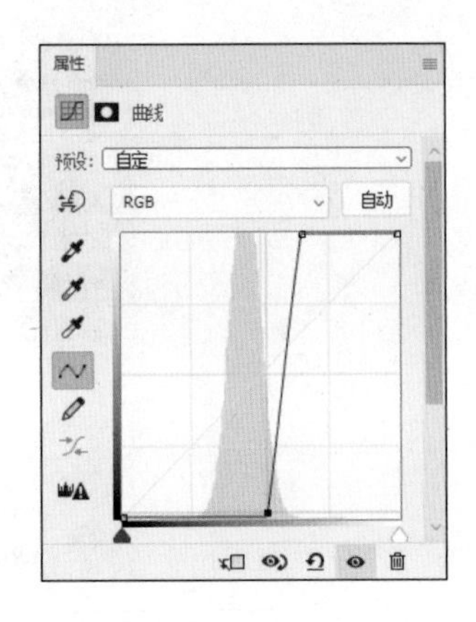

图 8-56

使雨丝变得清晰，效果如图 8-57 所示（此步骤非常关键，主要是为了将雨点调整为大小不一，从而体现出“景深”的效果）。

05 盖印图层。按快捷键 Alt+Ctrl+Shift+E 盖印，得到新的图层，并命名为“雨丝”；关闭“曲线 1”和“图层 1”前的眼睛图标以隐藏图层，如图 8-58 所示。按快捷键 Ctrl+T 将“雨丝”图层放大，删除上面和下面多余的边缘图像，效果如图 8-59 所示。

图　8-57

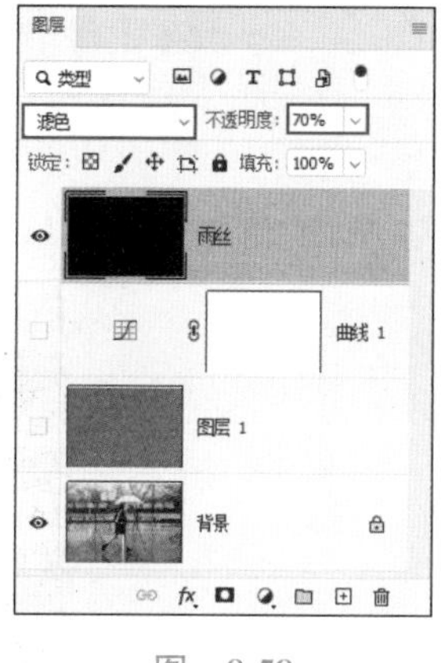

图　8-58

图　8-59

06 调整混合模式。把“雨丝”图层的混合模式改为“滤色”，不透明度设为“70%”，如图 8-60。完成静态的下雨时效果的制作,效果如图 8-61 所示。执行“文件”→“存储为”或“存储副本”命令，将图层保存为 PSD 格式或 JPG 格式。

接下来制作动态的下雨效果。

07 复制图层。按快捷键 Ctrl+J 复制“雨丝”图层 3 次，并将新复制的图层名称依次更改为“雨丝 2”“雨丝 3”和“雨丝 4”，如图 8-62 所示。

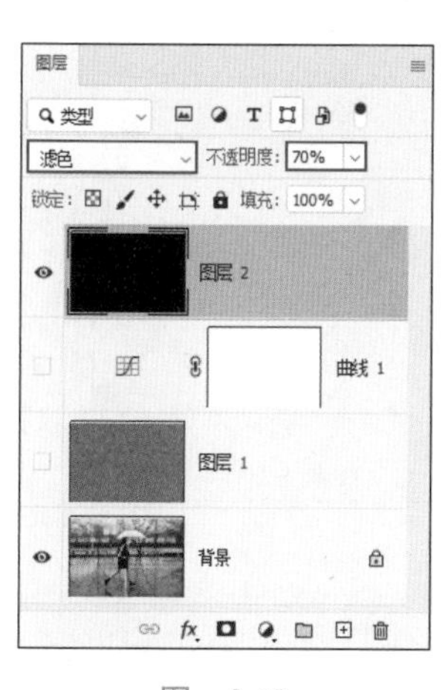

图　8-60

图　8-61

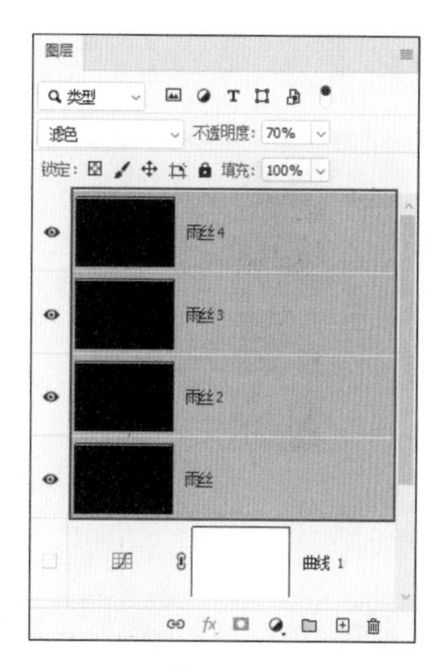

图　8-62

08 创建帧动画。执行“窗口”→“时间轴”命令，打开“时间轴”面板，选择并单击“创建帧动画”。第 1 帧只显示“雨丝”图层，如图 8-63 所示；单击“复制所选帧”按钮➕以新建第 2 帧，且只显示“雨丝 2”图层，如图 8-64 所示；新建第 3 帧，且只显示“雨丝 3”图层，如图 8-65 所示；新建第 4 帧，且只显示“雨丝 4”图层，如图 8-66 所示。注意，每帧的雨丝需要按 Shift+ ↓（向下）键和按 Shift+ ←（向左）键移动一小段距离，才会有“动”的效果。

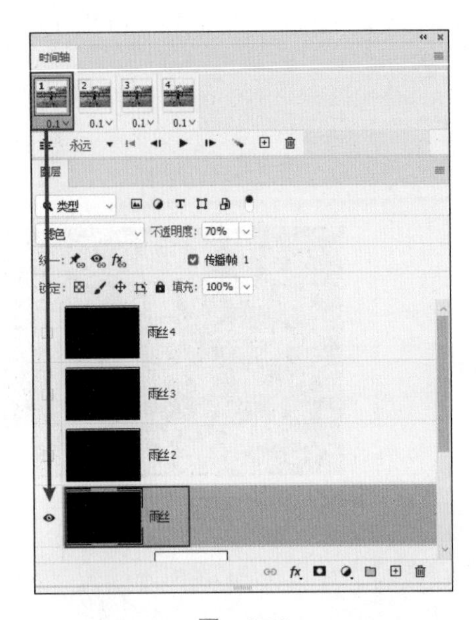

图 8-63

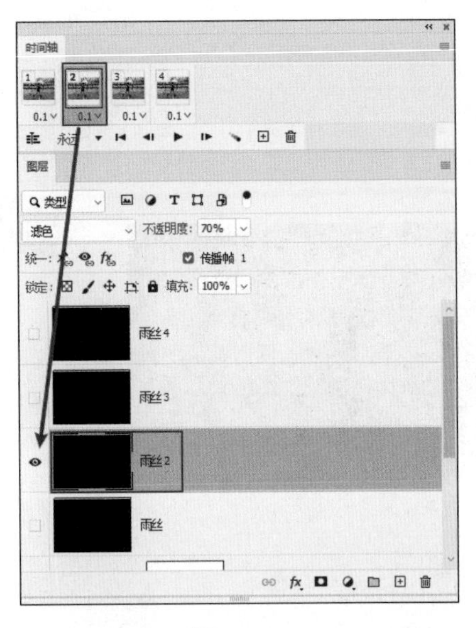

图 8-64

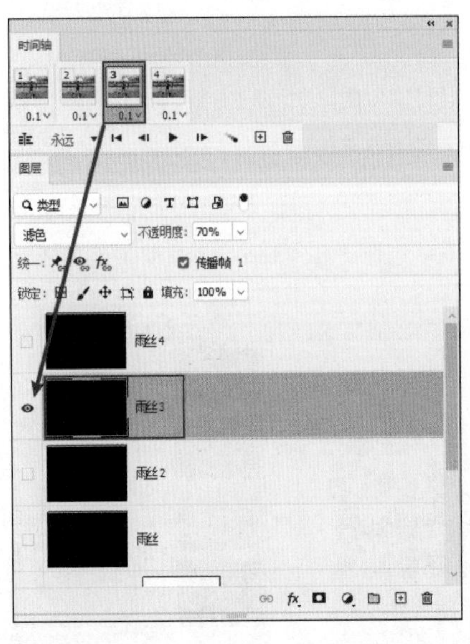

图 8-65

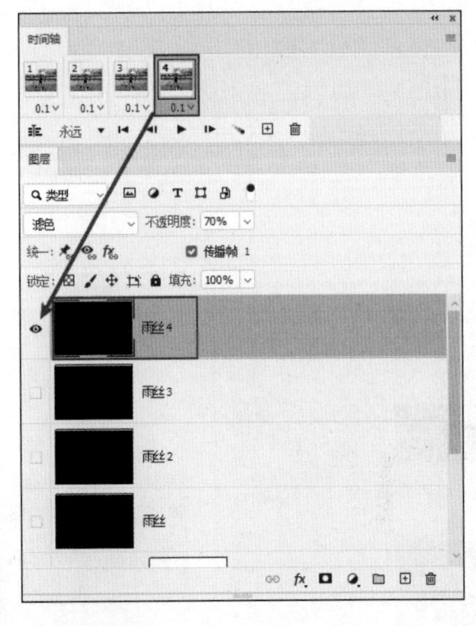

图 8-66

09 设置动画时间。按 Shift 键以全选所有的帧，选择帧延迟时间为“0.1 秒”，设置循环次数为“永远”，如图 8-67 所示。然后点“播放动画”按钮▶，即可以看到动画效果，如图 8-68 所示。

10 保存动画 GIF。执行“文件”→“导出”→“存储为 Web 所用格式（旧版）”命令（快捷键 Alt+Ctrl+Shift+S)，在对话框中选择文件格式为“GIF”，如图 8-69 所示。单击“存储”按钮后，在新对话框中格式设置为“仅限图像”，如图 8-70 所示，单击“保存”按钮后会生成扩展名为“.gif ”格式的文件。

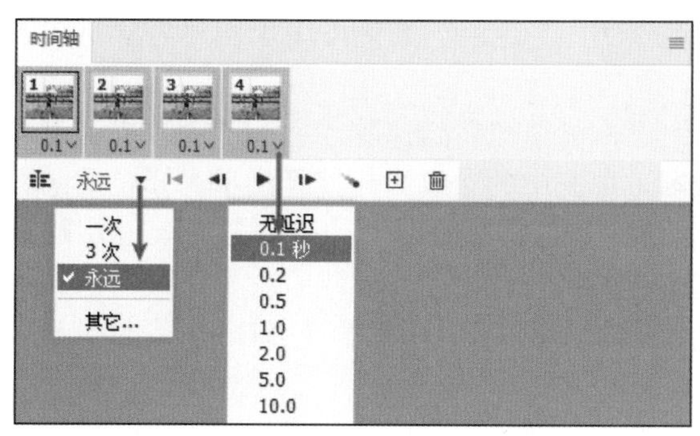

图　8-67

图　8-68

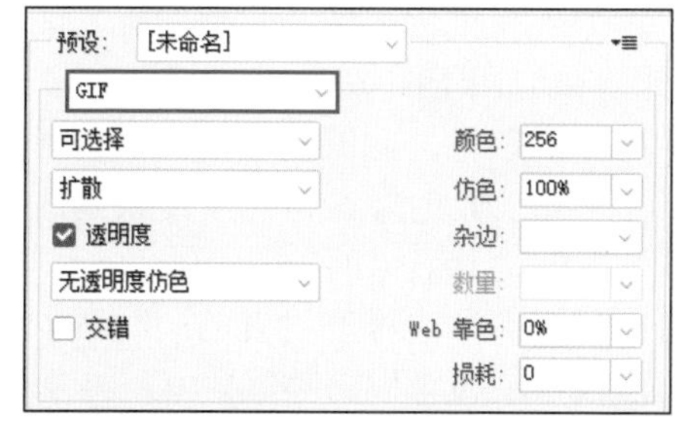

图　8-69

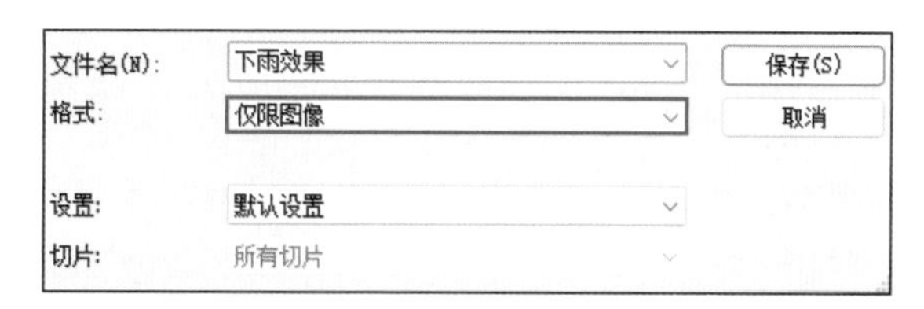

图　8-70

Tip　帧动画是在一段时间内显示的一系列图像或帧。每一帧较前一帧都有轻微的变化，当连续、快速地显示这些帧时就会产生运动或其他变化的错觉。

拓展练习

下面还提供了其他的下雨特效（图 8-71~ 图 8-73），供读者欣赏或参考制作。

图　8-71

图　8-72

图　8-73

知识解析——杂色滤镜

执行“滤镜”→“杂色”命令。“杂色”滤镜可用于添加或移去杂色或带有随机分布色阶的像素，这有助于将选区混合到周围的像素中。“杂色”滤镜可用于创建与众不同的纹理或移去有瑕疵的区域，如灰尘和划痕。

（1）添加杂色：用于将随机像素应用于图像，可模拟在高速胶片上拍照的效果。也可以使用“添加杂色”滤镜来减少羽化选区或渐进填充中的条纹，或使经过重大修整的区域看起来更真实。杂色分布选项包括“平均分布”和“高斯分布”。“平均分布”使用随机数值分布杂色的颜色值以获得细微效果；“高斯分布”则是沿一条钟形曲线分布杂色的颜色值以获得斑点状的效果；“单色”选项将此滤镜只应用于图像中的色调元素，而不改变颜色。

（2）去斑：用于检测图像的边缘（发生显著颜色变化的区域）并模糊除已检测的边缘以外的所有选区。该模糊操作会移去杂色，同时保留细节。

（3）蒙尘与划痕：通过更改相异的像素减少杂色。为了在锐化图像和隐藏瑕疵之间取得平衡，需要设置“半径”与“阈值”。或者，可将此滤镜应用于图像中的选定区域。

（4）中间值：通过混合选区中像素的亮度来减少图像的杂色。此滤镜搜索像素选区的半径范围以查找亮度相近的像素，“扔掉”与相邻像素差异太大的像素，并用搜索到的像素的中间亮度值替换中心像素。此滤镜在消除或减少图像的动感效果时非常有用。

（5）减少杂色：在基于影响整个图像或各个通道的用户保留边缘的设置的同时减少杂色。执行“滤镜”→“杂色”→“减少杂色”命令，面板选项包含以下功能。

① 强度：用于控制应用于所有图像通道的明亮度杂色减少量。

② 保留细节：用于保留边缘和图像细节（如头发或纹理对象）。如果该控件的值为100，则会保留大多数图像细节，但会将明亮度杂色减到最少。平衡设置“强度”和“保留细节”控件的值，以便对杂色减少操作进行微调。

③ 减少杂色：移去随机的颜色像素。值越大，减少的颜色杂色越多。

④ 锐化细节：对图像进行锐化。移去杂色将会降低图像的锐化程度。可使用对话框中的锐化控件或其他某个 Photoshop 锐化滤镜来恢复锐化程度。

⑤ 移去 JPEG 不自然感：移去由于使用低 JPEG 品质设置存储图像而导致的斑驳图像、伪像和光晕。

如果明亮度杂色在一个或两个颜色通道中较明显，请单击“高级”按钮，然后从“通道”面板中选取颜色通道。使用“强度”和“保留细节”控件来减少该通道中的杂色。

8.4　滤镜案例：雪特效

学习目标： 会运用添加杂色、高斯模糊、动感模糊等滤镜以及阈值命令制作雪特效。

实例位置： 实例文件→第 8 章→8.4 雪特效→8.4 素材。

完成效果： 如图 8-74 所示。

8.4 滤镜案例：雪特效 .mp4

图　8-74

◆ 案例概述

本案例主要制作漫天飘零的雪特效。首先利用滤镜来制作一些小的白色斑点，然后通过模糊及阈值调整把斑点调明显，最后再适当进行模糊处理，再加上动感效果。读者还可以通过“时间轴”面板制作 GIF 动画，营造生动的下雪效果。

◆ 案例制作

01 打开素材。执行“文件”→“打开”命令（快捷键 Ctrl+O），打开本案例“8.4 素材”。

02 应用杂色滤镜。新建“图层 1”，按 D 键重置前景色为“黑色”、背景色为“白色”，按快捷键 Alt+Delete 为新图层填充“黑色”。执行“滤镜”→“杂色”→“添加杂色”命令，在弹出的“添加杂色”对话框中设置数量为“400%”，勾选“高斯分布”和“单色”复选框，如图 8-75 所示，单击“确定”按钮，图像就会出现黑白效果，如图 8-76 所示和图 8-77 所示。

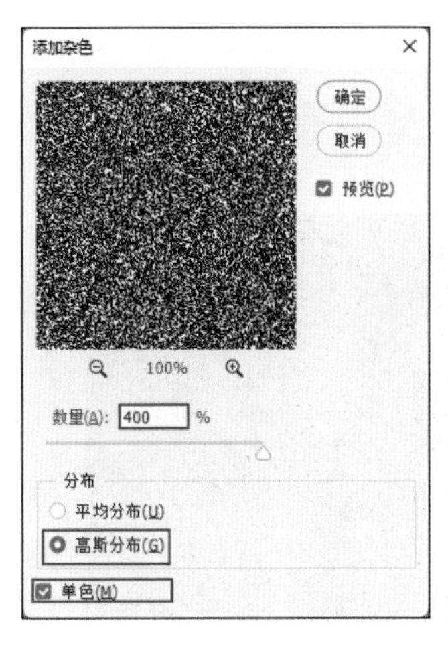

图　8-75

图　8-76

图　8-77

03 应用模糊滤镜。执行“滤镜”→“模糊”→“高斯模糊”命令，设置半径为“2.0 像素”，如图 8-78 所示，单击“确定”按钮。

04 调整阈值。执行“图像”→“调整”→“阈值”命令，设置阈值色阶为“145”，如图 8-79 所示，单击“确定”按钮。

图　8-78

图　8-79

Tip　调整“阈值”可将灰度或彩色图像转换为高对比度的黑白图像。我们可以指定某个色阶作为阈值，所有比阈值亮的像素转换为白色，而所有比阈值暗的像素转换为黑色。

05 应用模糊滤镜。执行“滤镜”→“模糊”→“动感模糊”命令，设置角度为“75 度”、距离为“6 像素”（可勾选“预览”复选框以查看效果），如图 8-80 所示，单击“确定”按钮，效果如图 8-81 所示。

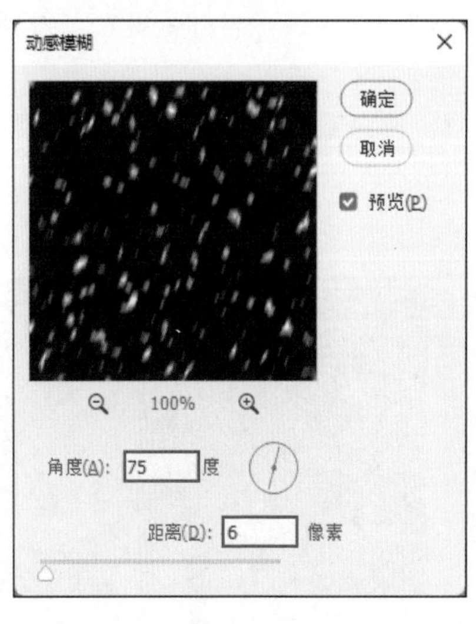

图　8-80

图　8-81

06 调整混合模式。选择“图层 1”，设置图层混合模式为“滤色”、不透明度为“70%”，如图 8-82 所示。此时，下雪的效果就呈现出来了，如图 8-83 所示。

07 读者可以借鉴 8.3 节步骤 07~10 的方法，制作雪花飘零的 GIF 动画效果。

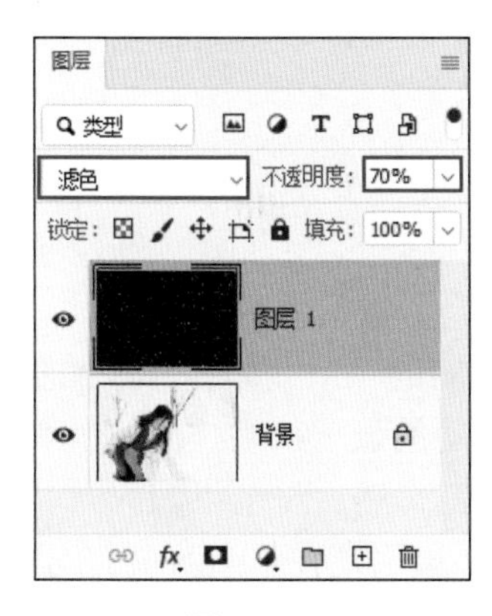

图　8-82

图　8-83

知识解析——帧动画

人类的眼睛有一种称为“视觉暂留性”的生理现象，即看到一幅画或一个物体后，影像会暂时停留在眼前，1/24 秒内不会消失。动画便是利用这一原理，将静态的、但又是逐渐变化的画面，以 20 幅每秒的速度连续播放，给人造成一种流畅的视觉变化效果。在 Photoshop 中，可以使用“时间轴”面板创建动画帧，每个帧表示一个图层配置。

1.“时间轴”面板（帧模式）

在 Photoshop 的“时间轴”面板中（“窗口”→“时间轴”），单击“创建帧动画”后，图层会以帧模式出现，显示动画中每个帧的缩览图。使用面板底部的工具可浏览各个帧、设置循环选项、添加和删除帧以及预览动画。“时间轴”面板（帧模式）如图 8-84 所示。

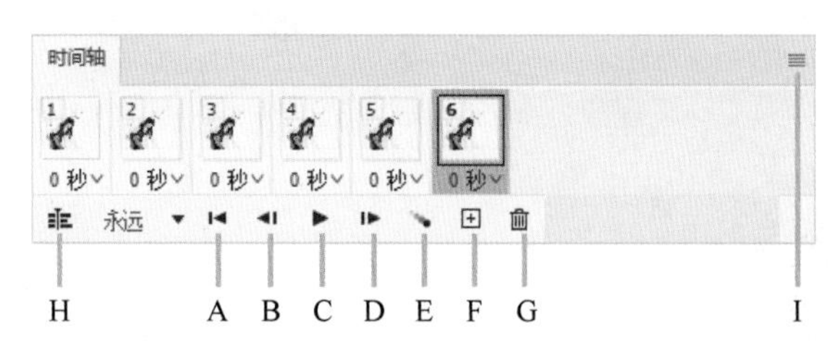

A. 选择第一个帧；B. 选择上一个帧；C. 播放动画；D. 选择下一个帧；E. 过渡动画帧；F. 复制选定的帧；G. 删除选定的帧；H. 转换为时间轴模式；I.“动画”面板菜单

图　8-84

2. 帧模式控件

在帧模式中，“时间轴”面板包含下列控件。

循环选项：用于设置动画在作为动画 GIF 文件导出时的播放次数。

帧延迟时间：用于设置帧在回放过程中的持续时间。

过渡动画帧 ：用于在两个现有帧之间添加一系列帧，通过插值方法使新帧之间的图层属性均匀。

复制选定的帧 ：用于通过复制“动画”面板中的选定帧以向动画添加帧。

转换为时间轴动画 ：用于使用关键帧将图层属性改为动画，从而将帧动画转换为时间轴动画。

3. 使用过渡创建帧

“过渡”命令（也称为插值处理）大大减少了创建动画效果（如渐现、渐隐或在帧之间移动图素）所需的时间。创建过渡帧之后，可以分别对它们进行编辑。

可以使用“过渡”命令自动添加或修改两个现有帧之间的一系列帧：均匀地改变新帧之间的图层属性（位置、不透明度或效果参数）以创建活动的显示效果。例如，如果要渐隐一个图层，则可将起始帧的图层不透明度设置为“100%”，然后将结束帧的同一图层的不透明度设置为“0”。在这两个帧之间过渡时，该图层的不透明度在整个新帧上均匀减小。

4. 存储动画

可以使用以下几个不同的选项存储制作完成的帧动画：使用“存储为 Web 所用格式（旧版）”命令将其存储为动画 GIF；以 Photoshop（PSD）格式存储，以便后续能够对动画进行更多操作；存储为图像序列、QuickTime（一款拥有强大的多媒体技术的内置媒体播放器）影片或单独的文件。

8.5 特效案例：制作素描手绘照片

学习目标：会运用最小值、添加杂色、动感模糊等滤镜制作素描手绘的效果。
实例位置：实例文件→第 8 章→8.5 制作素描手绘照片→8.5 素材 1 和 8.5 素材 2。
完成效果：如图 8-85 所示。

8.5 特效案例：制作素描手绘照片 .mp4

图 8-85

◆ 案例概述

本案例以人像照片为例，通过滤镜制作素描铅笔手绘的效果，帮助读者快速地认识和使用最小值、添加杂色、动感模糊等滤镜以及颜色减淡、混合颜色带等图层样式。读者借助此方法，可以制作其他生动的铅笔素描效果作品。

◆ 案例制作

01 打开素材。执行“文件”→“打开”命令（快捷键 Ctrl+O），打开本案例“8.5 素材 1”，如图 8-86 所示。

02 图像去色。按快捷键 Ctrl+J 复制“背景”图层，得到“图层 1”，再执行“图像”→“调整”→“去色”命令（快捷键 Ctrl+Shift+U），将彩色图片转换为黑白图像，如图 8-87 所示。

图　8-86

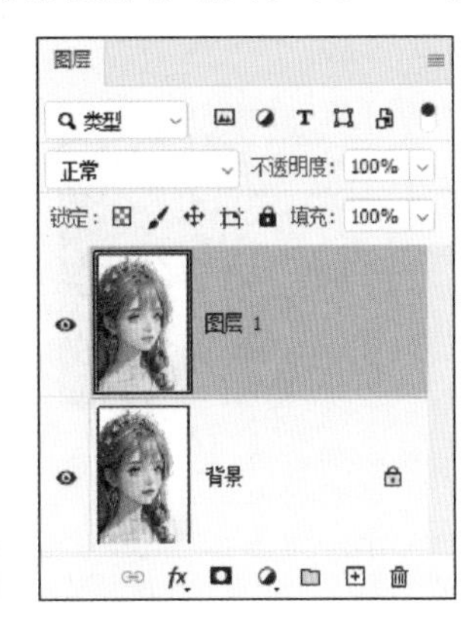

图　8-87

03 反相图像。按快捷键 Ctrl+J 复制去色后的“图层 1”，得到“图层 1 拷贝”，然后对新图层执行“图像”→“调整”→“反相”命令（快捷键 Ctrl+I），如图 8-88 所示，得到类似照片底片的效果。

04 更改混合模式。将“图层 1 拷贝”的图层混合模式修改为“颜色减淡”，此时画面变成了白色，如图 8-89 所示。

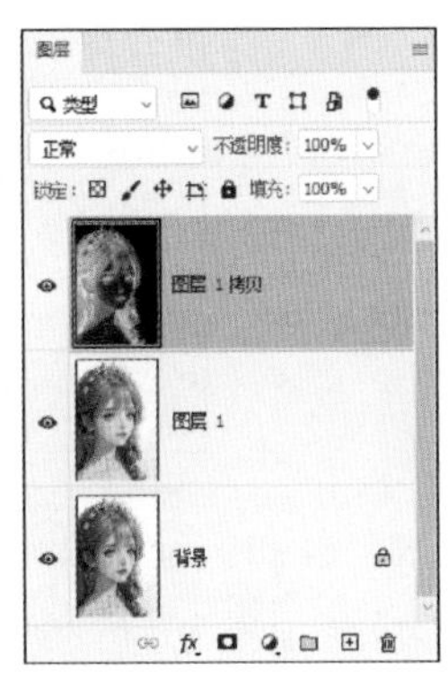

图　8-88

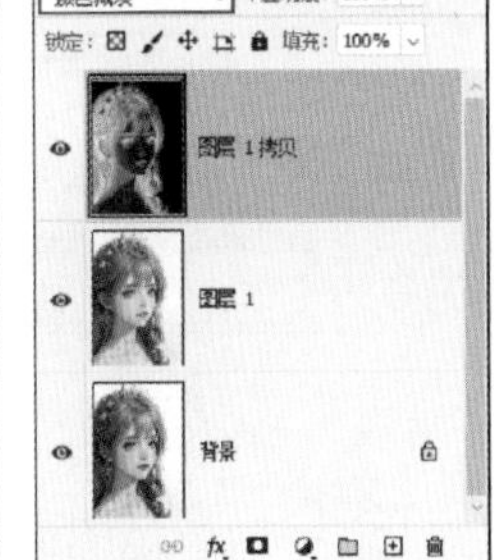

图　8-89

> **Tip**　“反相”用于调整反转图像中的颜色。对图像进行“反相”操作时，通道中每个像素的亮度值都会转换为 256 级颜色值标度上相反的值。如正片图像中值为 255 的像素会被转换为 0、值为 15 的像素会被转换为 240。

05 应用其他滤镜。执行“滤镜”→“其他”→“最小值”命令，设置半径为“2.0 像素”，保留设为“圆度”，如图 8-90 所示和图 8-91 所示。

06 调整混合颜色带。双击“图层 1 拷贝”，打开“图层样式”对话框。按住 Alt 键滑动“混合颜色带”中“下一图层”的黑色滑块，将黑色滑块分开，并向右移动（约为 120 的位置），如图 8-92 所示。此时该图层的下一图层中的颜色较暗部分会慢慢地浮现出来，如图 8-93 所示。

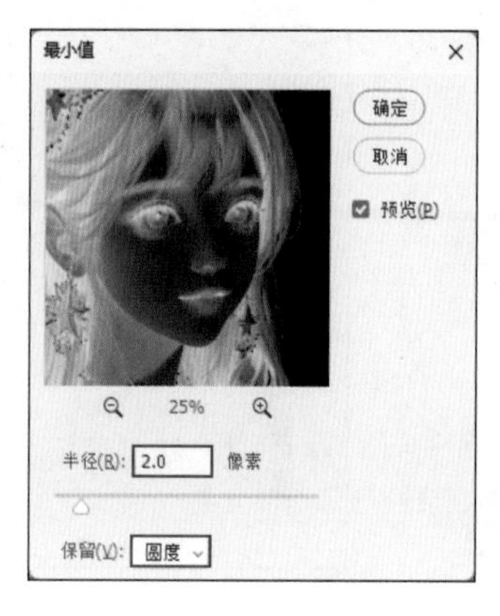

图 8-90

图 8-91

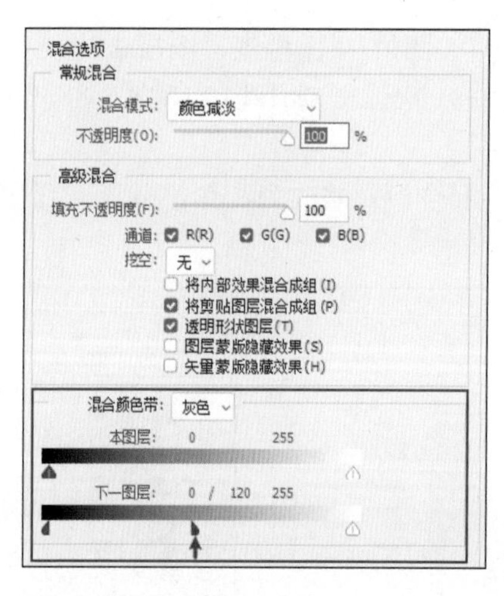

图 8-92

图 8-93

07 添加杂色图层。新建“图层 2”，按 D 键设置前景色为“黑色”、背景色为“白色”，按快捷键 Alt+Delete 为新图层填充“黑色”。执行“滤镜”→“杂色”→“添加杂色”命令，如图 8-94 所示，在弹出的“添加杂色”对话框中设置数量为“195%”，勾选“高斯分布”和“单色”复选框，如图 8-95 所示。单击“确定”按钮，如图 8-96 所示和图 8-97 所示。

08 应用模糊滤镜。选中“图层 2”，执行“滤镜”→“模糊”→“动感模糊”命令，如图 8-98 所示。在对话框中设置角度为“43 度”、距离为“38 像素”，如图 8-99 所示，增加模糊效果。修改该图层的混合模式为“滤色”，如图 8-100 所示和图 8-101 所示。

09 盖印图层。按快捷键 Alt+Ctrl+Shift+E 盖印所有可见图层，得到“图层 3”。

10 样机展示。打开“8.5 素材 2”，双击“智能对象图层”缩览图打开智能对象图层，如图 8-102 所示。然后用“移动工具” ✥ 把盖印得到的人像“图层 3”拖到智能对象中，

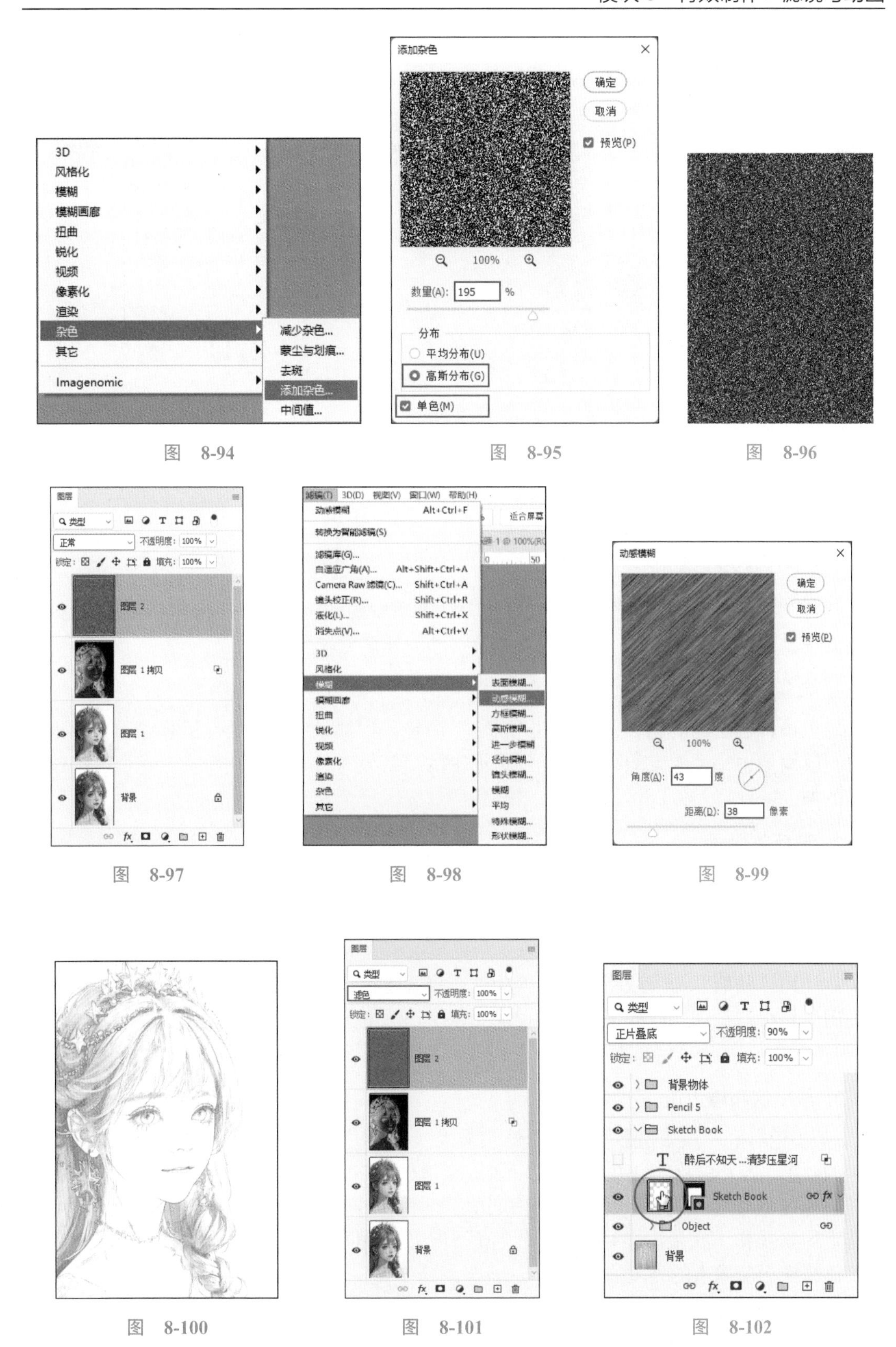

图　8-94

图　8-95

图　8-96

图　8-97

图　8-98

图　8-99

图　8-100

图　8-101

图　8-102

并按快捷键 Ctrl+T 将其调整至合适的大小和位置，如图 8-103 所示。保存并关闭智能对象文件，显示文字图层，完成最终效果的制作，如图 8-104 所示和图 8-105 所示。

图 8-103

图 8-104

图 8-105

 知识解析——其他滤镜

执行“滤镜”→“其他”命令。“其他”子菜单中的滤镜选项可用来创建自己的滤镜、使用滤镜修改蒙版、在图像中使选区发生位移和快速调整颜色。

1. 自定

可以设计自己的滤镜效果。使用“自定”滤镜，根据预定义的数学运算（称为卷积），可以更改图像中每个像素的亮度值。根据周围的像素值为每个像素重新指定一个值，这与通道的加、减计算类似。

2. 高反差保留

在有强烈颜色转变发生的地方按指定的半径值保留边缘细节，并且不显示图像的其余部分（0.1 像素半径仅保留边缘像素）。此滤镜移去图像中的低频细节，与“高斯模糊”滤镜的效果恰好相反。

在使用“阈值”命令或将图像转换为位图模式之前，将“高反差”滤镜应用于连续色调的图像将很有帮助。此滤镜还对从扫描图像中取出的艺术线条和大面积的黑白区域非常有用。

3. 最小值和最大值

“最小值”和“最大值”滤镜对于修改蒙版非常有用。“最大值”滤镜有应用展开（扩张）的效果：展开白色区域并阻塞黑色区域。“最小值”滤镜有应用阻塞（腐蚀）的效果：收缩白色区域并展开黑色区域。像“中间值”滤镜一样，“最小值”和“最大值”滤镜可按选定像素操作。在指定半径内，“最大值”和“最小值”滤镜用周围像素的最高或最低亮度值替换当前像素的亮度值。

这些滤镜，尤其是有着较大半径的滤镜，通常会用于在图像的等高线中提升角或者曲线。在 Photoshop 中，可以在指定半径值时从“保留”菜单中选取所需的方正度或圆度。

4. 位移

将选区移动指定的水平量或垂直量，而选区的原位置变成空白区域时，可以用当前背景色、图像的另一部分填充这块区域；或者，如果选区靠近图像边缘，也可以使用所选择的填充内容进行填充。

8.6 特效案例：Photoshop CC 启动界面的设计

学习目标：会运用极坐标滤镜创作旋转的空间效果。

实例位置：实例文件→第 8 章→ 8.6 Photoshop CC 启动界面的设计→ 8.6 素材。

完成效果：如图 8-106 所示。

8.6 特效案例：Photoshop CC 启动界面的设计 .mp4

图 8-106

8.6 特效案例：Photoshop CC 启动界面的设计 .docx

◆ 案例概述

Photoshop 每个版本的启动界面都能给我们带来惊喜，就像这张 Photoshop CC 2017 的启动界面，你是否被画面惊艳到了？它的作者是埃及设计师 Amr Elshamy，他擅长梦幻而唯美的背景合成技术，运用极其娴熟的技巧，刻画一个又一个梦境般的现实。本案例的主要制作过程：裁剪正方形的图片，应用"极坐标"滤镜中的"平面坐标到极坐标"，然后使用修复工具涂抹"旋转"的交界处，最后添加人物，为图像增加故事性。

知识解析——极坐标滤镜

1. 极坐标

Photoshop CC 2017 启动页面的效果就是利用 Photoshop 的"极坐标"滤镜来实现的。执行"滤镜"→"扭曲"→"极坐标"命令，"极坐标"滤镜可以快速把横线变为圆环、把竖线变成射线、把平面图转为有趣的球体等。运用"平面坐标到极坐标"后，再运用"极坐标到平面坐标"即可回到原图，反之也一样。

平面坐标到极坐标：可以认为是顶边下凹、底边和两侧边上翻的过程。

极坐标到平面坐标：可以认为是底边上凸、顶边和两侧边下翻的过程。

2. Amr Elshamy 的超现实主义合成作品

图 8-107

Photoshop CC 2017启动页面设计者是Amr Elshamy（图8-107），他来自“金字塔之乡”的埃及。Amr总会做一些不可思议的梦，在他的梦中，各种怪物、奇幻的魔法世界、走在街上的狮子、邪恶的机器人和会飞的鲸鱼……无所不有。他喜欢记录自己的梦境，并从中汲取灵感；手边总是准备着相机和各种小道具，以便随时使用Photoshop将梦境变为现实。

当Amr在15年前初识Photoshop时，他并不清楚这款产品的用途。一位摄影师朋友向他展示了基本功能后，他便开始了自己的探索之旅。别人一直劝Amr放弃自己的艺术追求，去从事传统的工作，但他从未彻底放弃。现在，作为一名自学成才的摄影师、视觉艺术家和电影制作人，Amr可以尽情挥洒自己的创作激情，享受艺术生活。

Amr Elshamy被称为埃及设计师第一人，曾为雪佛兰、微软等公司制作过作品。Amr Elshamy用三个词语描述了自己的作品风格：故事、神秘和魔力，图8-108~图8-112是他的作品。

图 8-108

图 8-109

图 8-110

图 8-111

图 8-112

复习思考题

1. 滤镜是基于何种原理生成特效的？
2. 编辑CMYK颜色模式的图像时，有些滤镜无法使用，该如何处理？
3. 在Photoshop中，如何保存制作好的GIF帧动画？

模块 9　平面设计：综合实战

模块概述：放开 PS 让我来

Photoshop 的学习秘诀在于多做练习，只有通过实践才能真正地将各种工具融会贯通，从而设计出优秀作品。本模块包含 8 个不同类型的案例，展示了 Photoshop 在广告设计、平面创意、包装设计、淘宝女装详情页设计和宣传册设计等平面设计领域的高级应用，并突出了其各种功能协调的特点。

◆ 知识目标——精图像处理，懂软件操作

1. 记忆并理解设计的四大基本原则——重复、对比、亲密性、对齐；
2. 记忆衬线字体和无衬线字体的特征和分类；
3. 记忆和理解海报设计的选色原则，并会应用其进行设计；
4. 理解商品详情页设计的逻辑思路，并能应用到设计中；
5. 记忆画册的常用尺寸、装订方式、常用纸张等；
6. 理解样机的用途，会搜索查找样机，能够运用样机展示精美的设计作品。

◆ 能力目标——有创意思维、能精准设计

1. 具备根据需求进行海报设计、产品包装和制作的能力；
2. 具备淘宝、天猫等电商平台的商品详情页设计的能力；
3. 具备企业宣传册设计、排版的能力和使用图像输入、输出及打印的能力；
4. 具备样机搜索、下载和应用其展示设计作品的能力。

◆ 素质目标——重社会责任、诚实守信

具有艺术创新和版权意识、美学鉴赏和表达能力、精益求精和批判精神、民族自信和文化传承的职业素养。

9.1 如何设计高质量的海报

学习目标： 掌握并会运用设计的四大基本原则——重复、对比、亲密性、对齐。

实例位置： 实例文件→第 9 章→9.1 如何设计高质量的海报→9.1 素材。

完成效果： 如图 9-1 和图 9-2 所示。

图　9-1

图　9-2

9.1 综合案例：如何设计高质量的海报.mp4

◆ 案例概述

本案例的教程跟其他案例不一样，从一张凌乱的大学生社团海报开始，一步一步地教你如何改善它，直到它变成一张特别有设计感的海报。这是一个非常具有可操作性、非常适合新手的设计教程，赶快来近距离感受专业设计师的改善思路吧。

◆ 案例制作

使用设计的四大基本原则——重复、对比、亲密性、对齐，对这张大学生社团海报进行改善。

01 原则 1：重复。

重复指的是设计中的视觉要素在整个作品中重复出现。

并不是说放几个一样的小方块就是重复了，仔细看图 9-3 所示，颜色重复出现、高度和宽度重复出现、元素间距重复出现。可以预见的是，如果在最后再添加一个小方块，一定还是同样的颜色、高度、宽度和间距。如果不是为了突出某元素，不会引入新的元素。

图　9-3

应用到设计上指的是：如果要添加一行字，第一反应是用之前用过的颜色和字体，如果没有确凿的理由，就坚决不出现新的元素。这是设计的克制，也是初学者最先要学会的一件事！

根据这个原则，来对海报进行第一次手术，手术的奥秘是——重复，如图 9-4 所示。

完全按照原海报的意图和内容，将文字提取出来。全部使用“思源黑体”字体（新手用这个字体就没错），大小和位置也没有改，只是“扔掉”了花花绿绿的视觉元素（字体样式、大小和行间距），按照重复原则进行了整顿。

图　9-4

02 原则 2：对比。

对比指的是避免页面元素太过相似，如果元素不相同，那就请深深地不相同。

有重复就一定有对比，重复是基调，对比就是焦点。重复一定要精确，对比一定要大胆，如图 9-5 所示。

图　9-5

对比可以有多种方式。大字体与小字体、oldstyle（旧体）与 sans-serif（无衬线体）、粗线条与细线条、冷色与暖色、平滑与粗糙、长宽与高窄等。

正所谓密不透风，疏可跑马，放手去做不要逃，不强烈的对比宁可不要。

图　9-6

其实原本的对比已经很明显了（指字号），再稍微调整一下，比如配张风筝图片，形成图与文的对比，如图 9-6 所示。

03 原则 3：亲密性。

亲密性指的是物理位置的接近，意味着内容的关联，所以要将相关的元素组织在一起。

新手的设计总是元素四散，杂乱无章，看似是他们不懂留白的奥义，但实际上是不懂亲密性，如图 9-7 所示。相关内容得到有效组织，空间自然会释放出来。标题要对应相关文本，图片要响应对应内容，从而显得层次有序。亲密性保证了内容传达的有效性，如图 9-8 所示。

Tip 为了方便阅读，将原本的繁体“風”字改回简体。

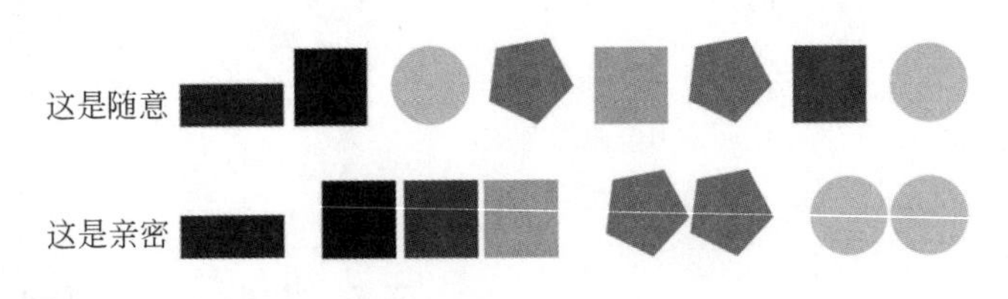

图 9-7

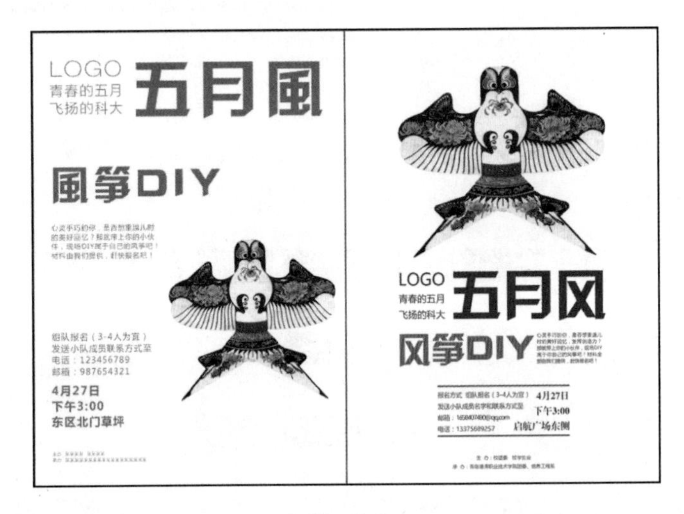

图 9-8

04 原则 4：对齐。

对齐指的是任何元素都不能随意安放在页面上，每一项都应当与页面上的某个内容存在某种视觉联系。

对齐是“地心引力”,像一根参考线立在那里。这就要求所有被选中的元素死死地“贴”在上面，不允许有 1 像素的叛离。“同一根参考线”意味着某种联系，将依附于它的元素建立起亲密性以外的秩序，如图 9-9 所示。

图 9-9

由于对齐原则在以上的示范中无处不在，已经默默遵循了，就不再单独示范，只是将背景颜色改为浅灰色。需要强调的是，在物理位置相距太远的情况下，要熟练运用辅助元素将不同的“对齐”联系起来。比如图 9-10 右边，其利用辅助线将上半部分的“左对齐”与下半部分的“右对齐”联系起来，使得画面稳定，内容具有连续性。图 9-11 的右边是借助参考线并采用对齐奥义修改后的效果。

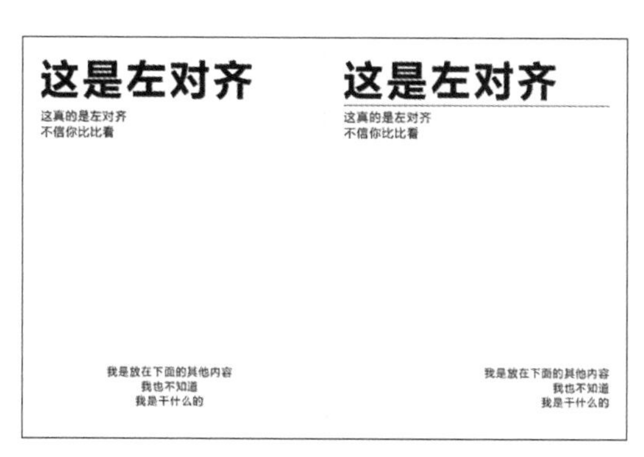

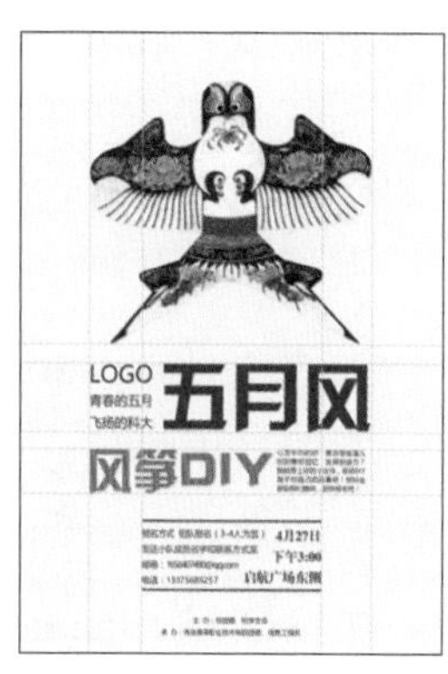

图　9-10　　　　　　　　　　图　9-11

这是一个非常具有可操作性，非常适合新手的设计方法。读者切记设计也是门科学，谨记原则、多加练习才是正道。当然，最后这张效果图（图 9-2）仅仅是经过初步处理，算不上高品位，也算不上优秀。在颜色上、氛围上和字体的考究选择上依然有非常大的改进空间，读者可以自行尝试修改。一些修改后的其他海报效果如图 9-12~ 图 9-14 所示。

图　9-12　　　　　　　　图　9-13　　　　　　　　图　9-14

知识解析——设计的四大基本原则

本案例的理论基础来自美国人 Robin Williams 编写的《写给大家看的设计书》一书，如图 9-15 所示。此书深入浅出、例证丰富，将设计领域那些太多“可意会不可言传”的理念用具体的例子展示了出来，并能清晰阐述“色彩”等很复杂的概念。不仅是新手，很多设计专业的读者们，也真的需要看一看……

以下是对基本设计原则的概述，记住它们的名字，并学会运用它们去逐步控制页面。每一个优秀的设计中都应用了这些设计原则，它们实际上是相互关联的，只应用其中某一个原则的情况很少。

图　9-15

1. 对比（contrast）

对比的基本思想是，要避免页面上的元素太过相似。如果元素（字体、颜色、大小、线宽、形状、空间等）不相同，那就干脆让它们截然不同。要让页面引人注目，“对比”通常是最重要的一个因素，正是因为它能让读者首先看这个页面。

2. 重复（repetition）

让设计中的视觉元素在整个作品中重复出现。可以重复颜色、形状、材质、空间关系、线宽、字体、大小和图片等。这样既能增加条理性，还可以加强统一性。

3. 对齐（alignment）

任何元素都不能在页面上随意安放。每个元素都应当与页面上的另一个元素有某种视觉联系。这样能建立一种清晰、精巧而且清爽的外观。

4. 亲密性（proximity）

彼此相关的元素应当靠近、归组在一起。如果多个元素相互之间存在很近的亲密性，它们就会成为一个视觉单元，而不是多个孤立的元素。这有助于组织信息，减少混乱，为读者提供清晰的结构。

查看图 9-16 和图 9-17 所示，找到让第二张图中的案例看起来表意更清晰的至少 5 处地方。

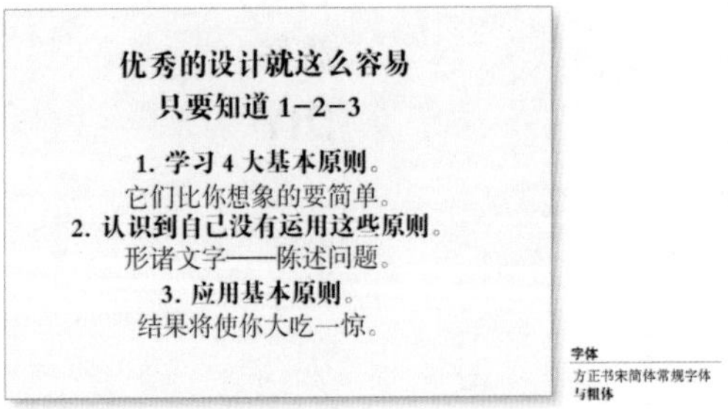

图　9-16

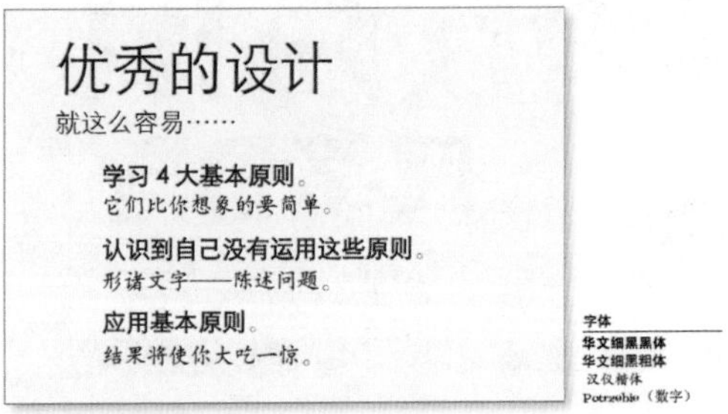

图　9-17

两个案例的不同之处：第二个案例去掉了让边缘拥挤的边框；使用了一种更明显的字体，这种字体需要足够粗，可以在页面上产生更强烈的效果（对比原则）；重复使用了粗体来强调 3 个步骤，重复使用了细体字做注解（重复原则）；文本有了清晰的对齐（对齐原则）。

3 个步骤分开了，所以你能马上认出它们，这样就没有必要使用数字编号了（亲密性原则）。

Tip　设计不只是看感觉、审美，设计也很科学！脱离原则谈打破原则，还没及格就想高大上，这是初学者容易步入的误区！审美从来就是一种能力，而不是一种态度。

9.2 自然食品坚果的包装设计

学习目标：能够运用 Photoshop 进行产品平面图和立体图的包装设计。

实例位置：实例文件→第 9 章→9.2 自然食品坚果的包装设计→9.2 素材。

完成效果：图 9-18~ 图 9-21 分别为产品标签、产品包装平面图、平面包装效果图和立体效果图。

9.2 综合案例：自然食品坚果的包装设计 .mp4

9.2 综合案例：自然食品坚果的包装设计 .docx

图 9-18

图 9-19

图 9-20

图 9-21

◆ 案例概述

本案例是为“自然”坚果这一产品进行包装设计，采用了卡通与实际相结合的方式，其包装设计老少皆宜，能吸引大众的眼光，同时能增强人们的购买欲望，从而达到包装的最优化利用。设计流程为 LOGO 设计→坚果卡通形象设计→产品标签设计→产品包装平面图设计→产品包装立体图设计。

◆ 设计背景

“纯天然　无公害”是当今社会追求的食品安全目标，自然食品将大地色融合为LOGO的整个线条颜色来凸显品牌这一特色；用小麦彰显自然与生活的紧密联系。Natural Food（自然食品）作为一种无公害食品的品牌，用大气的LOGO融合了品牌的特点，如图9-22所示。

作为一款食品，消费者不仅注重它的质量安全，还注重用户体验。如何将一款食品通过最简单的方式传播出更多的信息，成为每个厂家的迫切需求。

在对一款食品包装进行外观设计时，应充分地站在消费者与需求客户的角度思考问题，在满足用户体验的基础上，增进生产者的销量利益，以达到共赢的目的。不做最华丽的包装，只做最完美的用户体验与客户需求。

图　9-22

本案例中的LOGO已经制作完成，在“9.2素材”文件夹下。有兴趣的读者，也可以尝试自行制作。

知识解析——衬线字体和无衬线字体

衬线字体（Serif）是在字的笔画开始和结束的地方有额外的装饰，而且笔画的粗细会有所不同；无衬线体（Sans-Serif）是无衬线字体，没有额外的装饰，而且笔画的粗细差不多，如图9-23和图9-24所示。

图　9-23

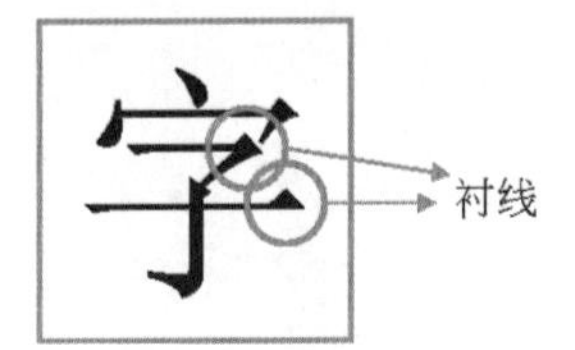

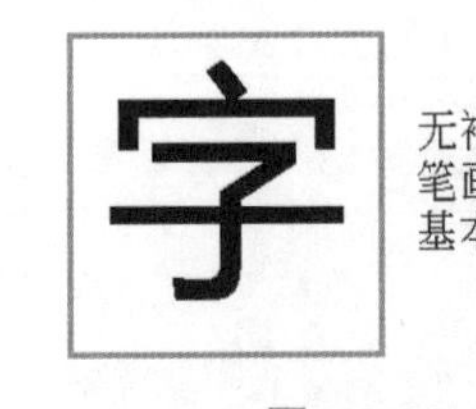

图　9-24

1. 衬线体（Serif）

衬线指的是字形笔画在首位的装饰和笔画的粗细不同，衬线又被称为字脚。

1968年Edward Catich神父在著作*The Origin of the Serif*中提到，罗马字母最初在被雕刻到石碑上之前，要先用方头笔刷写好样子，再照“样”雕琢，如图9-25所示。由于直接用方头笔刷书写会导致笔画的起始和结尾出现毛糙，所以在笔画开始、结束和转角的时候增加了收尾的笔画，自然地形成了衬线。

衬线体又可以根据衬线变化分成3类，如图9-26所示。

具有特定曲线衬线的支架衬线体（Bracket Serif）；
连接处为细直线的发丝衬线体（Hairline Serif）；
厚粗四角形的板状衬线体（Slab Serif）。

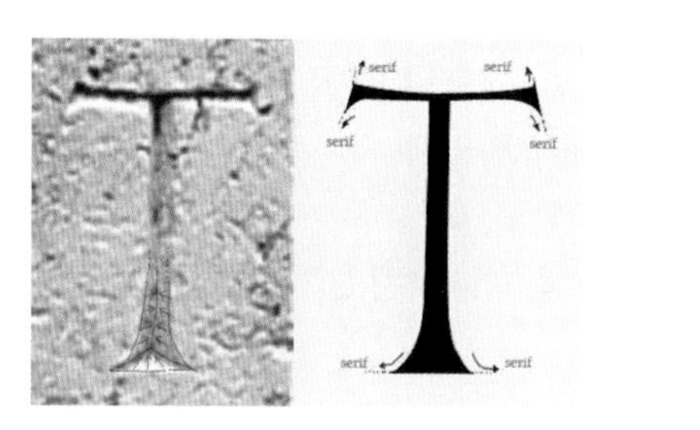

图　9-25

HE HE HE

Bracket Serif　Hairline Serif　Slab Serif

图　9-26

2. 无衬线体（Sans-Serif）

无衬线体则没有笔画首尾的装饰，所有笔画的粗细也相同。无衬线体在 20 世纪 80 年代开始兴起，在当时被称为 Grotesque（荒唐的）或 Gothic（哥特的）。因为天然的技术感和理性气质，无衬线字体多被科技型企业所青睐。

无衬线体的字体结构简单，同等字号的无衬线字体看上去要比有衬线的字体更大，结构也更清晰，所以电子设备的屏幕上偏好使用无衬线字体，如图 9-27 所示。

哪种字体最清晰	14px 微软雅黑	哪种字体最清晰	12px 微软雅黑
哪种字体最清晰	14px 宋体	哪种字体最清晰	12px 宋体
哪种字体最清晰	14px 楷体	哪种字体最清晰	12px 楷体

图　9-27

3. 中文的衬线体与无衬线体

中文字体界的两个有代表性的分类——宋体和黑体，分别对应着衬线字体和无衬线字体，如图 9-28 所示。

我是宋体（衬线字体）	**我是黑体（非衬线字体）**

图　9-28

宋体来源于中文商业雕版印刷的鼎盛时期——明朝，因此宋体也被称为明朝体。由于雕版所使用的木头具有水平纹理，雕刻时横笔容易而竖笔难，导致宋体有横笔画细、竖笔画粗的特点。由于横笔画的两端容易被磨损，所以人们就为其加上了字脚，让这些地方变得更粗也更耐用。

4. 衬线字体与无衬线字体对比

衬线体棱角分明，在长文阅读时比较舒服。无衬线比较简洁美观，适用于短句美感的提升。相比严肃正经的衬线体，无衬线体给人一种休闲轻松的感觉。

衬线字体容易识别，它强调了每个笔画的开始和结束，因此易读性比较高，无衬线体则比较醒目。在整文阅读的情况下，适合使用衬线字体进行排版，因为这种字体的易于换行阅读的识别性，能避免发生行间的阅读错误。

西文中，无衬线体强调每一个字母，衬线字体更强调一个单词。中文字体中的宋体是一种最标准的衬线字体，其衬线的特征非常明显，其字形结构也和手写的楷书一致。因此，宋体一直被作为最适合的正文字体。

常用的衬线字体有 Times New Roman、Georgia、宋体等；常用的无衬线字体有 Arial、黑体、微软雅黑、等线、思源黑体、苹果苹方等。

5. 字体版权

关于字体，还有一个很重要的问题，那便是字体的版权。有很多好看的字体是有版权的，因此不可随便地用于商业。作为设计师，应该要尊重版权。所以，必须熟悉这些免费的商用字体，而且这些字体简约大气，属于商务办公必备。其应用场景广泛，随时都能用于做出高大上的设计。

（1）思源字体系列。该系列字体由 Adobe 与 Google 共同开发包括思源黑体、思源宋体和思源柔黑体，如图 9-29 所示。更是拥有 ExtraLight、Normal、Regular、Medium、Bold 和 Heavy 7 款字重，被广泛应用于广告设计、名片设计、包装印刷、产品设计等领域。

（2）OPPO Sans 字体。OPPO Sans 字体定位为全球化品牌字体，共覆盖 21 个国家语言、11 个语种。中文部分由汉仪字库字体设计总监朱志伟指导、字体设计师黄珍元设计完成。西文部分则由美国 Pentagram 五角公司设计、汉仪字库西文项目组协作完成，有 Light、Regular、Medium、Bold、Heavy 5 款字重，如图 9-30 所示。

图 9-29

图 9-30

（3）阿里巴巴普惠体。阿里巴巴新推出的一款免费商用字体，有 Light、Regular、Medium、Bold 和 Heavy 5 款字重，不同字重的字体承担着不同的作用。中文字体多采用现代简洁的笔画，造型上偏瘦长，提高了字的重心。同时，在字体笔画上也做了一些简化，如标题省略了出脚部分，更显简洁，如图 9-31 所示。

（4）方正字体 4 款。方正字库提供的免费字体分别是方正书宋简体、方正楷体简体、方正黑体简体和方正仿宋简体。这 4 款的授权，在询问方正官方客服并征得同意后，是可以免费商用的，无须书面授权，如图 9-32 所示。

图 9-31

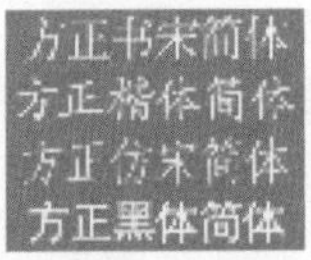

图 9-32

9.3　匠心公益海报设计

学习目标： 理解海报设计的选色原则，能综合运用 Photoshop 软件各功能进行主题公益海报的设计。

实例位置： 实例文件→第 9 章→9.3 匠心海报设计→9.3 素材。

完成效果： 如图 9-33 所示。

图　9-33

9.3 综合案例：匠心公益海报设计 .mp4

9.3 匠心公益海报设计 .docx

◆　案例概述

海报是一种信息传递艺术，是一种大众化的宣传工具，而公益性海报是以“公益”为主要内容，进而向受众传递一种正能量，并将这一正能量进行有效的普及。本案例是对公益性海报进行设计，通过创意性图形、文字、色彩等视觉符号，设计制作以“工匠精神”为主题的公益海报，用视觉语言传递正能量。

《庄子》云“技进乎道”。“技”用现在的话来讲就是“工匠精神”，就是对所做事情有近乎强迫症的专注、坚持。党的二十大提出了“推进文化自信自强，铸就社会主义文化新辉煌”这一要求，弘扬工匠精神，勇攀质量高峰是时代的主旋律；重拾工匠心，重塑匠人魂，呼唤工匠精神，是助推制造业转型升级的先决条件。器物有魂魄，匠人自谦恭，本次海报设计以“匠心”为主题，用劳动的双手来暗喻木匠、铁匠和石匠靠着传承和钻研，坚守着“工匠精神”。表达出工匠们对职业技能的完美和极致的要求，一榫一卯，一砖一瓦，匠心独运。

◆ 案例制作

拓展赏析

图 9-34 是董蓉蓉以“匠心”为题，设计的作品《匠心▪独韵》（第五届全国高校数字艺术作品大赛全国一等奖，指导教师：郭磊），供读者欣赏。

作品介绍：“文不按古，匠心独妙”！作品基此大书的“匠心”二字，以书法文化之瑰宝突出“匠人”之魂并配以 3 幅寓意专注中国传统精湛手工雕刻插图，使该作品贯通融合、独具一格！其意在彰显并倡导中华“匠心”精神，寄予大家“择一事，终一生”的殷切期望。

图 9-34

知识解析——海报设计的选色原则

一幅设计作品给观赏者留下的第一印象，就是画面的色彩。一幅个性鲜明、色彩冲击力强的作品，能使人愉悦，更能吸引人去观赏和研究。设计作品的合理配色是作品成功的起点。对一名设计师来说，应根据作品的形式与内容，进行合理的配色。以下是设计作品选色的基本原则。

1. 单色

单色有素与雅的特点，为了满足欣赏者的需要以及画面题材对色彩的需求，可以考虑以单色表现。但在表现的过程中要避免采用单一色彩，以免产生单调的感觉。可以通过调整一种色彩的饱和度、明度、透明度来改变画面明暗度，使其避免单调，如图 9-35 所示。

2. 邻近色

邻近色就是在色带上相邻近的颜色。例如：绿色和蓝色、红色和黄色互为邻近色。采用邻近色设计作品时，可以避免色彩杂乱，易于达到画面的和谐统一。这是一种最保险的色彩搭配方式，如图 9-36 所示。

3. 对比色

对比色可以突出重点，从而能产生强烈的视觉效果。合理使用对比色能够使设计作品的画面效果更具特色、重点突出。在设计创作时，根据作品内容的需要，可以考虑以一种颜色为主色调、对比色为点缀，这样对比色将起到画龙点睛的作用，如图 9-37 所示。

4. 黑白灰

黑、白、灰是时尚色彩中的永恒经典。黑色代表稳定、庄重；白色代表明亮干净、畅快、朴素、雅致与贞洁，是光明的象征；灰色是不动声色，是包容大度。可以说黑、白、灰是设计作品的万能色，它们可以跟任意一种色彩搭配，如图 9-38 所示。对一些明度较高的元素配以黑色，可以适当地降低其明度。

图　9-35

图　9-36

图　9-37

图　9-38

白色是设计作品时用得最普遍的一种颜色。很多作品在构图时都会注意留白，甚至留出大块的白色空间，以求得画面的空灵与生动，留白可以说是一幅作品的重要组成部分。留白能给人遐想的空间，让人感觉心情舒适、畅快，恰当的留白对协调画面起到相当大的作用。

5. 背景色

背景色一般采用素淡清雅的色彩，保证鲜艳而不刺眼，要避免采用复杂的元素和纯度很高的色彩作为背景色以衬托前景。同时，背景色与前景色的对比要强烈一些，如图 9-39 和图 9-40 所示。

6. 色调

色调是设计作品的主要色彩倾向，是设计作品的统帅和指挥。丰富的局部冷暖色彩，如果没有色调的统帅和指挥，就失去了色彩的统一性，必然杂乱、不和谐，没有统一的气氛、情调，难以达到以色传神、以色抒情、以色写意的作用。

7. 设计作品的主题色

有些作品的色彩，如果用得太单一，会使人感觉单调、乏味。但如果运用太多的颜色，又会让人感觉轻浮、花哨。所以必须根据设计作品的内容与形式来确定一种或两种主题色，其他色彩从属于主题色。当主题色确定好以后，一定要考虑其他配色与主题色的关系以及要体现什么样的效果，还要考虑哪种因素占主要地位，是明度、纯度还是色相，如图 9-41 和图 9-42 所示。

图 9-39

图 9-40

图 9-41

图 9-42

一个画面内尽量不要超过 4 种色彩，用太多的色彩会让人视觉疲劳。用粉色为主题色可体现女性的柔性，暖色系一般适用于积极向上的题材和教育方向的创作等。冷色系一般适用于一些表现宁静、富有内涵的题材，主要表达严肃、稳重等氛围。独特、合适、艺术性是主题色使用的基本原则，三者有机融合，才能创作出既具创新又符合艺术规律、风格独特、个性鲜明的艺术作品。

总之，设计作品的色彩处理是一个艺术性和知识性很强的环节。设计师应深知色彩的象征意义，根据设计创作作品的本身要求与特点选色。以下是常用色彩的象征意义。

红色：热情、活泼、热闹、温暖、幸福、吉祥。

橙色：光明、华丽、兴奋、甜蜜、快乐。

黄色：明朗、愉快、高贵、希望。

绿色：新鲜、平静、和平、柔和、安逸、青春。

蓝色：深远、永恒、沉静、理智、诚实、寒冷。

紫色：优雅、高贵、魅力、自傲。

白色：纯洁、朴素、神圣、明快。

灰色：忧郁、消极、谦虚、平凡、沉默、中庸、寂寞。

黑色：崇高、坚实、严肃、刚健、粗犷。

> **Tip**　在 Photoshop 中，“色板”面板（“窗口”→“色板”）可存储经常使用的颜色，并显示一个默认色板集供使用。还可以在面板中添加或删除颜色，或者为不同的项目设置不同的颜色库。

9.4　纪元创意图像合成

学习目标：理解图像合成技术，能够综合运用 Photoshop 进行创意图像的合成与制作。

实例位置：实例文件→第 9 章→9.4 纪元创意图像合成→9.4 素材。

完成效果：如图 9-43 所示。

9.4 综合案例：纪元创意图像合成 .mp4

9.4 纪元创意图像合成 .docx

图　9-43

◆　案例概述

图像合成是指组合不同图像中的部分区域以合成一张新的图像。本案例主要制作以侏罗纪为代表的纪元图像。图像选取该纪元具有代表性的动物、植物以及环境作为主要元素，以体现该纪元的独特魅力。在合成图像时主要运用图层蒙版将图像融合在一起，通过调整图像色调让各元素融入场景中。

知识解析——《寻找黎明》作品赏析

地球上第一个有意识的人类抬头仰望星空的时候，人类对宇宙的研究就随之开始。随着科技的发展，人们依然抬头仰望星空，寻觅自然。本作品使用 Photoshop 软件创造性地合成想象中的纪元图像，通过对这些地质纪元海报的自我解读，希望能唤起人们对大自然的探索热诚——生命，从这里开始。

（1）寒武纪：寒武纪是生命大爆发的一个时期，是地球一切生物的起源。宇宙孕育了地球，孕育了生命。宇宙之绚烂恢宏，生命之爆发繁荣，寒武纪作为显宇宙的开端，生命的起源，该海报用表现宇宙的形式将它表达出来，如图 9-44 所示。

（2）奥陶纪：由于伽马射线的侵蚀造成了海侵，在奥陶纪陆地就开始出现。海报以伽马射线为中心进行设计，整体以海底为主，以红色、橙色为主色，代表了伽马射线与海侵的开端，让整个画面变得更加有色彩感，如图 9-45 所示。

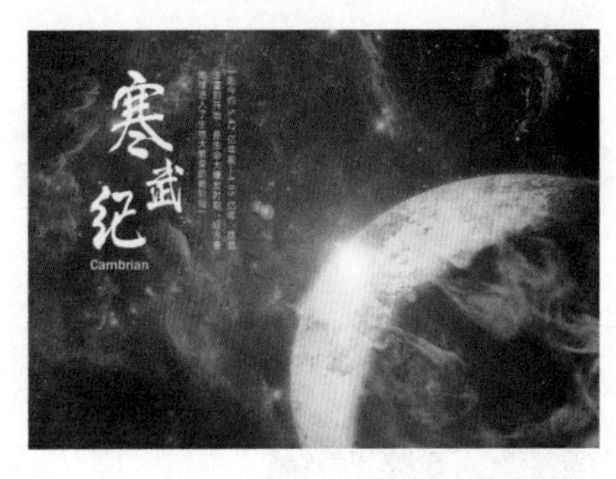

图 9-44

图 9-45

（3）志留纪：志留纪是海侵最严重的时期，此时期地壳运动剧烈，产生了板块的碰撞，由此陆地产生。因此，本设计将陆地产生这一事件作为志留纪海报的中心。海报描绘了刚刚出现的小部分的陆地与躁动不停的海洋，露出的动物代表了当时志留纪的动物类型——鱼类，它此时开始征服水域。在天空中添加了梦幻效果，让志留纪更加神秘，如图 9-46 所示。

（4）泥盆纪：在许多的科幻电影中，天空的描绘都十分的绚丽。同样，在描述泥盆纪时，在制作天空时添加了许多梦幻的效果，让本就温暖的泥盆纪看起来更加祥和。在泥盆纪晚期，两栖动物开始出现，裸蕨类植物逐渐繁荣。本海报以这些特点为主体，描绘了一幅温和的泥盆纪景象，如图 9-47 所示。

图 9-46

图 9-47

（5）石炭纪：石炭纪是地壳运动非常活跃的时期，同时也是著名的“巨虫时期”，还是植物世界大繁荣的代表时期。海报将以上特点综合起来，将郁郁葱葱的高山植物与各种巨型昆虫排列在海报上，展现了一幅植被茂盛、巨虫横行的恐怖石炭纪画面，如图 9-48 所示。

Tip

作品设计说明如下。

背景色调随着整个纪元特征进行调整，加重了海报的神秘色彩；大字醒目，凸显纪元主题；英文翻译，便于世界文化交流；对纪元的简单介绍，便于人们对纪元的了解。海报主体为该纪元所具有代表性的动物、植物以及环境，更加体现了该纪元的独特魅力。

（6）三叠纪：三叠纪是个典型的过渡时期，也是裸子植物的兴盛时期，该时期气候温和且又缺少竞争，使用柔和的颜色更能表现这一时期的特点，同时也将海报的整体色调调成了夜空的颜色，如图 9-49 所示。

图　9-48

图　9-49

（7）侏罗纪：提到侏罗纪，人们想到最多的就是恐龙了，海报将恐龙这一典型形象放在整个画面的中央，以突出这个纪元的特征。此时期森林植被茂盛，因此将这张海报的整体色调调成了绿色，又加了几束阳光，并将周围树木的背光处加深，缓解了整体的绿色，更加突出了想象中侏罗纪的样子——一个弱肉强食的时期，如图 9-50 所示。

（8）白垩纪：白垩纪是中生代的最后一个纪元，其间发生的第三纪灭绝事件是地质年代中最严重的灭绝事件之一，让人不由得与世界末日挂钩。于是向白垩纪海报添加了人们想象中的元素，并将色调调暗，更加展现了末日风格。右下角的恐龙不仅表达了这个时期的主要特点，更是让人对恐龙灭绝这一印象与纪元名称产生联想，让人直观地感受到白垩纪的特点，如图 9-51 所示。

图　9-50

图　9-51

Tip 该作品为孔梦蕙制作的《寻找黎明》，通过丰富的想象和联想制作出梦幻般的纪元视觉海报。作品荣获第六届山东省大学生电子与信息技术应用大赛一等奖，指导教师为郭磊。

9.5 淘宝女装详情页设计

9.5 综合案例：淘宝女装详情页设计 .mp4

9.5 淘宝女装详情页设计 .docx

学习目标：能够综合运用 Photoshop 设计制作淘宝女装详情页。

实例位置：实例文件→第 9 章→ 9.5 淘宝女装详情页设计→ 9.5 素材。

完成效果：如图 9-52 和图 9-53 所示。

◆ 案例概述

在经营淘宝店铺的时候，如果想上架新品，肯定要着重去做淘宝的产品详情页，这是商品销售中非常重要一部分，也是关乎着商品转化率的重要因素。一个好的产品如果没有好的详情页来支撑，获取的流量就会减少，转化率就会很低。如果不能提高转化率，淘宝店铺就会面临淘汰。从 2015 年开始，淘宝提高了转化率的权重，通过转化率筛选出优质的产品，所以一个优质的详情页显得尤其重要。本节主要设计制作淘宝女装详情页。

图 9-52

说明：

（1）本案例的制作过程较为烦琐，图层使用较多，因此要合理利用图层组管理图层。

（2）初学者需要注意设计细节，尤其是不同版块的风格不能完全一样，避免呆板和造成视觉疲劳。

（3）本详情页的设计采用的字体主要为“思源黑体”和“思源宋体”，思源字体为开源字体，可以用于商用。淘宝商家可以免费下载使用，并不用获得授权和付费。

（4）其他商用字体。

阿里巴巴集团为满足旗下淘宝和天猫商家在字体上的需求，打造了首款全球免费商用授权字体“阿里巴巴普惠体”，商家可以进入阿里巴巴字体素材平台（https://alibabafont.taobao.com），免费下载使用。

除了阿里巴巴普惠体外，阿里巴巴集团还和华康字体公司有合作事宜，其旗下的 45 款华康字体，可供淘宝和天猫商家在阿里巴巴集团旗下的平台上使用，且期限是永久。但需要注意，商家如需要在阿里巴巴以外的平台使用这些字体是需要获得授权才能使用的。华康字体包含但不限于华康布丁体、华康儿风体、华康金文体等。

图　9-53

知识解析——详情页设计的逻辑思路

当拿到一个详情页设计需求的时候，不要急着去做，而是要先分析详情页设计的逻辑框架，详情页设计的逻辑框架很重要。首先要分析产品的定位和卖点（痛点），即先进行产品定位，懂得营销思路，确定好文案，把文案的主次关系弄清楚，补充促销的卖点，提升转化率。同时要点缀标题，给人购买欲。

先进行产品定位，了解清楚产品在市场上的价格，符合什么样的人群；再确定风格，看一下其他店铺的产品详情页设计，吸取别人的长处，从中借鉴并准备设计元素、提炼分析产品自身的卖点。根据产品的定位确立设计风格，并逐步开始收集可能用到的设计素材。

产品的定位主要分为 3 种：功效定位、品质定位和市场定位。功效上，该产品在同类产品中有什么明显的功能区别，有什么突出功效；品质上，有什么突出的品质吸引客户；

市场上，把产品的宣传定位在最有利的市场上。

如果店铺想做简洁清爽风格的详情页，应考虑品牌 LOGO 的色调和产品包装的颜色，其用色尽量控制在 2~3 种，避免页面出现花哨的感觉。

1. 对比突出

文字上的突出。文案的主次标题之间要有明显的大小对比，重点突出主标题，副标题与装饰文字需要弱化，层次要分明。图案上的突出包含以下内容：对产品进行打光突出；与页面有明暗关系的对比，突出产品；其余的作虚化处理，拉开页面的层次感。

2. 版式的衔接

柔和的曲线衔接，这种分割版式适合一些偏女性、母婴的产品。引导客户跟着曲线的衔接观看，能延长其停留时间，此风格既给页面增加美观，也给人柔美、柔和的感觉。利落的直线条、斜线条分割衔接，这种分割的版式适合数码类、运动类或者偏男性的产品。各类型的形状衔接，这种形式比较活跃，要注意形状的统一、大小对比，要主次分明，切记不要有过多的形状，避免页面混乱。

3. 风格上的确立

确立风格是指要确定走的是简洁风、时尚风、文艺风、科技感还是可爱风等。确定一个主风格，再确定一个次风格，主次分明相结合。产品价格的定位，也可以确立风格。分析市场，可以走差异化，找到不同寻常的风格。

从产品定位到风格确立，从营销思维到产品设计，这些都是影响一个产品详情页转换率的关键因素。设计者应站在客户的角度去分析如何激发客户的购买欲，让客户更加对产品信服，即确定详情页的框架，构思好详情页的内容；确定产品的主要卖点，给产品确立一个明确的定位，告诉客户为什么要买你的产品；满足用户的需求，需求是对美好的向往。

Tip 设计师设计制作后的详情页往往是一张张图片，其分辨率可能高达上万像素，而人们在网上浏览的图是经过 Photoshop 切片功能进行切图后呈现出来的效果图。如果一张数十兆的图像直接上传到淘宝店铺，其网络加载速度会变慢，用户体验会差。所以，要进行图片切割优化。

使用 Photoshop 中的“切片工具”可以将图像划分为若干较小的图像，当我们前期把所有工作完成后，再把切片好的详情页图逐一上传到淘宝图片空间。在发布新产品的时候，就可以使用我们制作的详情页图像了。

9.6 宣传画册设计

学习目标：能够综合运用 Photoshop 进行宣传画册设计。

实例位置：实例文件→第 9 章→9.6 宣传画册设计→9.6 素材。

完成效果：如图 9-54 所示。

9.6 综合案例：宣传画册设计 .mp4

9.6 宣传画册设计 .docx

图　9-54

◆　案例概述

宣传画册是一个完整的宣传形式，主要针对销售季节或流行期，针对有关企业和人员，针对展销会、洽谈会，针对购买产品的消费者进行邮寄、分发、赠送，以扩大企业、产品的知名度，推销产品和加强潜在购买者对产品的了解等，起到广告的作用。本案例根据宣传文案设计“讯飞大数据与人工智能学院”的 8P 招生宣传画册。

知识解析——画册设计的相关知识

1. 画册尺寸：8P 与 12P

画册尺寸一般分为 A3、A4、A5，常用尺寸为大度 16K（即 210mm × 285mm）。8P 是指有 8 面或 8 个页码。这里的 P 是英文 page，就是“页”的意思。一本宣传册有 8P 就表示由 8 页（包括封面、封底）组成，因为印刷装订的原因，一般的宣传册的页数都应可以被 4 整除，如图 9-55 所示。

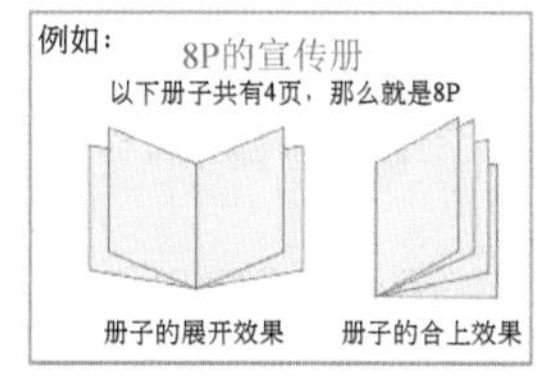

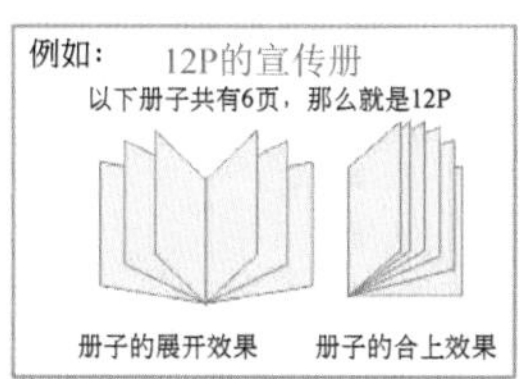

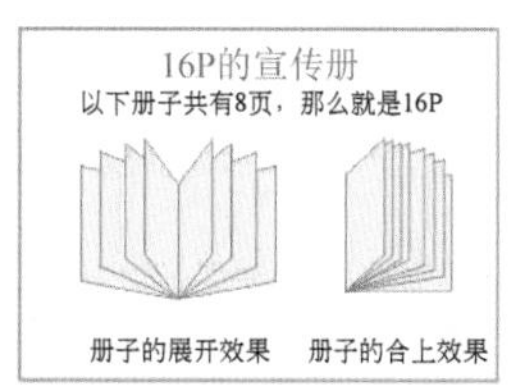

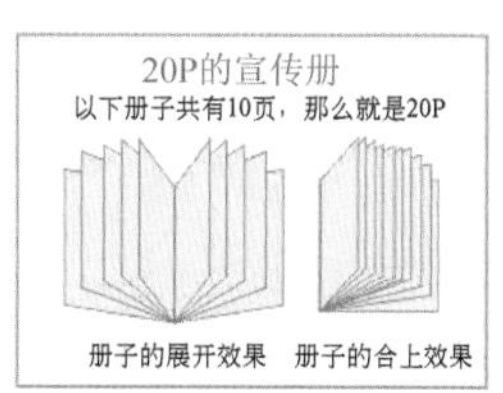

图　9-55

2. 大度 16 开与正度 16 开

画册、杂志一般为 16 开，但是同样也有 32 开的杂志。16 开尺寸并不等于 A4 尺寸（210mm × 297mm），它比 A4 尺寸小一些。16 开尺寸也有很多规格，依全开纸各种规格而变化。16 开尺寸一般分 2 种，一种是 210mm × 285mm 的大度 16 开尺寸，另一种是 185mm × 260mm 的正度 16 开尺寸。

3. 装订方式

纸质书籍的装订方法有 10 多种，但装订画册常用的方法有两种。

（1）骑马订。骑马订是最普通的装订方法，此类方法需把书页一分为二，用书钉沿中缝订装。骑马订适用于页数不多的期刊、画册等，极限厚度要低于 5mm。如图 9-56 和图 9-57 所示，中间有 2 个钉。

图 9-56

图 9-57

（2）无线胶装。无线胶装是指在内页之间以及书脊中间用热熔胶粘接，再和封面、封底、书脊处套粘在一起的装订方法。一般情况下，该装订方法常用于内页纸张低于 157g 的书刊装订。无线胶装适合大量生产作业，但书籍不宜过厚，否则使用过程中易掉页，如图 9-58 和图 9-59 所示。

图 9-58

图 9-59

4. 其他折页

中折页效果如图 9-60 所示，三折页效果如图 9-61 所示，四折页效果如图 9-62 所示。

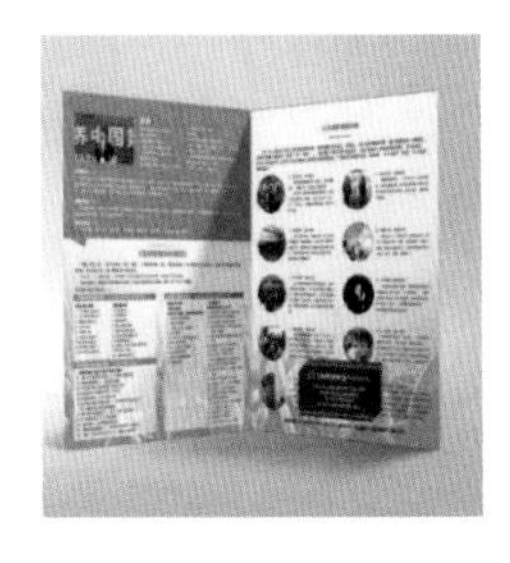

图　9-60

图　9-61

图　9-62

9.7　提案神器——样机

9.7 提案神器：样机 .mp4

学习目标： 了解样机的用途，会搜索并查找样机，能够运用样机展示精美的设计作品。

实例位置： 实例文件→第 9 章→9.7 提案神器—样机→9.7 素材。

完成效果： 如图 9-63 和图 9-64 所示。

图　9-63

图　9-64

◆ 案例概述

在设计工作中，做好了平面图，如果想为客户展示 3D 场景效果图，以达到展示设计图和提高过稿率的目的，这就需要样机了。样机，也称为 mockup，常用来展示设计师的设计作品，有时候，一份简单的作品展示成图片，显得普普通通，但是放到样机里，往往会呈现出让人出乎意料的震撼效果。

◆ 案例制作

01 打开素材。按快捷键 Ctrl+O 打开本案例“9.7 素材”文件夹下的“画册样机 1.psd”素材，找到智能对象图层，如图 9-65 和图 9-66 所示。

02 打开智能对象。双击“左侧页”图层缩览图，就能看到该智能对象的平面展开图，如图 9-67 和图 9-68 所示。

03 替换内容。单击最上方图层的眼睛图标👁，将该图层隐藏，如图 9-69 所示；打开本案例“画册 2.jpg”素材，使用“移动工具”✥将其移动到本文档中，按快捷键 Ctrl+T 将素材调整到整个画布大小，如图 9-70 和图 9-71 所示；按快捷键 Ctrl+S 保存，再单击智能对象标题栏上的关闭按钮“×”关闭智能对象。返回到原文件中查看效果，如图 9-72 所示。

图 9-65

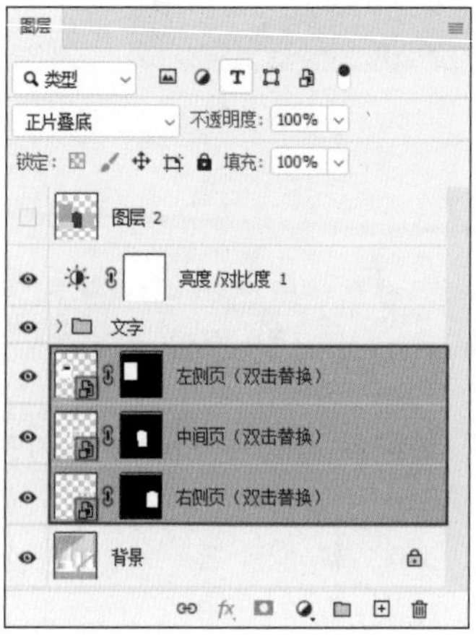

图 9-66

图 9-67

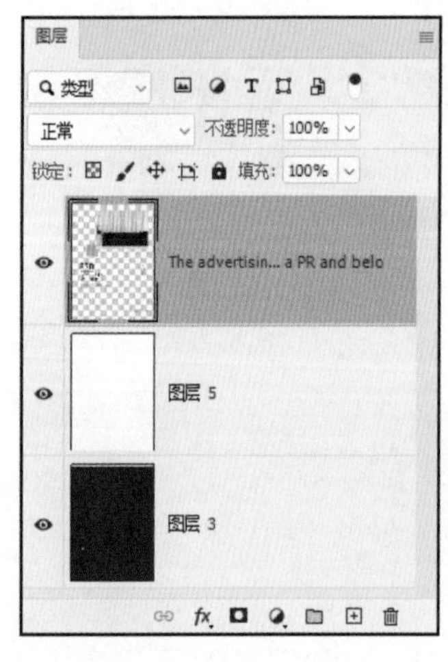

图 9-68

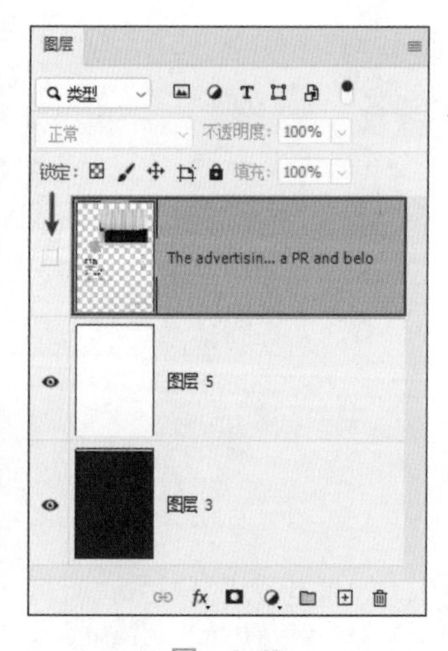

图 9-69

图 9-70

04 替换其他内容页。采用同样的方法，打开“中间页”智能对象，替换为本案例“画册 3.jpg”素材，如图 9-73 所示；打开“右侧页”智能对象，替换为本案例“画册 4.jpg”素材，保存后查看样机效果，如图 9-74 和图 9-75 所示。

05 打开素材。执行“文件”→“打开”命令（快捷键 Ctrl+O），打开本案例的“画册样机 2.psd”素材，如图 9-76 所示，找到智能对象图层，如图 9-77 所示；打开“画册 1.jpg”和“画册 2.jpg”素材，如图 9-78 和图 9-79 所示。

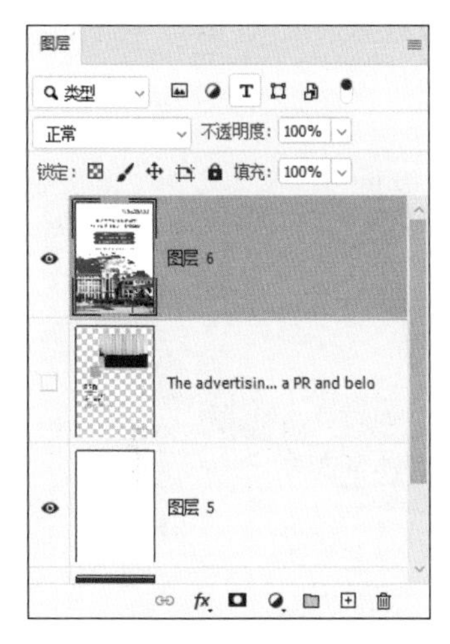

图　9-71

图　9-72

图　9-73

图　9-74

图　9-75

图　9-76

图　9-77

图　9-78

图　9-79

06 替换内容。双击“Your content”智能对象图层的缩览图，打开智能对象，隐藏所有图层后，添加本案例的“画册 1.jpg”素材，如图 9-80 所示；打开“Your content 2”智能对象，替换为本案例的“画册 2.jpg”素材，保存后查看样机效果，如图 9-81 所示。

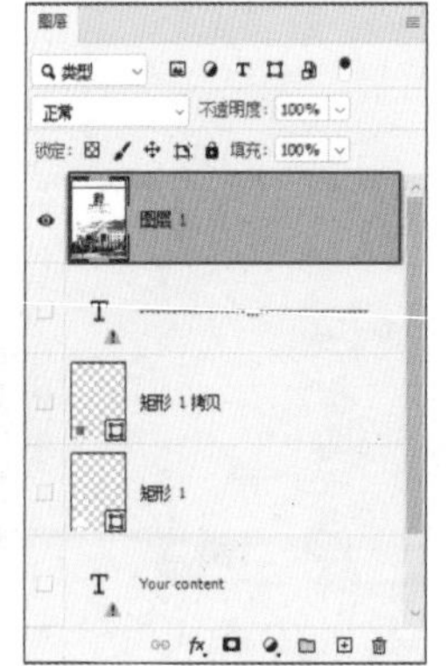

图 9-80

图 9-81

拓展练习

读者可以利用本案例提供的“LOGO 样机”素材制作如图 9-82~ 图 9-85 所示的 LOGO 实物展示效果。

图 9-82

图 9-83

图 9-84

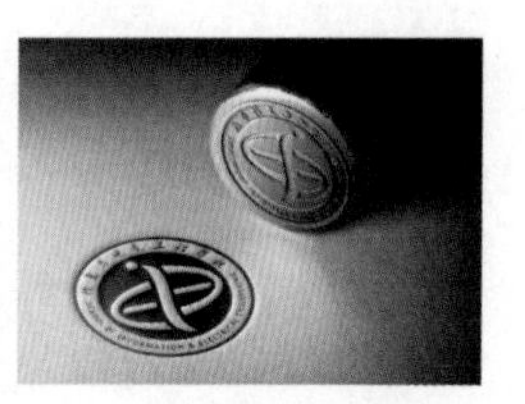

图 9-85

Tip

智能对象是包含栅格或矢量图像（如 Photoshop 或 Illustrator 文件）中图像数据的图层。智能对象将保留图像的源内容及其所有原始特性，从而能够对图层进行非破坏性编辑。

在 Photoshop 中，可以将图像嵌入 Photoshop 文档中，还可以创建内容引自外部图像文件链接的智能对象。当源图像文件发生更改时，链接的智能对象的内容也会随之更新。

链接的智能对象与 Photoshop 文档中智能对象的重复实例截然不同。借助链接的智能对象，可以跨多个 Photoshop 文档使用共享的源文件，这广受 Web 设计人员的欢迎。

知识解析——样机的用途

样机是什么？简单来说，就是设计作品的承载体，将设计作品应用到一个实物效果图中进行展示，让作品看起来更加形象逼真。主要应用于 UI 界面、手机 App 页面、电子设备、包装设计、服装设计、平面设计等场景的展示。常用的高质量样机网站有西田样机、菜鸟

9.7 知识解析：样机用途 .docx

图库等。

样机大致可以分为两类：第一类是服务于设计的各种包装、海报、书籍、杂志、广告场景样机等；第二类是各种图片字体效果样机。扫描二维码 9.7 可查看海报样机、光盘样机、显示屏样机、三折页样机、书籍样机、易拉罐样机、宣传册样机等的用途详解。

复习思考题

1. 简述对设计的四大基本原则——重复、对比、亲密性、对齐的理解以及在设计中的运用。

2. 试述要成为一名优秀的平面设计师，该具备的素质和能力，以及在平时应如何做准备。

附　　录

电子活页——设计理论与流行趋势

1. Photoshop 2023 v24.5 新功能		9. Photoshop 抠图大法，终极奥义	
2. “满庭芳 · 国色” 中的 47 种中国传统色		10. 黄金比例如何应用到设计上	
3. 从《长安三万里》谈大唐流行色搭配		11. 设计师需了解的印刷工艺	
4. Vanessa Rivera 作品欣赏		12. Photoshop 遇上人工智能	
5. Luke Choice 的涂抹脚本		13. 联想出字体了，免费商用	
6. Felix 如何自制梦幻世界		14. 众多免费商用字体，再不怕侵权	
7. Lois 是如何创建 Red 的		15. 搞定配色，就这么简单	
8. 双色调效果		16. 常见设计项目尺寸	

Photoshop 2023 命令快捷键

菜单	命令	快捷键	命令	快捷键
文件	新建	Ctrl+N	存储副本	Alt+Ctrl+S
	打开	Ctrl+O	恢复	F12
	关闭	Ctrl+W	导出为	Alt+Shift+Ctrl+W
	关闭全部	Alt+Ctrl+W	存储为 Web 所用格式	Alt+Shift+Ctrl+S
	存储	Ctrl+S	打印	Ctrl+P
	存储为	Shift+Ctrl+S	退出	Ctrl+Q
编辑	还原	Ctrl+Z	贴入	Alt+Shift+Ctrl+V
	重做	Shift+Ctrl+Z	搜索	Ctrl+F
	切换最终状态	Alt+Ctrl+Z	填充	Shift+F5
	剪切	Ctrl+X	内容识别缩放	Alt+Shift+Ctrl+C
	拷贝	Ctrl+C	自由变换	Ctrl+T
	合并拷贝	Shift+Ctrl+C	复制变换	Alt+Ctrl+T
	粘贴	Ctrl+V	再次复制变换	Alt+Shift+Ctrl+T
	原位粘贴	Shift+Ctrl+V	首选项→常规	Ctrl+K
图像	调整→色阶	Ctrl+L	调整→反相	Ctrl+I
	调整→曲线	Ctrl+M	调整→去色	Shift+Ctrl+U
	调整→色相 / 饱和度	Ctrl+U	自动对比度	Alt+Shift+Ctrl+L
	调整→色彩平衡	Ctrl+B	图像大小	Alt+Ctrl+I
	调整→黑白	Alt+Shift+Ctrl+B	画布大小	Alt+Ctrl+C
图层	新建→图层	Shift+Ctrl+N	隐藏图层	Ctrl+,
	新建→通过拷贝的图层	Ctrl+J	排列→置为顶层	Shift+Ctrl+]
	新建→通过剪切的图层	Shift+Ctrl+J	排列→前移一层	Ctrl+]
	快速导出为 PNG	Shift+Ctrl+'	排列→后移一层	Ctrl+[
	导出为	Alt+Shift+Ctrl+'	排列→置为底层	Shift+Ctrl+[
	创建 / 释放剪贴蒙版	Alt+Ctrl+G	锁定图层	Ctrl+/
	图层编组	Ctrl+G	合并图层	Ctrl+E
	取消图层编组	Shift+Ctrl+G	合并可见图层	Shift+Ctrl+E
选择	全部	Ctrl+A	所有图层	Alt+Ctrl+A
	取消选择	Ctrl+D	查找图层	Alt+Shift+Ctrl+F
	重新选择	Shift+Ctrl+D	选择并遮住	Alt+Ctrl+R
	反选	Shift+Ctrl+I	修改→羽化	Shift+F6
滤镜	上次滤镜操作	Alt+Ctrl+F	镜头校正	Shift+Ctrl+R
	自适应广角	Alt+Shift+Ctrl+A	液化	Shift+Ctrl+X
	Camera Raw 滤镜	Shift+Ctrl+A	消失点	Alt+Ctrl+V

续表

菜单	命令	快捷键	命令	快捷键
视图	校样颜色	Ctrl+Y	显示→目标路径	Shift+Ctrl+H
	色域警告	Shift+Ctrl+Y	显示→网格	Ctrl+'
	放大	Ctrl++	显示→参考线	Ctrl+；
	缩小	Ctrl+-	标尺	Ctrl+R
	按屏幕大小缩放	Ctrl+0	对齐	Shift+Ctrl+；
	100%	Ctrl+1	锁定参考线	Alt+Ctrl+；
	显示额外内容	Ctrl+H		
窗口	动作	Alt+F9	图层	F7
		F9	信息	F8
	画笔设置	F5	颜色	F6

Photoshop 2023 工具快捷键

工具	快捷键	工具	快捷键	工具	快捷键
移动工具	V	画笔工具	B	路径选择工具	A
画板工具	V	铅笔工具	B	直接选择工具	A
矩形选框工具	M	颜色替换工具	B	矩形工具	U
椭圆选框工具	M	混合器画笔工具	B	椭圆工具	U
套索工具	L	仿制图章工具	S	三角形工具	U
多边形套索工具	L	图案图章工具	S	多边形工具	U
磁性套索工具	L	历史记录画笔工具	Y	直线工具	U
对象选择工具	W	历史记录艺术画笔	Y	自定形状工具	U
快速选择工具	W	橡皮擦工具	E	抓手工具	H
魔棒工具	W	背景橡皮擦工具	E	旋转视图工具	R
裁剪工具	C	魔术橡皮擦工具	E	缩放工具	Z
透视裁剪工具	C	渐变工具	G	默认前景 / 背景色	D
切片工具	C	油漆桶工具	G	前景 / 背景色互换	X
切片选择工具	C	3D 材质拖放工具	G	标准 / 快速蒙版模式	Q
图框工具	K	减淡工具	O	切换屏幕模式	F
吸管工具	I	加深工具	O	切换保留透明区域	/
颜色取样器工具	I	海绵工具	O	减小画笔笔尖大小	[
标尺工具	I	钢笔工具	P	增加画笔笔尖大小	]
注释工具	I	自由钢笔工具	P	减小画笔硬度	{

续表

工　　具	快捷键	工　　具	快捷键	工　　具	快捷键
计数工具	I	弯度钢笔工具	P	增加画笔硬度	}
污点修复画笔工具	J	横排文字工具	T	渐细画笔	,
修复画笔工具	J	直排文字工具	T	渐粗画笔	.
修补工具	J	直排文字蒙版工具	T	最细画笔	<
内容感知移动工具	J	横排文字蒙版工具	T	最粗画笔	→
红眼工具	J	目标调整工具		切换预览模式	N

注：标红的快捷键是 Photoshop 中的常用快捷键，最好能够熟记。

常见问题及解答

问题 Q：从事设计工作，用普通计算机好还是用苹果计算机好？

解答 A：普通计算机的优势是价格低，软件丰富，适合家庭和个人使用。苹果计算机运行稳定，色彩还原准确，更接近于印刷色，大型的广告和设计公司均用苹果计算机，不过价格有点高。在软件的操作上，两者没有太大差别，只是按键的标识有些不同。

问题 Q：数码摄影后期制作应重点关注哪些功能？

解答 A：Photoshop 体系庞大，如果只用它制作照片后期，其有些功能是用不到的。可重点关注色彩处理的相关功能，即“图像”→“调整”中的命令、调整图层、直方图，通道、图层蒙版、抠图等必须掌握。此外，最好花些工夫研究一下 Camera Raw 滤镜，它能解决照片处理中的多数问题。

问题 Q：从事影楼修图工作，为人像照片磨皮既烦琐也很枯燥，有没有好方法？

解答 A：办法有两个，一是用 Photoshop 动作将磨皮过程录制下来，然后用这个动作对其他照片进行自动磨皮（如果照片数量多，可以用批处理的方式）。另外一个办法是用磨皮插件，如 Portraiture、Kodak、Neat Image 等，它们可以让磨皮变得非常简单。

问题 Q：一个网店店主，想给商品换漂亮的背景，但感觉抠图挺难的，该怎么办？

解答 A：Photoshop 新版本增加了很多智能抠图工具，建议更新软件版本，以体验新功能。如“对象选择工具”，在 Photoshop 23.4（2022 年 6 月版）中“对象选择工具”更新了“对象查找器”，当将鼠标指针悬停在对象上时，Photoshop 会自动选择该对象，可单击以建立选区；如“选择并遮住”工具允许用户调整选区边界或根据不同背景或蒙版查看选区，特别适合抠取头发；再如，通过“选择”→“主体”命令，可选择图像中最突出的主体。

问题 Q：保存文件时，提示“暂存盘已满，无法进行保存”，该怎么办？

解答 A：Photoshop 本身对计算机存储空间有较高的要求，如果涉及大型文件，动辄占用几个 GB 甚至几十 GB。为保证 Photoshop 的正常运行，我们要做到定期整理文件、清理计算机的习惯，如果做到这一步，大概率是不会遇到“暂存盘已满，无法进行保存”这样的问题。若依旧出现该问题，可执行“编辑”→“首选项”→“暂存盘”命令，勾选除 C 盘以外的其他盘即可。

问题 Q：工具栏、面板中的各内容被挪动得乱七八糟，该怎样恢复到默认位置？

解答 A：可先执行“窗口”→“工作区”→“基本功能（默认）”命令，再执行“窗口”→“工作区”→“复位基本功能”命令即可。

参 考 文 献

[1] 李涛 . Photoshop 2022 中文版案例教程 [M].3 版 . 北京：高等教育出版社，2023.
[2] 李金蓉 . 突破平面 Photoshop 2022 设计与制作剖析 [M]. 北京：清华大学出版社，2022.
[3] 吴小香 . 中文版 Photoshop CC 基础培训教程 [M]. 北京：人民邮电出版社，2022.
[4] 康拉德·查韦斯，安德鲁·福克纳 . Adobe Photoshop 2022 经典教程（彩色版）[M]. 张海燕，译 . 北京：人民邮电出版社，2023.